电网设备
状态检测与故障诊断

国网浙江省电力公司电力科学研究院　组编

主　编　何文林

副主编　孙　翔　邵先军　陈　珉

中国电力出版社
CHINA ELECTRIC POWER PRESS

内 容 提 要

　　国网浙江省电力公司电力科学研究院组编了《电网设备状态检测与故障诊断》一书。全书分为六篇十七章，分别为基础知识、光学检测、化学检测、电气量检测、机械量检测、故障诊断及分析。

　　本书可供电网设备带电检测人员学习及培训使用，也可供相关专业师生学习参考。

图书在版编目（CIP）数据

电网设备状态检测与故障诊断 / 何文林主编；国网浙江省电力公司电力科学研究院组编 . —北京：中国电力出版社，2020.12（2022.5重印）
　　ISBN 978-7-5198-2374-0

Ⅰ . ①电… 　Ⅱ . ①何…②国… 　Ⅲ . ①电网－设备状态监测②电网－故障诊断 　Ⅳ . ① TM727

中国版本图书馆 CIP 数据核字（2018）第 203836 号

出版发行：中国电力出版社
地　　址：北京市东城区北京站西街 19 号（邮政编码 100005）
网　　址：http://www.cepp.sgcc.com.cn
责任编辑：肖　敏（010-63412363）
责任校对：黄　蓓　朱丽芳
装帧设计：郝晓燕　王红柳
责任印制：石　雷

印　　刷：三河市航远印刷有限公司
版　　次：2020 年 12 月第一版
印　　次：2022 年 5 月北京第三次印刷
开　　本：787 毫米 ×1092 毫米　16 开本
印　　张：20
字　　数：485 千字
印　　数：1801—2100 册
定　　价：75.00 元

编委会

前　言

随着电力系统向高电压、大容量、互联网方向发展，电力设备作为电力系统功率传输和电气参量变换的重要硬件支撑和载体，其可靠运行直接关系到高度互联电力系统的安全可靠。电力设备的状态检修工作采用先进的检测手段和试验技术采集电气设备的各种数据信息，并根据运行经验和运行工况综合分析判断，确定设备检修周期和项目，能有效克服传统预防性试验的局限性，是电力设备检修维护的发展方向。电网设备状态检测成为支撑电力设备状态评价的重要技术手段。

为提高电力设备带电检测技术人员的技术水平，确保带电检测工作规范、扎实、有效地开展，国网浙江省电力公司电力科学研究院结合近年来带电检测过程中发现的典型问题，组织相关技术专家编写了《电网设备状态检测与故障诊断》一书。全书分为六篇十七章，分别为基础知识、光学检测、化学检测、电气量检测、机械量检测、故障诊断及分析。其中"基础知识"篇主要介绍了传感器技术、信号处理技术、设备检测领域的计量单位等内容；"光学检测""化学检测""电气量检测"篇和"机械量检测"篇主要是结合浙江电网日常运维检修工作中发生的检测案例，介绍了不同类型带电检测的基本原理及诊断方法等内容；"故障诊断及分析"篇主要介绍了经典故障诊断和大数据分析等内容。本书可供电网设备带电检测人员学习及培训使用，也可供相关专业师生学习参考。

由于时间仓促，书中难免有疏漏之处，恳请广大读者批评指正。

编者
2019 年 8 月

目　　录

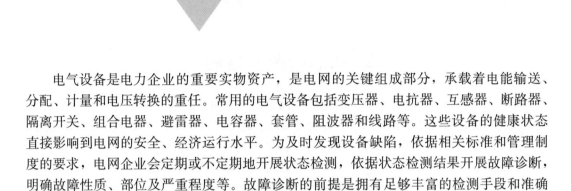

绪　论

　　电气设备是电力企业的重要实物资产，是电网的关键组成部分，承载着电能输送、分配、计量和电压转换的重任。常用的电气设备包括变压器、电抗器、互感器、断路器、隔离开关、组合电器、避雷器、电容器、套管、阻波器和线路等。这些设备的健康状态直接影响到电网的安全、经济运行水平。为及时发现设备缺陷，依据相关标准和管理制度的要求，电网企业会定期或不定期地开展状态检测，依据状态检测结果开展故障诊断，明确故障性质、部位及严重程度等。故障诊断的前提是拥有足够丰富的检测手段和准确的检测结果，同时故障诊断也是提出个性化检修策略的重要依据。

1. 电气设备的结构与作用

　　不同电气设备具有不同的作用和结构特点。熟悉设备的作用和结构，将有助于提出有效的检测手段、开展故障诊断和制定针对性强的检修策略。

　　变压器是利用电磁感应原理对变压器两侧交流电压进行变换的电气设备。为了大幅度降低电能远距离传输时在输电线路上的电能损耗，发电机发出的电能需要升高电压后进行远距离传输，而在输电线路的负荷端，输电线路上的高电压需要降低电压等级后才能便于电力用户使用。电力系统中的电压等级每改变一次都需要使用变压器。根据升压和降压的不同作用，变压器又分为升压变压器和降压变压器。变压器由绕组、铁芯、绝缘介质、套管、分接开关和非电量保护装置等组成。绕组由纸包绝缘、漆包线等不同形式的导线按一定规则绕制而成，其中漆包线通常用于电压等级较低的绕组。铁芯主要有硅钢片和非晶合金两种形式，其中非晶合金具有损耗小的特点，通常用于电压等级较低的变压器。按绝缘介质的类型，变压器可分为油浸式变压器、干式变压器和气体绝缘变压器等，其中干式变压器电压等级相对较低，容量也较小。绝缘油和绝缘气体除具有绝缘、冷却的作用外，同时也是状态检测的重要介质。套管有电容型和非电容型两种形式，其中电容型套管通常用于电压等级较高的场合，其电压抽取装置可用于状态检测。分接开关分为无励磁和有载两种结构形式，有载分接开关可在变压器正常运行时进行在线电压微调。

　　电抗器的结构与变压器比较相似，一般只有一个电压等级的绕组，也没有分接开关。其主要作用是吸收无功功率和限制操作过电压，可用于限制电力系统的短路电流。

　　断路器、隔离开关、组合电器都属于开关设备，其主要作用是连接或隔离两个电气系统，完成电路的接通和切断，达到对电路的转换、控制和保护的目的。断路器由本体和操动机构等组成，具有灭弧功能。断路器本体的绝缘方式主要有 SF_6 气体、真空绝缘和绝缘油绝缘等，真空断路器电压等级相对偏低，绝缘油断路器基本属于淘汰产品。操动机构主要有液压操动机构和电磁操动机构两种。隔离开关主要起电压隔离作用，无灭弧能力。组合电器是一种将断路器、隔离开关、互感器等设备组合在一起的成套装备，

通常采用 SF_6 气体绝缘，具有占地面积小、可靠性高的特点。

避雷器是一种过电压防护装置，以氧化锌避雷器为主，早期曾有碳化硅避雷器。电容器用于无功补偿，分为集合式电容器和单台电容器两种，集合式电容器中通常含有内置熔断器。套管分为油纸绝缘、气体绝缘和干式绝缘等不同形式，外绝缘主要有瓷套和硅橡胶等形式。

2. 状态检测的目的

状态检测是指对电气设备整体或其部件的健康状态进行检查鉴定的活动。通过对检测结果的分析，判断设备健康状态是否满足要求、运行是否正常、有无异常与劣化征兆。状态检测的目的在于验证新研发或制造的设备是否满足标准或合同的要求，掌握运行设备发生故障之前的异常征兆，以便事前采取针对性措施控制和防止故障发生，从而减少故障时间与降低损失，提高设备有效利用率和降低维修费用。

按不同状态检测目的，检测可分为以下几种。

(1) 新产品研发：例行试验和型式试验。

(2) 设备制造：出厂试验和交接试验。

(3) 运行设备：停电试验、带电检测和在线监测。

例行试验是一种需要经常做和反复做的试验项目。具体来说，例行试验一般是指在国家或行业标准的规定下进行的试验，如出厂试验、现场进行的交接试验以及运行中定期进行的试验。例行试验也可以是产品从开发到制造再到交付的整个流程中规定的无例外的必做的试验。同时，例行试验也是预防性试验，可以发现运行设备可能存在的性能指标或质量方面的问题。例行试验是型式试验、出厂试验、交接试验的基础和重要组成部分。

型式试验是为了验证产品能否满足技术规范的全部要求所进行的试验。型式试验需由具有认可资质的第三方独立检验机构完成，特殊情况下可在独立检验机构或认证机构的监督下使用制造厂的检验设备进行试验。无论何种情况，型式试验报告必须由具有认可资质的第三方独立检验机构出具。对于通用产品来说，型式试验的依据是产品标准。为了达到认证目的而进行的型式试验，是对一个或多个具有代表性的样品利用试验手段进行合格性评定的过程。

出厂试验是在制造期间或制造之后对各个部件或整机进行的试验，用于确定其是否符合某一准则。出厂试验通常在电气设备制造厂内使用厂方试验装备由厂方人员独立完成，出厂试验是否合格的判据是合同的技术要求及直接引用的相关技术标准。

交接试验是指设备在现场安装以后，交付投入运行前所进行的试验。交接试验一般在现场由安装单位完成，判断交接试验是否合格的依据是交接试验规程和合同技术条款的约定。交接试验的目的主要有：①检查电力设备安装的质量情况；②建立电气设备长期运行的比较基准。

停电试验是在被试设备退出运行的前提下为获取设备状态量而进行的试验。试验的目的主要是确定设备状态有没有劣化，为判断设备能否继续运行提供依据。停电试验是电网企业主要的试验手段，具有明确的判断标准和丰富的实践经验。但由于试验工况与真实运行工况不完全相同，试验结果与实际情况的等价性一直值得怀疑。

带电检测指采用便携式检测仪器，在设备运行状态下，对设备状态量进行的现场检测。其检测方式为带电短时间内检测，检测结束后拆除试验仪器，有别于长期连续的在线监测。带电检测的实施，应以保证人员、设备、电网安全为前提。在具体实施时，应考虑设备运行情况、电磁环境、检测仪器设备等实际情况，带电检测仪器的接线应不影响被检测设备的安全可靠性。

在线监测指在不停电的情况下，对设备状况连续或定时进行的各类检测。在线监测装置是实现电气设备在线监测的主要技术手段，在线监测结果通常在统一平台上进行展示。在线监测装置用以采集、处理和发送被监测设备状态量，通常安装在被监测设备附近或之上，通过现场总线、以太网、无线通信等通信方式与上一级控制单元进行通信。在线监测具有实时性强、信息量大和装置维护工作量大的特点。

3. 设备状态检测方法

输变电设备的状态由绝缘性能、机械性能、导流性能、导热性能四个因素决定，上述四个因素对不同设备的作用不完全相同，其中绝缘性能是基本要求。变压器更注重机械性能稳定，导流性能对隔离开关影响较大，导热性能事关设备发热与散热。

设备性能劣化，除了发生电荷转移和电能损耗外，还会产生电磁辐射、超声波、发光、发热等现象。检测方法可分为非电量测量法和电气测量法两大类。非电量测量法包括光学检测、化学检测、机械量检测等。

光学检测是利用缺陷部位产生的光辐射进行的。电气设备的光学检测项目包括红外热像检测、紫外成像检测、气体泄漏检测、X 射线成像检测。红外热像检测用于检测被测试部位的温度，紫外成像检测用于检测电晕等放电现象，气体泄漏检测可采用红外等不同技术手段，X 射线成像检测用于检测物体的微观结构及裂缝等。在实验室中利用光测法来分析局部放电特征及绝缘劣化机理等取得了一定的进展，但由于光学检测设备结构复杂、造价昂贵、灵敏度低，且需要被检测物质是透明的，在现场局部放电检测中难以有效应用。尽管如此，光学检测技术已作为其他方法（特别是超声波检测）的辅助手段应用于变压器的检测中。例如利用光纤超声传感器伸入变压器内部测量局部放电及变压器绕组光纤测温。

化学检测是一种通过变压器油或 SF_6 气体等中间介质分析生成物浓度的测试方法。当设备发生放电、过热等故障时，各种绝缘材料会发生分解，产生新的生成物，通过检测生成物的浓度，可以判断故障的性质和强度。该方法广泛应用于变压器、GIS 缺陷类型和缺陷程度的诊断，国际电工委员会（IEC）为变压器制定了三比值法的推荐标准。油气分析需要一定的扩散时间，对发现早期潜伏性缺陷较灵敏，但不能反映突发的故障。电气设备的化学检测项目主要有绝缘油中特征气体分析和 SF_6 气体分解产物测试等。

变压器机械性能的改变，会引起其抗短路能力下降。断路器机械性能的改变会引起操作特性劣化，严重影响短路器的灭弧性能。电气设备机械性能的改变，将会导致运行中噪声或振动特性的改变。运行中电气设备机械量检测的主要项目有噪声测试和振动测试，停电状态下的机械量测试包括变压器变形试验、断路器机械操作试验等。

电气量检测主要反映电气设备的绝缘性能和导流性能等。停电状态下的电气量检测项目很多，有比较明确的试验方法和判据。带电情况下的电气试验主要有特高频局部放电检测、高频局部放电检测、变压器铁芯接地电流检测、电流互感器等容性试品相对介损和电容量检测、电容型电压互感器的零序电压检测和 MOA 的阻性电流检测等。特高频局部放电检测可用于变压器、GIS 等设备中，高频局部放电检测常用于变压器和容性试品中。

设备状态监测按监测手段划分，又可分为主观型状态监测和客观型状态监测两类。

（1）主观型状态监测。由设备维修或检测人员凭感官感觉和技术经验对设备的技术状态进行检查和判断。这是目前在设备状态监测中使用较为普及的一种监测方法。由于这种方法依靠的是人的主观感觉和经验、技能，要准确的做出判断难度较大，因此必须重视对检测维修人员的技术培训和经验分享，编制各种检查指导书，绘制不同状态比较图，以提高主观检测的可靠程度。

（2）客观型状态监测。由设备维修或检测人员利用各种监测器械和仪表，直接对设备的关键部位进行定期、间断或连续监测，以获得设备技术状态变化的图像、参数等确切信息。这是一种能精确测定劣化数据和故障信息的方法。

当系统地实施状态监测时，应尽可能采用客观监测法。在一般情况下，使用一些简易方法可以达到客观监测的效果的。但是，为了能在运行设备中取得精确的检测参数和信息，就需要配置一些专门的检测仪器和装置，其中有些仪器装置的价格比较昂贵。因此，在选择监测方法时，必须从技术与经济两个方面进行综合考虑，既要能在运行中迅速取得正确可靠的信息，又必须经济合理。

为正确获得设备状态，工程技术人员从未停止过对检测方法的探索、研究和应用。虽然工程技术人员采用光学检测、化学检测、电气量检测、机械量检测等尽可能多的手段对电气设备进行检测，但电气设备事故、故障依然存在，说明不是所有的劣化征兆都能在事前被及时检出，设备缺陷的可检测性是有限的，可能的原因分析如下。

（1）检测手段针对性不强。电网结构的改变带来了新的问题，如直流系统不对称运行对交流电网设备直流偏磁的影响，又如系统短路容量增加对设备机械稳定性提出了更高的要求，现有的检测手段不能完全满足运行要求。

（2）试验方法不够多样。随着电子式互感器、复合气体开关设备、磁控电抗器等新型设备的投运，现有的试验方法无法覆盖新型设备，新型设备的缺陷不能被及时检出。

（3）判据准确性不高。非晶合金、高梯度氧化锌阀片等新材料的使用，造成设备性能发生了很大变化，设备劣化的对外反映已与传统设备不完全一致，使得已有的试验规程已不能完全适应新的要求。

（4）突发故障无法及时应对。电网设备运行时，难免会承受雷击、短路等突发性不良工况。轻微的不良工况仅引起设备劣化，短时内不一定会损坏，待事后检测可以发现设备异常并及时处理，避免事故发生。严重的不良工况造成即时损坏，使得检测无效。

上述诸多问题的存在，影响了电气设备状态的可检测性，也是今后检测专业的研究热点。

4. 设备诊断的要素

诊断在医学上的意义是指医生对病人的生理或精神疾病做出检查之后判定病人的病症及其发展情况。这种判断一般是由医生等专业人员通过对患者的病症（其中包括医生的感观、病人的主动陈述等）、病史（包括家庭病史）、病历或医疗测试结果等资料的具体分析，判断患者的病因、病情及其发展情况，并确定针对患者病情的治疗措施与方案的过程。在当前工程科技应用领域，特别是在工程设备的故障管理方面，诊断这一概念也已得到了广泛的延伸应用。

电气设备的故障诊断属于工程设备故障诊断的范畴，其实质就是通过对电气设备在运行中或停运后的状态检测，经分析推理查出电气设备产生故障的原因和严重程度，找出异常或缺陷的部位、并做出可靠性评估和寿命预测，或对电气设备的故障和缺陷治理提出应急对策和永久对策。电气设备故障诊断的核心是掌握设备的运行状态量的变化情况、建立合理的数学模型和提出科学的判断边界条件。

（1）诊断分类。大致有三种分类方法：①根据获得状态量的方法分类，有外观形貌诊断、红外热像检测诊断、紫外成像检测诊断、气体泄漏检测诊断、X射线成像检测诊断、绝缘油中特征气体诊断和SF_6气体分解产物诊断、噪声测试诊断和振动测试诊断、特高频局部放电检测诊断、高频局部放电检测诊断、变压器铁芯接地电流检测诊断、电流互感器等容性试品相对介损和电容量检测诊断、电容型电压互感器的零序电压检测诊断和MOAD的阻性电流检测诊断等。②根据诊断的确切程度可分为初步诊断和精确诊断。③按诊断内容可分为故障机理诊断、故障成因诊断和故障危害诊断等。

（2）诊断流程。电气设备故障诊断技术包含以下几个步骤：

第一步就是要采取准确、有效的检测方法，测取代表电气设备状态信息的光学检测、化学检测、机械量检测和电气检测方面的特征信息。

第二步是从所检测到的特征信息中提取电气设备的状态信息；化学检测可以定性所发生故障的性质与类型；电气检测和机械检测特征信息可用于判断故障发生的部位。

第三步是根据所提取的电气设备状态信息，依据有关的标准、规范来识别电气设备的状态和预测状态的发展趋势，并采取相应的应对措施。故障的预测是整个诊断过程的核心。

（3）诊断方法。电气设备的故障诊断方法五花八门，是科学与艺术的结合。其科学性体现在诊断方法有一定的科学依据和逻辑关联，诊断结果是否正确可以用实验手段进行验证。其艺术性体现在诊断方法没有好坏之分，只有是否合适的差异，能够提高诊断结果准确性的所有方法都是好的诊断方法。电气设备故障诊断常用的方法包括基于规则的诊断、基于援例推理的诊断和基于逻辑推理的诊断三大类。

基于规则的诊断。在电气设备的研发、制造、运行和报废的全过程生命周期内，电气工程技术人员开展了一系列例行试验、型式试验、出厂试验、交接试验、停电试验、带电检测、在线监测，积累了丰富的经验。编写了生产厂家内部质量控制文件、国家或行业制造标准、交接试验规程和运行维护试验规程等一系列标准化文件，这些文件都是设备故障诊断的基础，形成了故障诊断的基本规则，被大量应用于单状态量的故障诊断中。基于规则的常用故障诊断方法包括阈值诊断、时域波形诊断和频域特性诊断等。

基于援例推理的诊断。援例推理（CBR）方法同人类的日常推理活动十分接近。推理者在求解一个新问题时，往往习惯于借鉴他（或她）以前对类似问题的处理经验。当新出现的问题是以前处理过的问题的简单重复时，就可以把处理旧问题的成功经验直接用于求解该新问题；而当新问题是推理者从来没有遇见过的问题时，也可以回忆起一个（或多个）类似的旧问题，通过类比得到重要的指导或提示，加之一些规律性知识作为指导，完成对新问题的解决。当然，处理过的新问题又会被当作经验记下来，用于处理以后的问题。在援例推理过程中，先把当前所面临的问题或情况称为目标范例，而把已记忆的问题或情况称为源范例。援例推理就是从目标范例的提示中获得记忆中的相似源范例，并由这些相似源范例来指导该目标范例的求解过程。

基于逻辑推理的诊断。状态量信息不论齐全与否，都需工程技术人员运用既有的知识、经验，进行综合、分析、联想、推理，才能得出最后的诊断结论。工程上进行诊断的思维方式约略有三，即现象对比、鉴别推断和否证拟诊。现象对比法常用于所获得的资料能比较明显地反映设备缺陷的整体现象，如果其现象与技术人员记忆中的、书刊上所描述的或在实践中所经历的某缺陷现象一致时，技术人员当即可通过对比，首先考虑该缺陷。鉴别推断法是工程上最常用的诊断方式，多用于缺陷未充分表露出来或缺陷复杂设备的诊断上。否证拟诊法是利用排除法来做诊断，常用于主要状态量较少的设备诊断。至于运用哪种方式，取决于获得的资料能在多大程度上反映出该缺陷的现象。除以上三种方式外，还有模拟思维的专家系统诊断法。专家系统诊断模式是将技术人员的知识、经验以及对模糊数据的处理方法，编制成判别树，存入计算机，使其能模拟技术人员惯常的推理和判别过程，最后得出诊断结论。多状态量关联分析、基于人工神经网络的诊断、模糊诊断和专家系统应用是电气设备常用的逻辑推理诊断方法。

第一篇
基础知识

第一章　传感器技术

第一节　传感器基本特性

《传感器通用术语》（GB/T 7665—2005）将传感器定义为能够感受规定的被测量并按照一定规律转换成可用输出信号的器件和装置，通常由敏感元件和转换元件组成。其中，敏感元件是指传感器中能直接感受和相应被测量的部分；转换元件是指传感器中能将敏感元件的感受或响应的被测量转换成适用于传输和处理的电信号部分。传感器的共性就是利用物理定律或物质的物理、化学或生物特性，将非电量（如位移、速度、加速度和力等）输入转换成电量（电压、电流、频率、电荷、电容和电阻等）输出。

传感器的基本特性是指传感器的输入—输出关系特性，是传感器的内部结构参数作用关系的外部特性表现，在实际测试工作中，大量的被测信号是随时间变化的动态信号，对动态信号的测量不仅需要精确地测量信号幅值的大小，而且需要测量和记录反映动态信号变化过程的波形，这就要求传感器能迅速准确地测出信号幅值的大小和无失真地再现被测信号随时间变化的波形，因此有必要研究传感器的静态和动态特性。

一、静态特性

静态特性是传感器在稳态信号作用下的输入—输出关系。衡量传感器静态特性的主要指标是线性度、灵敏度、分辨率、迟滞、重复性和漂移。

1. 线性度

线性度是指传感器的输出与输入间呈线性关系的程度。评价传感器线性度的指标通常采用实际特性曲线与拟合直线间的偏差，满足：

$$\gamma_L = \pm \frac{\Delta L_{max}}{Y_{FS}} \times 100\% \tag{1-1}$$

式中：γ_L 为非线性误差（线性度指标）；ΔL_{max} 为最大非线性绝对误差；Y_{FS} 为输出满量程。

2. 灵敏度

灵敏度是指传感器在稳态下输出量变化对输入量变化的比值，其实质上是一个放大倍数，体现了传感器对被测量的微小变化放大为显著变化的输出信号的能力，即传感器对输入变量微小变化的敏感程度。对于线性传感器，它的灵敏度就是它的静态特性曲线的斜率；非线性传感器的灵敏度为变量。但是要注意，灵敏度越高，就越容易受外界干扰的影响，系统的稳定性就越差。

3. 分辨率

分辨率是指传感器能够感知或检测到的最小输入信号增量。分辨率可以用增量的绝对值或增量与满量程的百分比来表示。

4. 迟滞

迟滞是指在相同测量条件下，对应于同一大小的输入信号，传感器正（输入量由小增大）、反（输入量由大减小）行程的输出信号大小不相等的现象，如图 1-1 所示。一般用正、反行程间的最大输出差值 $\Delta H_{\max}$ 对满量程输出 Y_{FS} 的百分比来表示，即：

$$\gamma_{\mathrm{H}} =\pm \frac{\Delta H_{\max}}{Y_{\mathrm{FS}}} \times 100\% \qquad (1\text{-}2)$$

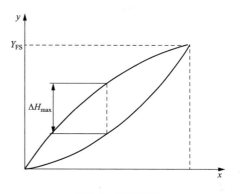

图 1-1 迟滞特性

5. 重复性

重复性表示传感器在输入量按同一方向作全量程多次测试时所得输入—输出特性曲线一致的程度，重复性指标一般采用输出最大不重复误差 $\Delta R_{\max}$ 与满量程输出 Y_{FS} 的百分比来表示，即：

$$\gamma_{\mathrm{R}} =\pm \frac{\Delta R_{\max}}{Y_{\mathrm{FS}}} \times 100\% \qquad (1\text{-}3)$$

6. 漂移

漂移是指传感器在输入量不变的情况下，输出量随时间变化的现象；漂移将影响传感器的稳定性或可靠性。产生漂移的原因主要有两个：①传感器自身结构参数发生老化（如零点漂移，它是指在规定条件下，一个恒定的输入在规定时间内的输出在标称范围最低值处（零点）的变化）。②在测试过程中周围环境发生变化引起的输出变化（如温度漂移）。

二、动态特性

传感器的动态特性是指传感器对动态激励（输入）的响应（输出）特性，即其输出对随时间变化的输入量的响应特性。一个动态特性好的传感器，其输入输出具有相同的时间函数。

传感器的动态特性可以从时域和频域两个方面分别采用瞬态响应法和频率响应法来分析。

1. 时域

在时域内，通常只研究几种特定的输入时间函数（如阶跃函数、脉冲函数和斜坡函数）下的影响特性。为便于与频域响应进行比较，常采用阶跃输入研究传感器的时域动态特性，用延迟时间、上升时间、响应时间、超调量来表征传感器的动态特性。

2. 频域

在频域内，常采用正弦输入信号研究传感器的频域动态特性，用幅频特性和相频特性来描述传感器的动态特性。

第二节　光　学　传　感　器

电力设备状态检测与故障诊断中常用的光学传感器常用于红外测温、紫外成像、气体检漏和 X 射线探伤。

一、红外测温

任何物体只要其温度高于绝对零度，随着原子或分子的热运动，都会以电磁波形式释放能量，称为热辐射。物体温度不同，其辐射出的能量和波长都不同，但总是包括红外线的波谱（波长 $0.76 \sim 1000 \mu m$）。红外测温传感器可接收这些波段的红外辐射，并转换为相应的电信号，从而测得物体的温度。其测温速度快、范围广，测量灵敏度高，对被测温场无干扰，且采用非接触性方法，故在电力系统中应用极广。红外测温传感器可分为热探测器和光子探测器两大类。

1. 热探测器

热探测器的测量机理是热效应，即利用敏感元件因接收红外辐射而使温度升高，从而引起一些参数变化，以达到测量红外辐射的目的。热探测器的响应时间一般较长，在毫秒级以上，探测率也低于光子探测器 $2 \sim 3$ 个数量级。常用的探测器包括热敏电阻型探测器、热电偶型探测器和热释电探测器。热敏电阻型探测器一般由铁、钴、镍金属氧化物按一定比例混合、压制成形，经高温烧结而成。红外辐射透过热敏电阻的红外窗口，射到作为工作片的热敏片上，使之温度升高，电阻变化，并引起桥路对角线输出电压的改变。热电偶型探测器是利用热电偶的温差电效应来测量红外辐射。一般半导体热电偶探测器的一臂用 P 型材料（如铜、银、硒等的合金）制成，另一臂用 N 型材料（如硫化银，硒化银等）制成，为增加探测器的输出，可以由许多热电偶串联而成热电堆。热释电探测器根据热释电效应工作，所用材料是热电晶体中的铁电体。这种极性晶体由于其内部晶胞的正、负电荷重心不重合，在外电场作用下，其极化强度随电场强度增大而增大，但在外加电压去除后，仍有一定的自发极化强度。自发极化强度是温度的函数，随温度升高而降低，可用热电系数描述。

2. 光子探测器

光子探测器的响应时间和探测率均高于热探测器，常用的探测器包括光电导探测器、光伏探测器、多元阵列探测器。

（1）光电导探测器（光敏电阻）。当一种半导体材料吸收入射光子后，会激发出附加的自由电子和（或）自由空穴，该半导体因增加了这些附加的自由载流子而使其电导率增加，称为光电导效应。通过测量这个变化，可测得相应物体的温度。单晶型光电导探测器常用材料为碲镉汞。

（2）光伏探测器。光伏探测器利用了半导体的光生伏特效应，即材料吸收入射光子而产生附加载流子的地方，由于有势垒存在，从而把不同的电荷分开，进而形成电势差的效应，碲镉汞也可制成光伏探测器。

（3）多元阵列探测器。为保证红外成像图像的清晰度，需要利用红外探测器对被测物体进行二维扫描，若探测器是单敏感元件或敏感元件较少时，要求相当高的扫描速度致使仪器变得复杂，为此有必要研究多元阵列探测器，当多元阵列探测器的敏感元件达到 128 元×128 元或 256 元×256 元时，即可构成数以万计的面阵列，形成所谓的焦平面热成像系统，以达到提高分辨率、帧速度和信噪比，简化结构，提高可靠性的效果。

目前常用的混成碲镉汞焦平面阵列，它在每个碲镉汞光二极管下放置一个 MOS 开关。工作时，开关选择出某一列 MOS 使其导通，该列中二极管的光电路就直接传送到分离的引线上去，从杜瓦瓶引出，并由焦平面外电路进行积分，积分放大器的输出经过多路传输器，以单线视频信号输出。信号积分和多路传输在焦平面外实现。

二、紫外成像

紫外光是指波长为 180～400nm 的光线，电力设备电晕放电放出紫外线辐射波长为230～405nm。目前紫外电晕识别方法主要有两种，一是根据光子计数原理的脉冲紫外探测方法；另一种是根据电晕紫外图像的方法进行识别，区别在于显示的是光子数还是图像，光子计数只对光子脉冲进行显示，图像识别可以对图像和光子进行显示。目前常用紫外光敏管、紫外光电倍增管来完成光子计数，而紫外成像则需要专门的可见光和紫外CCD。

（1）紫外光敏管。紫外光敏管的工作原理是基于光电阴极的光电效应，当紫外线透过光窗入射到光电阴极表面时，如果能量大于阴极表面材料的功函数，就可产生光电效应而轰击出光电子，满足：

$$E = \frac{hc}{\lambda} - \phi \qquad (1\text{-}4)$$

式中：E 为辐射的光子能量；h 为普朗克常数；λ 为入射光波长；hc/λ 为被吸收的光子能量；ϕ 为阴极表面的功函数。

（2）紫外光电倍增管。光电倍增管是一种基于外光电效应、采用二次发射倍增系统的光电探测器件，主要由光电阴极、聚焦电极、电子倍增极和阳极组成。当光照射到光阴极上时，光阴极就会激发出光电子，这些光电子按照聚焦电极的电场依次进入光电倍增管的倍增系统，通过进一步的激发得到放大，放大后的电子在阳极被收集并作为输出信号。

（3）紫外成像。紫外成像的原理如图 1-2 所示，常采用的方式是采取双光谱图像检

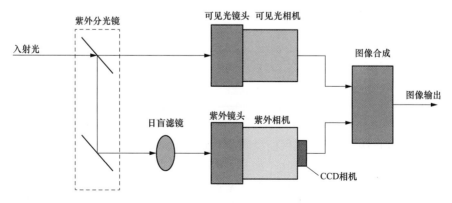

图 1-2　紫外成像

测结构，即将物镜所传来的光，采用分光镜分光后进行两路传送，一路选用"日盲"紫外滤光片滤光，消除日光和其他光谱的干扰，另一光路用来检测可见光信号，即拍摄周围环境的图像。另外一路发送到一个装有 CCD 装置的照相机内，通过和紫外图像进行配准融合，既能检测电晕也能清楚地显示放电点的位置。紫外图像面积与放电量之间有着线性关系，从而可以根据光斑的状态对放电情况、绝缘情况进行分级。

CCD 又称电荷耦合器件，以电荷转移为核心，是按照一定规律排列的 MOS 电容器阵列组成的移位寄存器，每个 MOS 电容器为一个紫外光敏单元，可以感应一个像素点。

三、红外检漏

近年来，气体泄漏红外成像检测技术以其高效率、远距离、大范围、动态直观等显著优势而成为世界各国的研究热点，也逐渐成为气体泄漏检测的有效手段之一。气体泄漏红外成像检测技术主要可以分为基于对激光光源辐射吸收的主动式成像和基于对背景辐射吸收的被动式成像两大类。

（1）主动式成像。气体泄漏主动式红外成像检测技术在一定的辐射源和工作距离下，信噪比较高，探测灵敏度高，被测气体和背景之间不需要相对温差，但由于激光等辐射源的存在，系统体积和重量一般较大，安全性相对较低，受限于激光光源，可检测的光谱范围有限，可检测的气体种类少。

（2）被动式成像。气体泄漏被动式红外成像检测技术是近年来迅速发展的新型检测技术，可进行大范围的气体泄漏成像检测，具有结构相对简单、检测效率高、成本较低等显著优势，其基本原理是根据气体的自身辐射和红外吸收光谱特性，特别是中波红外和长波红外波段的吸收光谱特性被公认为是大多数危险化合物和气体的"指纹区"，利用热像仪探测包含气体某个特征吸收峰的红外波段，对泄漏的气体进行成像检测，可以及时对气体泄漏区域进行成像显示，掌握气体扩散趋势并确定泄漏源。

目前，电力系统常用的美国 FLIR 公司的系列气体成像仪（Gas Find IR 系列气体热像仪）已有多种型号，其探测器包括制冷型锑化铟（InSb）焦平面探测器和制冷型量子阱（QWIP）探测器，详见表 1-1。

表 1-1 　　　　　　　　　　　　**Gas Find IR 系列气体热像仪**

型号	工作波段（μm）	探测器类型	典型可探测气体
GF304	8.0～8.6	QWIP	制冷剂
GF306	10.3～10.7	QWIP	六氟化硫等
GF300	3.2～3.4	InSb	甲烷等
GF320	3.2～3.4	InSb	甲烷等
GF346	4.52～4.76	InSb	一氧化碳等
G300a	3.2～3.4	InSb	甲烷等
G300pt	3.2～3.4	InSb	甲烷等
A6604	3.2～3.4	InSb	甲烷等

表中制冷型锑化铟（InSb）焦平面探测器，分辨率为 320×240，工作波段为 $3\sim 5\mu m$，主要检测挥发性有机物和碳氢化合物，如苯、乙醇、乙苯、庚烷、橡胶基质、甲醇、MEK 甲基乙基酮、MIBK 甲基异丁基（甲）酮、辛烷、戊烷、1-戊烷、甲苯（染料或火药的原料）、二甲苯、丁烷、乙烷、甲烷、丙烷、乙烯、丙烯等。量子阱（QWIP）探测器，分辨

率为 320×240，工作波段为 10～11μm，主要检测 SF$_6$ 气体的泄漏。

四、X 射线成像技术

X 射线在穿透物体时，会与物体的材料发生相互作用，因吸收和散射能力不同，使透射后射线减弱的强度不同，强度衰减程度取决于穿透物体的衰减系数和射线的穿透厚度，如果被透照物体的局部存在厚度差，该局部区域的透过射线强度就会与周围产生差异，感光胶片就会反映出这种差异，因而可以检测出 X 射线穿透的物体有无缺陷，及缺陷的尺寸、形状；结合工作经验能够判断出缺陷的性质。

目前，电力系统常用数字探测器作为成像器件的射线检测成像系统，简称为 DR（Digital Radiography）系统。数字探测器是指把 X 射线光子转换成数字信号的电子装置，而且该转换过程是由独立单元完成的。此类数字探测器包括非晶硅探测器、非晶硒探测器、CCD 探测器。

（1）非晶硅探测器。非晶硅探测器主要由闪烁体、有光电二极管作用的非晶硅涂层和底层阵列电荷信号读出电路组成。工作时 X 射线光子激发闪烁体产生荧光通过针状晶体传输至非晶硅二极管阵列，后者接收荧光信号并将其转换成电信号，信号送到对应的非晶硅薄膜晶体管并在其电容上形成存储电荷，由信号读出电路处理并送计算机重建图像。

（2）非晶硒探测器。非晶硒探测器相比于非晶硅探测器的主要优点是：非晶硒不使用闪烁体，而是通过非晶硒材料直接将 X 射线转变为电信号，减少了中间环节，大大提高了图像质量。主要缺点是对非晶硒探测器相对环境要求高，温度范围小，容易造成不可逆的损坏，存在坏点等；另外，在使用过程中由于非晶硒探测器暴露在 X 射线下，其抗射线损坏的能力相对较差；图像获取速度较慢，需要克服一定的技术障碍，而且成本较高。

（3）CCD 探测器。CCD 探测器是由闪烁体加上光学镜头和 CCD 构成。成像时首先经闪烁体产生可见光，然后可见光通过光电转换由 CCD 转换为电荷。CCD 探测器发展较早也较为成熟，其主要优点是：像素尺寸可以做到很小，分辨率可达到 5lp/mm；成像速度快，稳定性高；对环境的要求也较低；缺点是由于采用了光学镜头，难以避免几何失真。

第三节　化 学 传 感 器

电力设备状态检测与故障诊断中常用的化学传感器涉及油中溶解气体色谱分析、SF$_6$气体湿度检测和 SF$_6$ 气体分解产物检测。

一、油中溶解气体色谱分析

油中溶解气体色谱分析是一种物理分离、分析技术，其作用是将收集到的溶解于油中的气体的各个组分一一分离出来，再由鉴定器对各自的浓度进行测定。

（1）气体分离。气体分离功能由色谱柱完成。它常以玻璃管、不锈钢管或铜管组成，管内的固体填充剂称为固定相，氩气、氮气等活性不强的载气作为流动相。气相色谱法的分离原理就是色谱法的两相分配原理。具体说，它是利用样品中各组分在流动相和固定相中吸附力或溶解度不同，也就是说分配系数不同。当两相做相对运动时，样品各组分在两相间进行反复多次的分配，不同分配系数的组分在色谱柱的运动速度就不同，滞留时间也就不一样，分配系数小的组分会较快地流出色谱柱；分配系数大的组分就易滞留在固定相同，流过色谱柱的速度较慢。详情如图 1-3 所示。

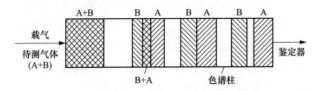

图 1-3　色谱柱分离气体组分过程示意图

固定相对气体组分的分离起着决定性作用，不同性质的固定相适应不同的分离对象，应根据需分离的对象来选择固定相的材料。常用的固定相材料有活性炭、硅胶、分子筛、高聚物（如 TOX 系列的分子筛、GDX 系列的聚芳香烃高分子多孔小球）等。

（2）气体鉴定器。目前常用的气体鉴定器是热导池鉴定器（TCD）和氢火焰离子化鉴定器（FID）。他们的作用都是将气体各组分的浓度转化为电信号。

热导池体是用不锈钢或铜块做成的，池体内有孔道，孔道内固定有热阻丝（多用铼钨丝）。不同的气体组分的热导系数不同，当载气携带气体组分从色谱柱流入池体的孔道时，由于组分加载气的热导率与纯载气不同，引起热丝温度发生变化，进而导致阻值发生变化，使原来的平衡电桥桥路失去平衡，而输出信号电压 U_S。

氢火焰离子化鉴定器的离子室有一个电场和一个氢能源，电场由加在极化极与收集极之间的直流电压在喷嘴周围形成。空气经挡板进入离子室，氢气由喷嘴流出与空气相遇后由极化极点燃。当载气携带气体组分进入离子室时，在高温能源的激励下，先生成元素态的碳，而后离子化成为碳正离子。在电场力的作用下，碳离子做定向运动，移向具有负电位的收集极，形成离子流；电子被正电极捕获，产生微电流信号。微电流经放大后，在记录仪上便可以得到被分析气体组分的浓度信号。

二、SF$_6$ 气体湿度检测

SF$_6$ 气体湿度的常用检测方法包括电解法、冷凝露点法和阻容法。

（1）电解法。采用库仑法测量气体中微量水分，定量基础为法拉第电解定律。气体通过仪器时气体中的水被电解，产生稳定的电解电流，通过测量该电流大小来测定气体的湿度。

用涂有磷酸的两个电极（如铂和铑）形成一个电解池，在两个电极之间施加一个直流电压，气体中的水分在电解池内被作为吸湿剂的五氧化二磷（P_2O_5）膜层连续吸收，生成磷酸，并被电解为氢和氧，同时 P_2O_5 得以再生，检测到的电解电流正比于气体中水分含量。

（2）冷凝露点法。冷凝露点法测量气体在冷却镜面产生结霜（露）时的温度称为露点，对应的饱和水蒸气压为气体湿度的质量比，直接测量得到露点温度，据此换算出微水值。露点仪用冷堆制冷，用激光监测相平衡状态，用温度传感器直接测量镜面温度得到露点。

（3）阻容法。当被测气体通过湿敏元件传感器时，气体湿度的变化引起传感器电阻、电容量的改变，根据输出阻抗值的变化得到气体湿度值。该方法的检测精度取决于湿敏传感器的性能。

阻容式湿度仪根据湿敏元件吸湿后电阻电容的变化量计算出微水值，常用的湿敏元件有氧化铝和高分子薄膜两种。氧化铝湿敏元件是非线性元件，需多点标定才能保证在其测量范围内的每一段都具有相应的准确性；高分子薄膜湿敏元件可看作线性元件，理论上只需两点标定。

三、SF₆气体分解产物检测

SF₆气体分解产物的检测方法包括气相色谱法、气体检测管法和电化学传感器法。

（1）气相色谱法。气相色谱法以惰性气体（载气）为流动相，以固体吸附剂或涂渍有固定液的固体载体为固定相的柱色谱分离技术。

其气体鉴定器是热导池鉴定器（TCD）和火焰光度检测器（FPD）。在分离部分电弧分解产物的基础上进行定性、定量分析，该方法检测灵敏度高，主要用于实验室测试分析。

（2）气体检测管法。气体检测管是一种以多孔固体颗粒为载体，而吸附特定的化学试剂，再将其装入细玻璃管中制成的测定装置。当一定量的被测气体通入检测管时，被测成分就会与管中干式制剂发生化学反应并显色，然后根据变色部分的颜色和长度确定被测物的含量。此法操作简单，可用于检测 SF₆ 气体分解产物中的 SO_2、HF、H_2S、CO、CO_2 和矿物油等杂质，具有含量灵敏度高、携带方便、采样量少的优点。

（3）电化学传感器法。电化学传感器技术利用被测气体在高温催化剂作用下发生的化学反应，改变传感器输出的电信号，从而确定被测气体成分及其含量。目前，已投入商业运行的传感器可检测出 SO_2、H_2S 和 CO 等气体组分。基本满足 SF₆ 气体分解产物现场检测的需求，具有检测速度快、效率高、数据处理简单、易实现联网或在线监测等优势。

第四节 电气量传感器

电力设备状态检测与故障诊断中常用的电气量传感器包括电流传感器和电压传感器。

一、电流传感器

电力系统中常用于检测的电流传感器包含低频电流传感器、高频电流传感器、特高频电流传感器和霍尔电流传感器等。

（1）低频电流传感器。容性设备泄漏电流和避雷器阻性电流测试用传感器，测得的都是工频及其谐波分量，均属于低频范围（50～250Hz），且数值较小。

容性设备泄漏电流常用传感器结构如图 1-4 所示，N_1、N_2 是初次、次级线圈的匝数，Z_2 是负载阻抗。考虑到泄漏电流测试角差的影响，一般选用高导磁率的铁镍合金作铁芯。适当增大铁芯截面，增加 N_2 或 N_1 的匝数，减小激磁电流在总电流中的比例。

避雷器阻性电流相对较小，其常用传感器结构如图 1-5 所示，采用内外径分别为22mm 和 37mm 的微晶环形铁芯组成的自积分式低频电流传感器，为克服温漂影响，宜选用低输入偏置、低温漂的运算放大器，应采用低温度系数的电阻 R_f。

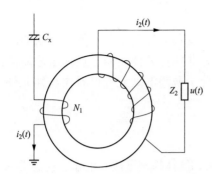

图 1-4 低频电流传感器结构原理 1

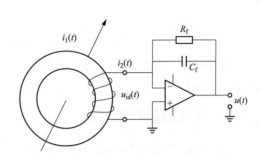

图 1-5 低频电流传感器结构原理 2

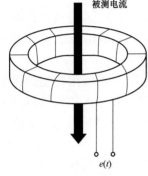

图 1-6 罗氏线圈结构

（2）高频电流传感器。高频电流传感器多采用罗格夫斯基线圈结构如图 1-6 所示，一般情况下为圆形或矩形，其铁芯采用铁氧体（铁淦氧），线圈骨架可以选择空心或磁性骨架，导线均匀绕制在骨架上。

用于局部放电检测罗氏线圈通常采用自积分式结构（宽带型电流传感器），具有相对较宽的检测频带，频率响应较快，适用于测量上升时间较短的脉冲电流信号，其典型等效电路如图 1-7 所示。其中，$I(t)$ 为被测导体中流过的局部放电脉冲电流，M 为被测导体与高频电流传感器之间的互感，L_S 为线圈的自感，R_S 为线圈的等效电阻，C_S 为线圈的等效杂散电容，R 为负载积分电阻，$u_0(t)$ 为高频电流传感器的输出电压信号。

（3）霍尔电流传感器。霍尔电流传感器的工作原理是利用半导体材料的磁敏特性，通过测量其磁感应强度，推算出待测的电流值。

等效电路图如图 1-8 所示，将霍尔器件置于磁场 B 中，在霍尔器件的一对侧面（a，b）上通以控制电流 I，则在另一对侧面（c，d）上会产生霍尔电势。满足：

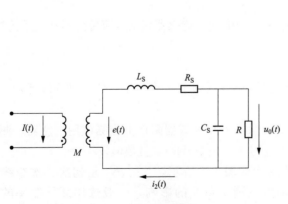

图 1-7 等效电路图

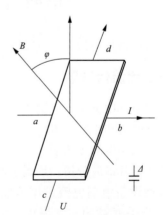

图 1-8 等效电路图

$$U_H = \frac{R_H I B \cos\varphi}{\Delta} \tag{1-5}$$

式中：B 为外加的磁感应强度；Δ 为器件厚度；R_H 为霍尔系数。霍尔传感器由于磁通相互补偿，铁芯体积可以做得很小，交直流均可用。可作为大电流传感器，也可用于高达

1GHz 的高速测量。

二、电压（电场）传感器

电力系统中常用的电压（电场）传感器包括电场传感器、特高频传感器、电压传感器等。

（1）电场传感器。监测电压也可用电场传感器，其原理是基于电光晶体在外电场作用下，当线性偏振光射入晶体后，出射光即变成椭圆偏振光的泡克尔斯效应，或称电光效应。运用检偏即可测定其偏振特性的变化，而这一变化和外加电场强度成正比，故可测定外电场强度，若晶体上直接加上电压，可直接测定外加电压。这种传感器线性度好，可测量从直流到脉冲的各种波形电压，且传感器部分尺寸小，不会影响待测电场。

（2）特高频传感器。特高频传感器也称为天线，用于感应局放激发出来的特高频电磁波信号，传感器的分析与设计可以用微波天线理论，对于近似圆盘型的极板类 UHF 传感器则可以用电容模型进行分析。各种特高频传感器的性能对比详见表 1-2。

表 1-2　　　　　　　　　　　不 同 传 感 器

形状							
名称	圆盘式	双螺纹	偶极子	单极子	单螺旋	环形	对数型
灵敏度	较好	优秀	优秀	一般	优秀	优秀	优秀
频带	优秀	优秀	优秀	一般	优秀	较好	较好
方向性	优秀	较好	较好	较好	较好	一般	较好
尺寸	较好	一般	较好	较好	较好	一般	较好

（3）电压传感器。电压传感器可以利用纯电阻串联在回路中，通过霍尔传感器测试相应的电流信号，继而得到电压值。该测试方法广泛用于容性设备介损的测试中。

第五节　机械量传感器

电力设备状态检测与故障诊断中常用的机械量传感器包括超声波传感器和速度传感器。

（1）超声波传感器。电力设备内部产生局部放电信号的时候，会产生冲击的振动及声波，超声波传感器通过捕捉这种机械波来判断内部放电强弱。超声波传感器将被探测物体表面产生的机械振动转换为电信号，它的输出电压是表面位移波和它的响应函数的卷积。理想的传感器应该能同时测量样品表面位移或速度的纵向和横向分量，在整个频谱范围内能将机械振动线性地转变为电信号，目前应用的传感器大部分由压电元件组成，压电元件的材料通常采用锆钛酸铅、钛酸铅、钛酸钡等多晶体和铌酸锂、碘酸锂等单晶体。

（2）加速度传感器。加速度传感器可用于测量变压器表面振动，通常都用压电式传感器，选用具有压电效应的晶体，如石英和锆钛酸铅等作为敏感元件。

第六节　其他传感器

噪声传感器。电力设备状态检测与故障诊断中常用到噪声传感器，噪声传感器是在传感器内置一个对声音敏感的电容式驻极体话筒，驻极体面与背电极相对，中间有一个极小的空气隙，形成一个以空气隙和驻极体作绝缘介质，以背电极和驻极体上的金属层作为两个电极构成一个平板电容器。电容的两极之间有输出电极。由于驻极体薄膜上分布有自由电荷。当声波引起驻极体薄膜振动而产生位移时，改变了电容两极体之间的距离，从而引起电容的容量发生变化，由于驻极体上的电荷数始终保持恒定，根据公式 $Q=CU$ 可以看出当 C 变化时必然引起电容器两端电压 U 的变化，从而输出电信号，实现声音信号到电信号的变换。

第二章　信号处理技术

第一节　时 域 分 析

时域分析是指控制系统在一定的输入下，根据输出量的时域表达式，分析系统的稳定性、瞬态和稳态性能。以时间为自变量描述物理量的变化是信号最基本、最直观的表达形式。在时域内对信号进行滤波、放大、统计特征计算、相关性分析等处理，称为信号的时域分析。通过时域分析方法，可以有效提高信噪比，求取信号波形在不同时刻的相似性和关联性，获得反映电力设备运行状态的特征参数，为机械系统动态分析和故障诊断提供有效信息。在电力系统内可分析放电信号的幅值及幅值与时间、放电次数的关系；并且在显示设备上输出信号的波形。

大多数离散时间信号来源于模拟信号的采样，采样是模拟信号数字化处理的第一个环节。

1. 信号采样

对模拟信号进行采样可以看作一个模拟信号 $x_a(t)$ 通过一个电子开关，设电子开关每隔周期 T 合上一次，每次合上的时间为 $t(t \ll T)$，在电子开关输出端得到其采样信号 $\bar{x}'_a(t)$，该电子开关的作用等效成一个宽度为 t、周期为 T 的矩形脉冲串 $p(t)$，采样信号 $\bar{x}'_a(t)$ 就是原始信号 $x_a(t)$ 与 $p(t)$ 形成的结果，详情如图 2-1 所示。

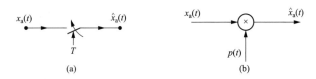

图 2-1　采样原理

如果让电子开关合上时间 $t \rightarrow 0$，则形成理想采样，此时周期脉冲信号变成了单位脉冲序列 $p_\delta(t)$，即：

$$p_\delta(t) = \sum \delta(t - nT) \tag{2-1}$$

理想采样是 $x_a(t)$ 与 $p_\delta(t)$ 相乘的结果，采样过程如图 2-2 所示，用公式表示为：

$$\bar{x}'_a(t) = x_a(t) p_\delta(t) = \sum x_a(t) \delta(t - nT) \tag{2-2}$$

另外在采样过程中，要想采样后能够不失真地还原出原信号，则采样频率必须满足 $f_s \geqslant 2f_c$，其中 f_s 是采样频率，f_c 是截止频率。

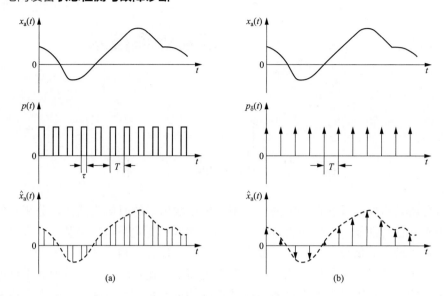

图 2-2　模拟信号采样的过程

2. 波形分析

（1）周期波形分析。最简单的周期波形可以表示为简谐波，满足：

$$x(t) = x_m \sin(\omega t + \varphi) \tag{2-3}$$

式中：描述简谐波的主要波形参数有峰值（最大幅值）x_m，角频率 ω 和初相角 φ。其中波形幅值除了用峰值表示以外，还可以用均值 $\bar{x}$（平均绝对值）和方均根 x_{rms} 来表示如下：

$$\bar{x} = \frac{1}{T} \int_0^T |x| \, dt \text{ 或} \frac{1}{N} \sum_{i=0}^{N-1} |x_i| \tag{2-4}$$

$$x_{rms} = \sqrt{\frac{1}{T} \int_0^T x^2 \, dt} \text{ 或} \sqrt{\frac{1}{N} \sum_{i=0}^{N-1} x_i^2} \tag{2-5}$$

式中：T 为采样周期；N 为采样点数，x_i 为采样瞬时的信号幅值。另外，对于复杂周期信号的波形分析，实际上就是要确定其各次谐波的幅值、角频率和初相角，这种分析又称为谐波分析。

（2）随机波形分析。随机波形的主要波形参数有均值、均方值、方差、标准差和概率密度函数等。关于均值、均方值、均方根、方差、标准差将在第五节统计分析中介绍，这里只介绍概率密度函数。瞬时数据落在范围内的概率密度函数 $p(x)$ 为：

$$p(x) = \lim_{\Delta x \to 0} \frac{p[x, \Delta x]}{\Delta x} \tag{2-6}$$

第二节　频　域　分　析

所谓信号的频域分析，就是根据信号的频域描述对信号的组成及特征量进行分析和估计，进而达到如下目的：

（1）确定信号中含有的频率组成成分（幅值、能量、相位、功率）和频率分布范围；

（2）分析各信号之间的相互关系；

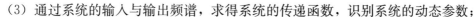

（3）通过系统的输入与输出频谱，求得系统的传递函数，识别系统的动态参数；

（4）通过频谱分析，寻找系统的振动噪声源和进行故障诊断；

目前，常用的频谱包括幅度谱、相位谱、能量谱和功率谱等，对于不同的信号和分析参数，我们可以用不同类型的频谱来表示。具体如下：

（1）周期信号：离散的幅值谱、相位谱或功率谱。

（2）非周期信号：连续的幅值谱密度、相位谱密度或功率谱密度。

（3）随机信号：具有统计特征的功率谱密度。

（4）功率谱：包含自功率谱和互功率谱，其中自功率谱指一个信号的能量（功率）沿频率轴的分布；互功率谱分析两个信号的互相关情况；另外，互功率谱是从互相关的角度来描述信号的，所以互功率谱本身并不含有信号功率的意义。

（5）倒频谱：是指对功率谱再做一次"谱分析"以研究功率谱中的周期现象（如谐波引起的周期性功率谱峰值）。

（6）相干分析：是指通过求解两个频谱的相干函数来研究它们之间的相关程度（如系统输出频谱与输入频谱的相关程度）。

目前，电气设备在线监测使用较多的是幅度谱，即幅频特性。基本方法是将时域波形经 A/D 变换后，变成一组有相同时间间隔的离散值，再经过 DFT 变成一组有相同频率间隔的、在同一频域内的离散值。设时域内连续的周期函数满足：

$$g(t) = g(t + T) \tag{2-7}$$

当用一组相同时间间隔的离散值来描述连续的时间信号时，可表示为 $g(t_n)$，它是在 t_n 各个瞬间对信号时域的抽样，满足：

$$g(t_n) = g(t) \times \rho(t) \tag{2-8}$$

其中，$\rho(t)$ 是抽样脉冲序列。将 $g(t_n)$ 作离散傅里叶变换为频域时，则满足：

$$G(f_k) = \frac{1}{N} \sum_{n=0}^{N-1} g(t_n) e^{-j2\pi nk/N} \tag{2-9}$$

第三节 信 号 滤 波

1. 现场干扰

实际应用时，除了所需的监测信号外，传感器不可避免地将各种干扰信号采集传输至后续监测系统中。对于这部分干扰，需要开展相应的滤波，干扰信号按照其波形特征可分为以下几种。

（1）周期性干扰。周期性干扰信号包括连续的周期性干扰信号和脉冲型周期性干扰信号。连续的周期性干扰信号如广播，电力系统中的载波通信、高频保护信号、高次游波、工频干扰等，其波形一般是正弦波。此类干扰以载波通信和高频保护信号为主，频率范围在 30~500kHz。

典型的脉冲型周期性干扰信号如可控硅整流设备在可控硅开闭时产生的脉冲干扰信号、旋转电机电刷与滑环间的电弧等。其特点是脉冲干扰周期性地出现在工频的某些相位上。可控硅干扰的频谱主要分布在 133kHz 以下。

（2）随抗性干扰。高压输电线的电晕放电、相邻电气设备的内部放电、以及雷电脉冲、断路器与继电器的断合、电焊电弧等无规律的随机性干扰均属于随抗性干扰信号。

上述干扰信号的特征和性质不同，需采取不同的措施抑制。而监测系统安装在不同场合，其接收到的干扰信号的构成也是不同的，因此，需要针对现场的实际情况，采取综合性措施予以抑制。

抑制干扰有硬件和软件两种方法，一般首先采用硬件做初步抑制，但由于硬件的方法灵活性较差，使其抑制干扰的能力受到限制，这时，可以辅助以软件措施加以改善，通过采用各种先进的信号处理方法，提高信噪比。

2. 硬件滤波

（1）硬件滤波器。使用各种带通滤波器可有效地消除或抑制周期性干扰。滤波器带宽和中心频率的选择视干扰信号的频带而定。窄带滤波器抗干扰性能好，能有效抑制通频带外的大部分干扰信号，但也容易造成有用信号本身某些频率成分的损失。宽带滤波器获得的信号的频率成分比较丰富，但不利于干扰的抑制。在现实操作中，经常将两类滤波器组合使用。

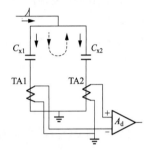

图 2-3　差动平衡系统原理图

（2）差动平衡系统。差动平衡系统主要用于抑制共模干扰，基本原理如图 2-3 所示。当来自线路的共模干扰信号进入电气设备 C_{x1}、C_{x2} 时，其电流方向是相同的。在电流传感器 TA1、TA2 上输出同方向信号，则进入差动放大器后，这两个干扰信号相当于共模信号被抑制。若是设备内部放电，例如 C_{x2} 有放电故障，那么在 TA1、TA2 上流过的电流方向是相反的，进入差动放大器后，这两个信号相当于差模信号被放大，从而提高了监测系统的信噪比。

3. 软件滤波

对一个数字信号按照一定要求进行运算、处理，这种处理方法就是数字滤波。数字滤波技术实则也是一个计算程序，它安排在数据采集之后，故这是一种运用软件抑制干扰的方法。此方法既可用于连续的周期信号，也可用于局部放电脉冲信号。目前较常用的数字滤波器包括理想滤波器和自适应数字滤波系统。软件滤波的方式包括形态学滤波、3δ 准则、中值滤波、53H 算法以及小波分析等，下文重点介绍一下形态学滤波。

（1）形态学滤波概述。形态滤波法是一种非线性信号滤波方法，在继电保护领域、在线监测数据滤波领域已经有一定的应用研究。形态滤波法包括形态开-闭和形态闭-开两种基本形式的滤波器，其效果各有偏倚，仅仅使用其中一种滤波器必然带有一定的局限性。具体有：

$$F_1(n) = f(n)\Theta g(m) \oplus g(m) \oplus g(m)\Theta g(m) \qquad (2\text{-}10)$$

$$F_2(n) = f(n) \oplus g(m)\Theta g(m)\Theta g(m) \oplus g(m) \qquad (2\text{-}11)$$

式（2-10）和式（2-11）中，$f(n)$ 是处理前的在线监测数据，采样点总数为 N，$g(m)$ 是结构元素，结构元素个数为 M。

Θ 是腐蚀运算符，满足：

$$f(n)\Theta g(m) = \begin{cases} \min\limits_{m=1,2,\cdots,M}\{f(n+m-1)-g(m)\}; & 0 < n \leqslant N-M+1 \\ f(n); & N-M+1 < n \leqslant N \end{cases} \qquad (2\text{-}12)$$

$\oplus$ 是膨胀运算符，满足：

$$f(n) \oplus g(m) = \begin{cases} f(n); & 0 < n \leqslant M-1 \\ \max_{m=1,2,\cdots,M} \{f(n-m+1)+g(m)\}; & M < n \leqslant N \end{cases} \quad (2\text{-}13)$$

一组模拟的在线监测数据及其形态开-闭滤波器和形态闭-开滤波器输出结果如图2-4所示。━为一组模拟的在线监测原始数据，可以看到，原始数据上包括三个奇点，其中奇点1对应尖峰，奇点2、3对应低谷，奇点的存在大大影响着原始数据的可靠性，为此有必要进行一定的滤波。▭为形态开-闭滤波器的输出曲线，◦为形态闭-开滤波器的输出曲线，对照在线监测原始数据，形态开-闭滤波器对奇点1（尖峰）有较好的滤波作用，但是对奇点2、3（低谷）的滤波效果不明显，甚至恶化了奇点2（低谷）左侧的在线监测原始数据。同理形态闭-开滤波器对奇点2、3（低谷）有较好的滤波作用，但是对奇点1（尖峰）缺乏滤波效果，甚至恶化了奇点1右侧的在线监测原始数据。

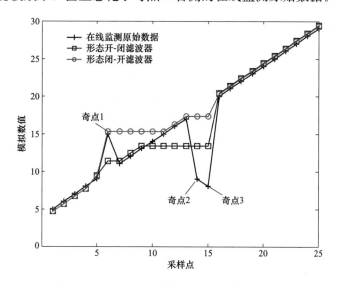

图2-4　形态开-闭和形态闭-开滤波器输出结果

因此，形态开-闭滤波器和形态闭-开滤波器存在一定的结果偏倚现象，其中形态开-闭滤波器对尖峰数据抑制较好，但是对低谷数据却缺乏滤波效果，甚至会恶化低谷附近数据。反之形态闭-开滤波器能有效抑制低谷信号，但是对尖峰数据效果较差，甚至还会恶化尖峰周围数据。

（2）加权自适应滤波算法。针对形态开-闭滤波器和形态闭-开滤波器结果中存在的偏倚现象，对两种形态滤波器进行了相应的改进，加权级联了形态开-闭滤波器和形态闭-开滤波器，提出了一种新型的加权自适应滤波算法。改进后的形态滤波器如图2-5所示。图2-5中，$f(n)$为处理前的在线监测数据，分别进行形态开-闭滤波计算

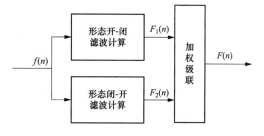

图2-5　改进后的形态滤波器

和形态闭-开滤波计算，对于某些干扰特别严重的地区，建议进行多次滤波计算。$F_1(n)$、$F_2(n)$分别为多次形态开-闭滤波和形态闭-开滤波计算后的输出结果。$F(n)$是加权级联了形态开-闭滤波和形态闭-开滤波算法后的结果输出，满足：

$$F(n) = \alpha_1 F_1(n) + \alpha_2 F_2(n) \quad\quad\quad (2\text{-}14)$$

式中：α_1 和 α_2 为权重系数，其中权重系数的算法满足如图 2-6 所示：$F'(n)$ 为预期的滤波输出结果，$F(n)$ 为实际的滤波输出结果。对两个结果进行残差的范数运算，当残差的范数满足要求时，保持 α_1 和 α_2 不变，并输出相应的滤波结果；当残差的范数不满足要求时，修改比例系数数值，直至结果满足要求。

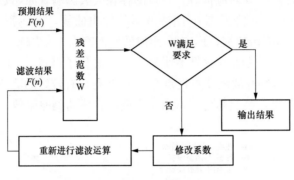

图 2-6　权重算法

（3）结果验证。取一组模拟的避雷器在线监测数据，如图 2-7（a）所示，其中横坐标代表采样时间，纵坐标代表泄漏电流数值。可以看出该组避雷器泄漏电流数据中存在较大的脉冲性噪声。

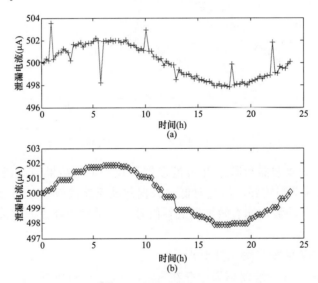

图 2-7　模拟的避雷器泄漏数据及其滤波结果 1
（a）避雷器泄漏电流模拟数据；（b）滤波后输出结果

在避雷器泄漏电流的模拟中，考虑到泄漏电流作为基本的绝缘状态量，呈现缓慢递增趋势，可以近似为一个直流分量。泄漏电流的数值在实际运行中会随气象等慢变因素的日周期性变化而变化。因此模拟的泄漏电流近似等效成一个叠加有正弦分量的直流，其中正弦分量的周期为 24h。图中避雷器泄漏电流由于受现场干扰的影响，存在一定的"奇点"。

采用加权自适应滤波算法对避雷器泄漏电流在线监测数据进行滤波，其中滤波后的结果如图 2-7（b）所示。可以看出，滤波后的避雷器泄漏电流数据基本能够反映避雷

器的泄漏电流的实际情况。另一组模拟的避雷器在线监测数据的滤波效果图如图 2-8
所示。

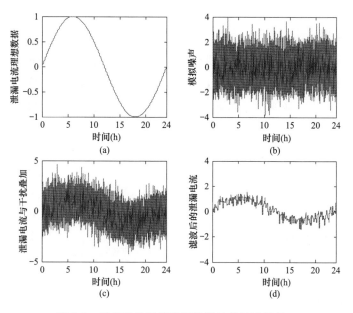

图 2-8　模拟的避雷器泄漏数据及其滤波结果 2

图 2-8 中，横坐标表示时间，图（a）的纵坐标表示归一化处理后的避雷器泄漏理想
电流，图（b）是现场的模拟噪声，图（c）是归一化处理后的避雷器泄漏电流与现场
模拟噪声的叠加值。从图（c）可以看出该组避雷器泄漏电流数据中存在较大的白噪
声，其中真实数据完全淹没在模拟噪声中，很难通过避雷器泄漏电流数据来判断设备
的绝缘情况，图（d）是滤波后的避雷器泄漏电流数据，从图（d）可以看出，滤波后
的避雷器泄漏电流基本上能够反应设备的绝缘状况，与泄漏电流的理想数据情况也基
本相近。

第四节　相　关　分　析

相关分析是用来研究两个变量之间的相互关系。若变量间存在确定的函数关系，则
称为函数相关；但对于两个随机变量而言，则不存在有确切的函数关系，只是一种概率
关系，这种相关就称为概率相关（包括自相关和互相关）。

1. 相关系数

当我们在分析两个变量之间的关系时，我们往往从其相关系数着手，在讨论相关系
数之前，首先要了解协方差这个概念，给定两个变量 X 和 Y，那么这两个变量的协方差
被定义为：

$$\sigma_{xy} = \frac{\sum(x_i - \bar{x})(y_i - \bar{y})}{n} \tag{2-15}$$

这里 $\bar{x}$ 和 $\bar{y}$ 分别为变量 X 和 Y 的均值，那么这两个变量的相关系数就被定义为：

$$\gamma = \frac{\sum(x_i - \bar{x})(y_i - \bar{y})}{\sqrt{\sum(x_i - \bar{x})^2 \sum(y_i - \bar{y})^2}} \tag{2-16}$$

相关系数的值在 -1 和 $+1$ 之间，即 $-1 \leqslant \gamma \leqslant 1$。如果 $\gamma = 0$，两个变量就是不相关关系；如果 $\gamma < 0$，那么这两个变量就是负相关关系；如果 $\gamma > 0$，那么这两个变量就是正相关关系。

2. 自相关函数

自相关函数 $\gamma_{xx}(\tau)$ 是描述平稳随机信号 $x(t)$ 一个时刻 t 的数据值与另一个时刻 $t+\tau$ 的数据值之间的依赖关系，其定义为：

$$\gamma_{xx}(\tau) = \lim_{t \to \infty} \frac{1}{T} \int_0^T x(t) \cdot x(t+\tau) \mathrm{d}t \tag{2-17}$$

其代表了同一个信号在不同时刻的相关程度；其中 $\gamma_{xx}(\tau)$ 是自变量 τ 的实偶函数。当 $\tau = 0$ 时，则随机函数的自相关函数为：

$$\gamma_{xx}(0) = \overline{x^2} = \begin{cases} \sigma_x^2, & \bar{x} = 0 \\ \sigma_x^2 + \bar{x}^2, & \bar{x} \neq 0 \end{cases} \tag{2-18}$$

$\tau \to \infty$ 时，则随机函数的自相关函数为：

$$\lim_{\tau \to \infty} \gamma_{xx}(\tau) = \gamma_{xx}(\pm \infty) = \begin{cases} 0, & \bar{x} = 0 \\ \bar{x}^2, & \bar{x} \neq 0 \end{cases} \tag{2-19}$$

3. 互相关函数

互相关函数 $\gamma_{xy}(\tau)$ 是描述随机信号 $x(t)$ 在时刻 t 的数据值与 $y(t)$ 在时刻 $t+\tau$ 的数据值之间的依赖关系，互相关函数表明了两个随机信号在不同时刻的相关程度，其定义为：

$$\gamma_{xy}(\tau) = \lim_{T \to \infty} \frac{1}{T} \int_0^T x(t) \cdot x(t+\tau) \mathrm{d}t \tag{2-20}$$

第五节 统 计 分 析

(一) 概述

当我们得到一组新的数据时，最先要做的分析是要了解这组数据基本的概率分布状况。然后才是对数据中的变量之间的关系进行分析研究，这些基本的情况包括频率表、均值、方差、标准偏差、协方差、相关系数等。

1. 频率表

频率表是用来显示变量中不同类别或量值分布的表格。一般变量可分为离散型和连续型变量。对于离散型变量，如性别、职业、专业等，我们希望通过频率表来了解变量中不同类别分布，对于连续型的变量（如年龄、工作年限、工资水平等），可通过频率表来了解变量中不同量值（值域）的分布。先来看看对于离散型变量的分析。某管理学院专业与人数的对应频率表见表 2-1。

表 2-1 　　　　　　　　　　　学 生 专 业 分 布 表

专业	人数	百分比
经济	100	5%
金融	300	15%
会计	400	20%

专业	人数	百分比
市场营销	400	20％
工商管理	800	40％
总计	2000	100％

这是一个很简单的频率表，通过这个简单的图表，可以分析在不同专业中商学院学生的分布情况。

2. 均值

均值的概念可以从两个不同的角度来看，通常人们说的均值就是"平均数"，统计意义上的均值是"期望值"。下面来探讨这两种定义的区别和共同点。假如我们有个随机变量 X，取了 n 个样本，即 $x_1, x_2, x_3, \cdots, x_n$。这些样本的均值（平均数）用 $\bar{x}$ 来表示，即：

$$\bar{x} = \sum x_i / n \tag{2-21}$$

在这里，每个样本出现的概率是相等的，都是 $1/n$。当我们谈到期望值时，我们就引进了概率的概念，即每个样本出现的概率可能不一样。所以在这种情况下的均值就用那个期望值来表示，即：

$$E(x) = \sum x_i p_i \tag{2-22}$$

式中：p_i 是 x_i 出现的概率。如果每个样本出现的概率都是一样的，即 $p_i = 1/n$。那么期望值就和平均值一样。

3. 方差和标准偏差

方差用来衡量变量的离散性，即变量的每个样本与均值的距离大小。方差越大，样本的值与其均值的平均差距就越大，也就是说其分布的离散性就越大。方差越小，样本与均值的平均差距就越小，其分布的离散性就越小。在计算方差时，我们要注意区分总体方差与抽样方差。变量的总体包括了所有变量因子在内；而变量的抽样只包含总体中随机抽取出来的样本。例如，一个学校共有 5000 个学生，总体规模就是 5000 个。如果我们到学生食堂随机找了 40 个学生问他们喜欢不喜欢食堂做的饭，这 40 个就是我们的抽样规模。其中总体方差满足：

$$\sigma^2 = \sum (x_i - \mu)^2 / n \tag{2-23}$$

抽样方差满足：

$$s^2 = \sum (x_i - \bar{x})^2 / (n-1) \tag{2-24}$$

从式（2-23）和式（2-24）可知，在计算总体方差时我们用 n 来除；而在计算抽样方差时却用 $(n-1)$ 来除。其中 n 指总体的数量规模，n 指抽样的数量规模。统计学家们推算出，由于抽样的数量规模较小，用 $(n-1)$ 来除更能相对精确地表示抽样的方差。这里有个"自由度"的概念。因为我们在计算样本方差时使用了均值这个估计参数，所以要减去一个自由度。

另一种有用的指标是标准偏差（或称标准差）。标准差被定义为方差的正平方根，即总体标准偏差满足：

$$\sigma = \sqrt{\sigma^2} \tag{2-25}$$

抽样方差满足：

$$s = \sqrt{s^2} \tag{2-26}$$

（二）数据分析

数据分析指在整理数据的基础上，通过统计运算，得出结论的过程，它是统计分析的核心和关键。数据分析通常可分为两个层次：第一个层次是用描述统计的方法计算出反映数据集中趋势、离散程度和相关强度的指标；第二个层次是在描述统计基础上，用推断统计的方法对数据进行处理，以样本信息推断总体情况，并分析和推测总体的特征和规律。常用的数据分析方法包括回归分析、聚类分析、直方图等。

第三章　设备检测领域的计量单位

下文将针对电力设备状态检测与故障诊断中常用的带电检测技术，介绍相应的计量单位。

一、红外热像检测

红外热像检测涉及的状态量包括设备实际温度、温升、温差和相对温差。

设备实际温度的计量单位采用 K 或℃。温升指被测设备表面温度和环境温度参照体表面温度之差，其计量单位为 K。温差指不同被测设备或同一被测设备不同部位之间的温度差，其计量单位为 K。相对温差是指两个对应测点之间的温差与其中较热点的温升之比的百分数，其计量单位无量纲。

二、紫外成像检测

紫外成像仪接受放电产生的太阳日盲区内的紫外信号，经过处理与可见光图像叠加，从而确定电晕位置和强度。紫外成像光子数是表征放电强度的主要指标之一，它是紫外成像仪在一定增益下单位时间内观测到的光子数量，其单位为个/min。紫外光检测灵敏度是指一定条件下紫外成像仪可以发现的最小放电紫外光强度，单位为 W/cm^2。

三、化学传感器

油中溶解气体检测对象是 H_2、CO、CO_2、CH_4、C_2H_4、C_2H_6、C_2H_2 和总烃等 8 种气体浓度，其计量单位采用 $\mu L/L$。

SF_6 微水检测对象是气体中的含水量，其计量单位采用 $\mu L/L$。

SF_6 分解产物检测对象是 H_2S 和 SO_2 气体含量，其计量单位也采用 $\mu L/L$。

四、电气量采集

电气量采集铁心接地电流采集、中性点直流电流、泄漏电流（含介损）、高频局放和特高频局放等。

铁芯接地电流采集的状态量为变压器铁芯和夹件接地电流，其计量单位为 mA。

中性点直流电流检测偏磁工况下流过变压器中性点的直流电流，其计量单位为 A。

相对介损和电容量检测两组容性设备泄漏电流的夹角的 tan 值和比值，其计量单位无量纲。

绝对介质损耗测试设备电压和电流夹角余角的 tan 值，其计量单位无量纲。

高频电流检测利用罗氏线圈检测放电产生的高频电流信号，并对耦合到的信号进行幅度、相位和频率的计算。其中幅度单位利用电压幅值 V 表示，相位采用角度 Deg 表示。相位采用 Hz 表示。

特高频信号检测是重要的局部放电检测方法，其检测的状态量包括幅值、相位和频率。其中相位和频率的计量单位参考高频电流，幅值的计量单位包括 mV、mW、dB 和

dBm。其中 mW 是输出功率，由输出电压和功率计算得出。dB 是电压电平 P_V 的量纲，电压电平是"实测电压"相对于 0.775V（规定为 U_0）的分贝值，有：

$$P_V = 20 \times \lg\left(\frac{U}{U_0}\right) \tag{3-1}$$

dBm 是功率电平 P_m 的量纲，功率电平是"实测功率"相对于 1mW（规定为 P_0）的分贝值，有：

$$P_m = 10 \times \lg\left(\frac{P}{P_0}\right) \tag{3-2}$$

根据式（3-2）可以得到，电压电平和功率电平之间的关系满足：

$$P_m = P_V + 10\lg(600/Z) \tag{3-3}$$

式中：Z 为检测阻抗阻值。由式（3-2）可知，当检测阻抗值为 600Ω 时，功率电平的读数等于电压电平。由前述分析，对于相同辐射功率的信号，若检测阻抗不同，则接收到的电压信号幅值便不同；因此，若通过电压电平判断信号的大小，必须同时考虑其检测阻抗的值；辐射功率相同的信号，检测阻抗越小，由公式 $U_2 = P \times R$ 可知，所检出的电压电平也越小。具体对应关系见表 3-1。

表 3-1　　　　　　　　　　功率电平和电压电平的对应表

功率（mW）	1	1	1	1
阻抗	600	300	150	50
电压	0.775	0.548	0.387	0.224
功率电平	0	0	0	0
电压电平	0	−3.01	−6.02	−10.79

五、机械量检测

超声波信号检测是重要的局部放电检测方法，其检测的状态量包括幅值、相位和频率。其中相位和频率的计量单位参考高频电流，幅值的计量单位包含 mV 和 dBmV 两种，满足：

$$A(\text{dBmV}) = 20\lg\left(\frac{\text{BmV}}{1\text{mV}}\right) \tag{3-4}$$

变压器振动测量测试设备表面的振动情况，其检测的状态量包括位移、速度、加速度和频率等。其中位移单位为 μm，速度单位为 $\mu m/s$，加速度单位为 $\mu m/s^2$，频率单位为 Hz。另外部分振动测试仪的幅值采用 g，满足：

$$1g = 0.98\mu m/s^2 \tag{3-5}$$

第二篇
光学检测

第四章　红外热像检测

第一节　红外检测技术应用

红外技术的高级发展应用是红外自动目标识别技术，系统通过与可见光组成的多功能传感器，配用多功能目标捕捉处理器，以及信息处理技术，对目标实现高速、自动、可靠地探测、识别、测距、定位、跟踪及故障判别。

目前，在输变电设备红外检测应用中，依据载体的不同主要有以下四种方式：

（1）手持式、便携式红外热像仪。手持式、便携式红外热像仪在电力设备带电检测中已经被广泛使用。具有灵活、使用效率高、诊断实时的优点，是目前常规巡检普测和精确测温使用的主要方式。

（2）固定式、移动式连续监测在线式红外热像仪。在线式红外热像仪主要应用于无人值班变电站、重点设备的连续监测，以红外热成像和可见光视频监控为主，智能辅助系统为辅，具有自动巡检、自动预警、远程控制、远程监视以及报警等功能。

在线式红外热像仪分固定式、移动式两种。固定式为定点安装，可实现重点设备的

图 4-1　连续监测在线式
红外热像仪

长时间连续监测数据记录，运行状态变化预警，加装预置位云台后也可以做到比较大的安装区域设备覆盖，如图 4-1 所示。移动式红外热像仪的优势是布点灵活，可监测设备覆盖全面，适合隐患设备的后期分析监测、缺陷设备检修前的运行监测。

（3）线路巡检车载式、机载吊舱式红外热像仪。车载红外监控系统主要应用于城市配网和沿路线路检测，可大幅提高人力巡检效率，快速便捷，如图 4-2（a）所示。

(a)　　　　　　　　　　　　　(b)

图 4-2　车载式、机载吊舱式红外热像仪

无人机巡检技术是近几年兴起的高科技巡检技术。根据无人机载荷及大小可将无人机分为小型无人机、中型无人机、大型无人机。

小型无人机主要指旋翼型无人机，一般飞行时间约 40min，载荷 1～2kg，有个别先进的小型无人机可飞行 2h，搭载小型红外热像仪可实现实时测温、拍照、录像、存储等基本巡检工作。单次飞行可实现少量杆塔巡检工作。

中型无人机主要搭载 6～8kg 吊舱完成巡检工作，配合出色的飞控可以实现超视距 3～4km 范围内的线路巡检任务，可搭载高清相机和热像仪，可叠加地理信息坐标、定位杆塔、实时测温分析等。

大型无人机可搭载 20kg 及以上吊舱设备完成数十公里范围内的线路巡检工作，红外、紫外、可见光数据可以通过地面控制站实时传输，地面数据分析系统可系统化处理采集到的所有数据。

直升机巡检系统主要依靠 30kg 左右的光电吊舱设备对超高压、特高压线路进行巡检，可记录红外、紫外、可见光等数据，如图 4-2（b）所示。采集的数据通过地面数据处理系统实现系统化管理、专业分析、快速报告、各基地信息共享等。

（4）巡检机器人红外热像仪。变电站智能巡检系统是集机电一体化技术、多传感器融合技术、磁导航技术、机器人视觉技术、红外检测技术于一体的智能系统，如图 4-3 所示。解决了人工巡检劳动强度大等问题。通过对图像进行分析和判断，及时发现电力设备的缺陷、外观异常等问题，为各类变电站和换流站的巡检工作提供了一种创新型的技术检测手段，提高了电网的可靠稳定运行水平。

图 4-3　红外巡检机器人

第二节　检测技术基本原理

一、红外热像仪组成及基本原理

电力设备运行状态的红外检测，实质就是对设备（目标）发射的红外辐射进行探测及显示处理的过程。设备发射的红外辐射功率经过大气传输和衰减后，由检测仪器光学系统接收并聚焦在红外探测器上，并把目标的红外辐射信号功率转换成便于直接处理的电信号，经过放大处理，以数字或二维热图像的形式显示目标设备表面的温度值或温度场分布，如图 4-4 所示。

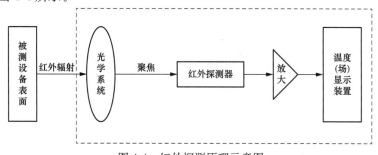

图 4-4　红外探测原理示意图

二、电网设备发热机理

对于高压电气设备的发热故障，从红外检测与诊断的角度大体可分为两类，即外部故障和内部故障。

外部故障是指裸露在设备外部各部位发生的故障（如长期暴露在大气环境中工作的裸露电气接头故障、设备表面污秽以及金属封装的设备箱体涡流过热等）。从设备的热图像中可直观地判断是否存在热故障，根据温度分布可准确地确定故障的部位及故障严重程度。

内部故障则是指封闭在固体绝缘、油绝缘及设备壳体内部的各种故障。由于这类故障部位受到绝缘介质或设备壳体的阻挡，所以通常难以像外部故障那样从设备外部直观地获得有关故障信息。但是，根据电气设备的内部结构和运行工况，依据传热学理论，分析传导、对流和辐射三种热交换形式沿不同传热途径的传热规律（对于电气设备而言，多数情况下只考虑金属导电回路、绝缘油和气体介质等引起的传导和对流），并结合模拟试验、大量现场检测实例的统计分析和解体验证，也能够获得电气设备内部故障在设备外部显现的温度分布规律或热（像）特征，从而对设备内部故障的性质、部位及严重程度做出判断。

从高压电气设备发热故障产生的机理来划分，电网设备的发热故障可分为以下五类。

1. 电阻损耗（铜损）增大故障

电力系统导电回路中的金属导体都存在相应的电阻，因此当通过负荷电流时，必然有一部分电能按焦耳-楞茨定律以热损耗的形式消耗掉。由此产生的发热功率为：

$$P = K_f I^2 R \tag{4-1}$$

式中：P 为发热功率，W；K_f 为附加损耗系数；I 为通过的电荷电流，A；R 为载流导体的直流电阻值，Ω。

K_f 表明在交流电路中计及趋肤效应和邻近效应时使电阻增大的系数。当导体的直径、导电系数和导磁率越大，通过的电流频率越高时，趋肤效应和邻近效应越显著，附加损耗系数 K_f 值也越大。因此，在大截面积母线、多股绞线或空心导体，通常均可以为 $K_f=1$，其影响往往可以忽略不计。

上式表明，如果在一定应力作用下是导体局部拉长、变细，或多股绞线断股，或因松股而增加表面层氧化，均会减少金属导体的导流截面积，从而造成增大导体自身局部电阻和电阻损耗的发热功率。

对于导电回路的导体连接部位而言，上式中的电阻值应该用连接部位的接触电阻 R_j 来代替。并在 $K_f=1$ 的情况下，改写成以下形式：

$$P = I^2 R_j \tag{4-2}$$

可以看出，电力设备载流回路电气连接不良、松动或接触表面氧化会引起接触电阻增大，该连接部位与周围导体部位相比，就会产生更多的电阻损耗发热功率和更高的温升，从而造成局部过热。

2. 介质损耗（介损）增大故障

除导电回路以外，有固体或液体（如油等）电介质构成的绝缘结构也是许多高压电气设备的重要组成部分。用作电器内部或载流导体电气绝缘的电介质材料，在交变电压作用下引起的能量损耗，通常称为介质损耗。由此产生的损耗发热功率表示为：

$$P = U^2 \omega C \tan\delta \tag{4-3}$$

式中：U 为施加的电压，V；ω 为交变电压的角频率；C 为介质的等值电容，F；$\tan\delta$ 为绝缘介质损耗因数。

由于绝缘电介质损耗产生的发热功率与所施加的工作电压平方成正比，而与负荷电流大小无关，因此称这种损耗发热为电压效应引起的发热即电压致热性发热故障。

式（4-3）表明，即使在正常状态下，电气设备内部和导体周围的绝缘介质在交变电压作用下也会有介质损耗发热。当绝缘介质的绝缘性能出现故障时，会引起绝缘的介质损耗（或绝缘介质损耗因数 $\tan\delta$）增大，导致介质损耗发热功率增加，设备运行温度升高。而介质损耗的微观本质是电介质在交变电压作用下将产生两种损耗，一种是电导引起的损耗，另一种是由极性电介质中偶极子的周期性转向极化和夹层界面极化引起的极化损耗。

3. 铁磁损耗（铁损）增大故障

对于由绕组或磁回路组成的高压电气设备，由于铁芯的磁滞、涡流而产生的电能损耗称为铁磁损耗或铁损。由于设备结构设计不合理、运行不正常，或者由于铁芯材质不良，铁芯片间绝缘受损，出现局部或多点短路，可分别引起回路磁滞或磁饱和或在铁芯片间短路处产生短路环流，增大铁损并导致局部过热。另外，对于内部带铁芯绕组的高压电气设备（如变压器和电抗器等）出现磁回路漏磁，还会在铁制箱体产生涡流发热。由于交变磁场的作用，电器内部或载流导体附近的非磁性导电材料制成的零部件有时也会产生涡流损耗，因而导致电能损耗增加和运行温度升高。

4. 电压分布异常和泄漏电流增大故障

有些高压电气设备（如避雷器和输电线路绝缘子等）在正常运行状态下都有一定的电压分布和泄漏电流，但是当出现故障时，将改变其分布电压 U_d 和泄漏电流 I_g 的大小，并导致其表面温度分布异常。此时的发热虽然仍属于电压效应发热，发热功率由分布电压与泄漏电流的乘积决定。

$$P = U_d I_g \tag{4-4}$$

5. 缺油及其他故障

油浸式高压电气设备由于渗漏或其他原因（如变压器套管未排气）而造成缺油或假油位，严重时可以引起油面放电，并导致表面温度分布异常。这种热特征除放电时引起发热外，通常主要是由于设备内部油位面上下介质（如空气和油）热容系数不同所致。

除了上述各种主要故障模式以外，还有由于设备冷却系统设计不合理、堵塞及散热条件差等引起的热故障。

第三节　检测及诊断方法

一、红外检测方法

红外成像诊断技术是非接触式诊断技术，通过探测设备接收设备表面反射红外线来显示电力设备表面温度，是电力设备行之有效的重要技术手段和方法，通过红外测温探测带电设备的温度是否正常，判定带电设备是否存在缺陷。红外技术对电力设备的外部缺陷检测和诊断，相对灵敏、准确、可靠、效果显著，而对电力设备的内部缺陷导致设备外部表面温度变化，根据设备表面温度及热分布场的变化等推算判断设备内部温度变

化的规律，制定出相对准确的内部缺陷判断标准。

1. 检测基本要求

（1）一般检测环境要求。被检设备是带电运行设备，应尽量避开视线中的封闭遮挡物，如门和盖板等。环境温度一般不低于5℃，相对湿度一般不大于85%。天气以阴天、多云为宜，夜间图像质量较佳。不应在雷、雨等气象条件下进行，检测时风速一般不大于5m/s。在户外晴天时检测要避开阳光直接照射或反射进入仪器镜头，在室内或晚上检测应避开灯光的直射，宜闭灯检测。

（2）精确检测环境要求。除满足一般检测的环境要求外，还需满足以下要求：①风速一般不大于0.5m/s；②设备通电时间不小于6h，最好在24h以上；③宜在阴天、夜间或晴天日落2h后进行；④被检测设备周围应具有均衡的背景辐射，应尽量避开附近热辐射源的干扰，某些设备被检测时还应避开人体热源等的红外辐射；⑤避开强电磁场，防止强电磁场影响红外热像仪的正常工作。

（3）飞机巡线检测基本要求。除满足一般检测的环境要求和飞机适行的要求外，还应满足以下要求：禁止夜航巡线，禁止在变电站和发电厂等上方飞行；飞机飞行于线路的斜上方并保证有足够的安全距离，巡航速度以50~60km/h为宜；红外热成像仪应安装在专用的带陀螺稳定系统的吊舱内。

2. 现场操作方法

（1）一般检测。仪器在开机后需进行内部温度校准，待图像稳定后即可开始工作。一般先远距离对所有被测设备进行全面扫描，发现有异常后，再有针对性地近距离对异常部位和重点被测设备进行准确检测。仪器的色标温度量程宜设置在环境温度加10~20K的温升范围。有伪彩色显示功能的仪器，宜选择彩色显示方式，调节图像使其具有清晰的温度层次显示，并结合数值测温手段，如热点跟踪、区域温度跟踪等手段进行检测。应充分利用仪器的有关功能，如图像平均、自动跟踪等，以达到最佳检测效果。环境温度发生较大变化时，应对仪器重新进行内部温度校准，校准方法按仪器的说明书进行。作为一般检测，被测设备的辐射率一般取0~9。

（2）精确检测。检测温升所用的环境温度参照体应尽可能选择与被测设备类似的物体，且最好能在同一方向或同一视场中选择。在安全距离允许的条件下，红外仪器宜尽量靠近被测设备，使被测设备（或目标）尽量充满整个仪器的视场，以提高仪器对被测设备表面细节的分辨能力及测温准确度，必要时，可使用中、长焦距镜头。线路检测一般需使用中、长焦距镜头。为了准确测温或方便跟踪，应事先设定几个不同的方向和角度，确定最佳检测位置，并可做上标记，以供今后的复测用，提高互比性和工作效率。正确选择被测设备的辐射率，特别要考虑金属材料表面氧化对选取辐射率的影响。将大气温度、相对湿度、测量距离等补偿参数输入，进行必要修正，并选择适当的测温范围。记录被检设备的实际负荷电流、额定电流、运行电压，被检物体温度及环境参照体的温度值。

3. 影响电力设备红外测量因素

（1）大气影响（大气吸收的影响）。红外辐射在传输过程中，受大气中的水蒸气（H_2O）、二氧化碳（CO_2）、臭氧（O_3）、一氧化氮（NO）、甲烷（CH_4）等的吸收作用，要经历一定的能量衰减。

检测应尽可能选择在无雨无雾，空气湿度低于85%的环境条件下进行。

（2）颗粒影响（大气尘埃及悬浮粒子的影响）。大气中的尘埃及悬浮粒子的存在是红外辐射在传输过程中能量衰减的又一个原因。这主要是由于大气尘埃的其他悬浮粒子的散射作用的影响，使红外线辐射偏离了原来的传播方向而引起的。

悬浮粒子的大小与红外辐射的波长 $0.76 \sim 17 \mu m$ 相近，当这种粒子的半径在 $0.5 \sim 880 \mu m$ 时，如果相近波长区域红外线在这样的空间传输，就会严重影响红外接收系统的正常工作。

红外检测应在少尘或空气清新的环境条件下进行。

（3）风力影响。当被测的电气设备处于室外露天运行时，在风力较大的环境下，由于受到风速的影响，存在发热缺陷的设备的热量会被风力加速散发，使裸露导体及接触件的散热条件得到改善，散热系数增大，从而使热缺陷设备的温度下降。

（4）辐射率影响。一切物体的辐射率都在 $0 \sim 1$ 范围内，其值的大小与物体的材料、表面光洁度、氧化程度、颜色、厚度等有关。

（5）测试角影响。辐射率与测试方向有关，最好保持测试角在 $30°$ 之内，不宜超过 $45°$。当不得不超过 $45°$ 时，应对辐射率做进一步修正。辐射率与测试角关系如图 4-2 所示。

（6）邻近物体热辐射的影响。当环境温度比被测物体的表面温度高很多或低很多时，或被测物体本身的辐射率很低时，邻近物体的热辐射的反射将对被测物体的测量造成影响。

（7）太阳光辐射的影响。当被测的电气设备处于太阳光辐射下时，由于太阳光的反射和漫反射在 $3 \sim 14 \mu m$ 波长区域内，且它们的分布比例并不固定，因这一波长区域与红外诊断仪器设定的波长区域相同而极大地影响红外热成像仪器的正常工作和准确判断，同时，由于太阳光的照射造成被测物体的温升将叠加在被测设备的稳定温升上。

所以红外测温时最好选择在天黑或没有阳光的阴天进行，这样红外检测的效果相对好得多。

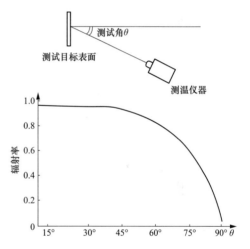

图 4-5　辐射率与测试角关系

二、红外检测判据

1. 电流致热型设备缺陷诊断判据（见表 4-1）

表 4-1　　　　　　　　　电流致热型设备缺陷诊断判据

设备类别和部位		热像特征	故障特征	缺陷性质			处理建议
				一般缺陷	严重缺陷	危急缺陷	
电气设备与金属部件的连接	接头和线夹	以线夹和接头为中心的热像，热点明显	接触不良	温差不超过15K，未达到严重缺陷的要求	热点温度＞80℃或 $\delta \geqslant 80\%$	热点温度＞110℃或 $\delta \geqslant 95\%$	—
金属导线		以导线为中心的热像，热点明显	松股、断股、老化或截面积不够				—

续表

设备类别和部位		热像特征	故障特征	缺陷性质			处理建议
				一般缺陷	严重缺陷	危急缺陷	
金属部件与金属部件的连接	接头和线夹	以线夹和接头为中心的热像，热点明显	接触不良	温差不超过15K，未达到严重缺陷的要求	热点温度＞90℃或δ≥80%	热点温度＞130℃或δ≥95%	—
输电导线的连接器（耐张线夹、接续管、修补管、并沟线夹、跳线夹、T形线夹、设备线夹等）							—
隔离开关	转头	以转头为中心的热像	转头接触不良或断股				—
	刀口	以刀口压接弹簧为中心的热像	弹簧压接不良				测量接触电阻
断路器	动静触头	以顶帽和下法兰为中心的热像，顶帽温度大于下法兰温度	压指压接不良	温差不超过10K，未达到严重缺陷的要求	热点温度＞55℃或δ≥80%	热点温度＞80℃或δ≥95%	测量接触电阻
	中间触头	以下法兰和顶帽为中心的热像，下法兰温度大于顶帽温度	—	—	—	—	—
电流互感器	内连接	以串并联出线头或大螺杆出线夹为最高温度的热像或以顶部铁帽发热为特征	螺杆接触不良	温差不超过10K，未达到严重缺陷的要求	热点温度＞55℃或δ≥80%	热点温度＞80℃或δ≥95%	测量一次回路电阻
套管	柱头	以套管顶部柱头为最热的热像	柱头内部并线压接不良				—
电容器	熔丝	以熔丝中部靠电容侧为最热的热像	熔丝容量不够				检查熔丝
	熔丝座	以熔丝座为最热的热像	熔丝与熔丝座之间接触不良				检查熔丝座

相对温差计算公式为：

$$\delta_t = (\tau_1 - \tau_2)/\tau_1 \times 100\% = (T_1 - T_2)/(T_1 - T_0) \times 100\% \tag{4-5}$$

式中：τ_1 和 T_1 为发热点的温升和温度；τ_1 和 T_2 为正常相对应点的温升和温度；T_0 为环境温度参照体的温度。

2. 电压致热型设备缺陷诊断判据 （见表 4-2）

表 4-2　　　　　　　　　　电压致热型设备缺陷诊断判据

设备类别		热像特征	故障特征	温差（K）	处理建议
电流互感器	10kV 浇注式	以本体为中心整体发热	铁芯短路或局部放电增大	4	伏安特性或局部放电量试验
	油浸式	以瓷套整体温升增大，且瓷套上部温度偏高	介质损耗偏大	2～3	介质损耗、油色谱、油中含水量检测
电压互感器（含电容式电压互感器的互感器部分）	10kV 浇注式	以本体为中心整体发热	铁芯短路或局部放电增大	4	特性或局部放电量试验
	油浸式	以整体温升偏高，且中上部温度大	介质损耗偏大、匝间短路或铁芯损耗增大	2～3	介质损耗、空载、油色谱及油中含水量测量
耦合电容器	油浸式	以整体温升偏高或局部过热，且发热符合自上而下逐步递减的规律	介质损耗偏大，电容量变化、老化或局部放电		
移相电容器		热像一般以本体上部为中心的热像图，正常热像最高温度一般在宽面垂直平分线的 2/3 高度左右，其表面温升略高，整体发热或局部发热	介质损耗偏大，电容量变化、老化或局部放电	2～3	介质损耗测量
高压套管		热像特征呈现以套管整体发热热像	介质损耗偏大		
		热像为对应部位呈现局部发热区故障	局部放电故障，油路或气路的堵塞		
充油套管	绝缘子柱	热像特征是以油面处为最高温度的热像，油面有一明显的水平分界线	缺油		—
氧化锌避雷器	10～60kV	正常为整体轻微发热，较热点一般在靠近上部且不均匀，多节组合从上到下各节温度递减，引起整体发热或局部发热为异常	阀片受潮或老化	0.5～1	直流和交流试验
绝缘子	瓷绝缘子	正常绝缘子串的温度分布同电压分布规律，即呈现不对称的马鞍型，相邻绝缘子温差很小，以铁帽为发热中心的热像图，其比正常绝缘子温度高	低值绝缘子发热（绝缘电阻在 10～300MΩ）	1	—
		发热温度比正常绝缘子要低，热像特征与绝缘子相比，呈暗色调	零值绝缘子发热（绝缘电阻在 0～10MΩ）		

续表

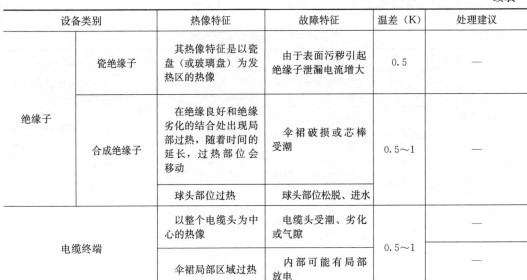

设备类别		热像特征	故障特征	温差（K）	处理建议
绝缘子	瓷绝缘子	其热像特征是以瓷盘（或玻璃盘）为发热区的热像	由于表面污秽引起绝缘子泄漏电流增大	0.5	—
	合成绝缘子	在绝缘良好和绝缘劣化的结合处出现局部过热，随着时间的延长，过热部位会移动	伞裙破损或芯棒受潮	0.5～1	—
		球头部位过热	球头部位松脱、进水		
电缆终端		以整个电缆头为中心的热像	电缆头受潮、劣化或气隙	0.5～1	—
		伞裙局部区域过热	内部可能有局部放电		—

第四节　典型案例分析

一、1000kV 某变电站 1174 开关间隔套管底座法兰发热异常

1. 案例经过

2015 年 5 月 25 日，在开展 1000kV 某变电站 126kV HGIS 设备带电检测工作时，红外测温发现 4 号主变压器 1174 断路器间隔两侧套管 A、B、C 三相底座法兰均存在发热现象，高于该间隔设备外部筒体约 20℃。

检测对象为 1000kV 某变电站 126kV HGIS 设备，设备相关信息见表 4-3。

表 4-3　　　　　　　　　　检 测 对 象 信 息

电压等级	型号	出厂日期
110kV	GFBN12A	2014 年 4 月

2. 检测分析方法

该 HGIS 检测项目为超声波局放、特高频局放、SF_6 气体成分分析、SF_6 湿度测试、红外检漏和红外测温。

现场所用的检测仪器及装置信息见表 4-4。

表 4-4　　　　　　　　　　检 测 仪 器 信 息

仪器名称	型号	有效日期
红外热像仪	P630	2016 年 3 月

现场检测环境数据见表 4-5。

表 4-5 现 场 检 测 环 境 数 据

日期	天气	温度	湿度	风速	环境参照体温度
2015 年 5 月 25 日	晴	25.3℃	69%	0.2m/s	24.0℃

1174 断路器间隔套管的现场可见光照片和红外热像照片如图 4-6、图 4-7 所示。

 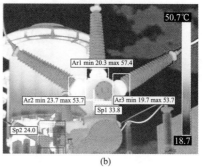

(a) (b)

图 4-6 1174 断路器间隔母线侧出线套管 A、B、C 三相

(a) 可见光照片；(b) 红外热像照片

 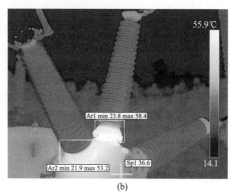

(a) (b)

图 4-7 1174 断路器间隔低抗侧出线套管 A、B、C 三相

(a) 可见光照片；(b) 红外热像照片

为对比相同结构其余间隔的温差，现场拍摄了处于热备用状态 4 号主变压器 1183 开关间隔套管的可见光照片和红外热像照片如图 4-8、图 4-9 所示。

 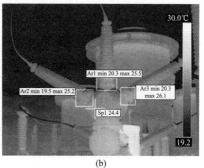

(a) (b)

图 4-8 1183 断路器间隔母线侧出线套管 A、B、C 三相

(a) 可见光照片；(b) 红外热像照片

1174 断路器间隔及 1183 开关间隔负荷电压电流情况见表 4-6。

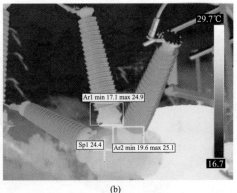

（a）

（b）

图 4-9　1183 断路器间隔低抗侧出线套管 A、B、C 三相

（a）可见光照片；（b）红外热像照片

表 4-6 　　　　　　　　　　　　　　负　荷　记　录

间隔名称	电压（kV）			电流（A）			运行状态
	U_{ab}	U_{bc}	U_{ca}	I_a	I_b	I_c	
1174 断路器间隔	104.62	104.79	104.33	1290.08	1304.51	1293.47	投运
1183 断路器间隔	104.53	104.84	104.39	0	0	0	热备用

该处的现场检测中原始数据记录见表 4-7。

表 4-7 　　　　　　　　　　　　　　红　外　原　始　记　录

检测位置	图像拍摄位置	备注
1174 断路器间隔	母线侧出线套管 A、B、C 三相	套管底座法兰面存在发热现象
1174 断路器间隔	低抗侧出线套管 A、B、C 三相	套管底座法兰面存在发热现象
1183 断路器间隔	母线侧出线套管 A、B、C 三相	无异常发热
1183 断路器间隔	低抗侧出线套管 A、B、C 三相	无异常发热

从图 4-6、图 4-7 可以观察到 1174 断路器间隔两侧套管底座法兰均存在不同程度的发热现象。各异常点的数据记录分析见表 4-8。观察红外热像图 4-6、图 4-7 的温度分布可知，该发热主要集中在套管底座下法兰面，越靠近该热点，温度越高。该间隔两侧套管底座法兰，与设备筒体有 20℃ 左右的温差，其中母线侧套管 B 相底座法兰的温差最大，为 23.6℃，与 1183 间隔（热备用）相同部位有 30℃ 左右的温差，其中低抗侧套管 B 相底座法兰的温差最大，为 33.5℃。1174 开关间隔红外测温数据记录分析如表 4-8 所示。

表 4-8 　　　　　　　　　　1174 开关间隔红外测温数据记录分析

发热异常点	最高温度（℃）	与筒体的温差（℃）	与筒体的相对温差 δ（%）	与 1183 间隔（热备用）设备相同部位的温差（℃）
1174 断路器间隔母线侧出线套管 A 相底座法兰	53.7	19.9	67	27.6
1174 断路器间隔母线侧出线套管 B 相底座法兰	57.4	23.6	70	31.9
1174 断路器间隔母线侧出线套管 C 相底座法兰	53.7	19.9	67	28.5
1174 断路器间隔低抗侧出线套管 A 相底座法兰	55.7	19.1	60	30.3
1174 断路器间隔低抗侧出线套管 B 相底座法兰	58.4	21.8	63	33.5
1174 断路器间隔低抗侧出线套管 C 相底座法兰	53.2	16.6	56	28.1

参考 1174 断路器间隔和 1183 断路器间隔负荷情况，并结合设备内部结构，该处发热应由电磁致热引起，其中 B 相电流较大，符合现场 B 相底座法兰发热温度较高的测试结果。综合分析得知，该异常热点是由于内部导体通过的大电流在底座法兰附近产生的电磁环流所致。

对 1183 断路器间隔的同部位开展红外测温工作，未见异常。

5 月 26 日对该异常发热区域进行了红外测温的复测工作，复测结果与前一日测试结果基本相同。

由 1174 断路器间隔和 1183 断路器间隔负荷情况可得：1174 断路器间隔处于运行状态，1183 断路器间隔处于热备用状态。由此可证明 1174 断路器间隔套管底座法兰发热应由大电流产生的电磁环流所致。

3. 结论及建议

1174 断路器间隔两侧套管底座法兰均存在不同程度的发热温升现象。该异常发热现象是由于内部导体通过的大电流在底座法兰产生的电磁环流所致。底座法兰面的长期高温会加速该处密封圈的老化，而多次投切 1174 断路器所产生的热胀冷缩现象也会导致该处密封性能下降，进而发生 SF_6 气体泄漏现象，降低设备绝缘水平，引发设备绝缘故障。

结合处于运行状态下的 1154、1163 间隔同结构部位的发热点可推断出，该设备出线套管的设计与材质存在一定的问题，具有家族性缺陷的可能性。

参考《带电设备红外诊断应用规范》（DL/T 664—2008），法兰连接处采用综合致热型设备的诊断依据进行综合判断，热点温度小于 90℃，δ 小于 80%，缺陷性质为一般缺陷。危险程度评估等级为低风险，设备可以正常运行。运行期间的检修策略是对此发热点加强跟踪。观察发热的温升变化趋势，适时安排处理。

二、红外热像检测发现 220kV 电容式电压互感器套管过热

1. 案例经过

某变电站 220kV 某 1 号线 A 相电压互感器，为某公司 2012 年 4 月 16 日生产，其型号为 TYD-220/$\sqrt{3}$-0.05H，于 2012 年 8 月 30 日投入运行。在 2013 年 11 月 1 日的第四季度红外热像检测过程中，发现该电压互感器下节套管内部存在异常发热，正常部位温度为 10.5℃，发热部位温度为 14.9℃，温差 4.4K，为防止外界其他因素干扰导致误判，11 月 2 日和 3 日连续对其进行红外热像检测。11 月 3 日检测结果显示该电压互感器正常部位温度为 6.2℃，发热部位温度为 12.6℃，温差 6.4K，证实电压互感器内部存在严重过热缺陷，建议立即更换。11 月 6～7 日停电对该电压互感器进行了更换，并将故障设备返厂进行解体，发现电压互感器浸入油箱的中压电容套管部分与法兰盘平面并不垂直，向一侧弯曲，用手轻摇，中压电容套管左右摆动，与浸入下节瓷套的部分有断裂现象。

2. 检测分析方法

2013 年 11 月 1 日，红外热像检测发现 220kV 某 1 号线 A 相电压互感器下节套管的温度出现异常。经精确测温，选择成像的角度、色度，拍下了清晰的图谱，如图 4-10 所示。

由图谱可看出，此电压互感器下节瓷套部位存在异常发热，正常部位温度为

10.5℃，发热部位温度为 14.9℃，温差 4.4K。按照 DL/T 664—2008《带电设备红外诊断应用规范》规定，此类电压致热性设备存在 2～3K 的温差时即存在危急缺陷，有危及设备安全运行的可能。技术人员于 11 月 2 日、11 月 3 日分别对该互感器进行红外热像检测复测。11 月 3 日分别检测结果显示电压互感器正常部位温度为 6.2℃，发热部位温度为 12.6℃，温差 6.4K（见图 4-11），证实电压互感器内部存在过热现象。

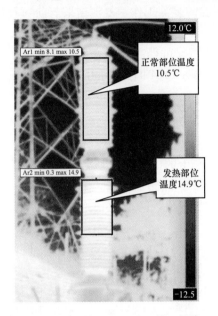

图 4-10　11 月 1 日 220kV 某 1 号线
A 相电压互感器红外热像图谱

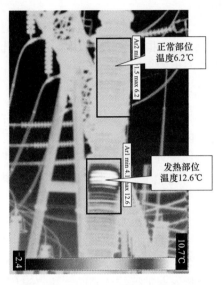

图 4-11　11 月 3 日 220kV 某 1 号线
A 相电压互感器红外热像图谱

　　停电更换前，对故障电压互感器进行常规试验，对比故障前后电容量及介损的试验数据（见表 4-9）可以发现：互感器下节电容 C_1 电容量（14070pF）较初始值（12724.2pF）明显增大，初值差达到 10.6%，远超过电容量初值差不超过 2% 的标准。介质损耗因素从初始值的 0.063% 增加至 0.249%，虽未达到 0.25% 的注意值，但增长速度较快。初步认为互感器下节电容部分存在过热和放电现象。

表 4-9　　　　　　　　　故障前后电压互感器电容量及介损试验数据

试验方式		试验项目					
		电容量（pF）	铭牌值（pF）	上次试验电容量（pF）	误差	介损（%）	上次试验介损（%）
A	C_{11}	9978	9981.4	9990		0.072	0.068
	$C_{12}+C_2$	10150	10025.7	10150	1.2%	0.359	0.181
	C_1	14070	12724.2	12850	10.6%	0.249	0.2063
	C_2	52720		52680		0.027	0.055

　　故障电压互感器返厂解体进行故障寻因，按设备外观、耦合电容、电磁单元、二次绕组及接线端子的顺序进行查找，重点放在下节电容单元部分的检查。经检查发现：设备外观、电磁单元、二次绕组及接线端子均未出现异常，上节电容单元也没有检查出异常情况，各项试验数据合格。但当把下节瓷柱与油箱盖板分离时，发现下节瓷套内的绝缘油通过中压套管与密封胶圈的间隙不断渗漏。观察浸入油箱的中压电容套管部分与法

兰盘平面并不垂直，向一侧弯曲。用手轻摇，中压电容套管左右摆动，与浸入下节瓷套的部分有断裂现象，电压互感器下节瓷套底部图片如图 4-12 所示。

中压套管与密封圈间的缝隙不断有油渗漏

中压套管弯曲，与浸在下节瓷套内的部分有断裂现象

图 4-12　电压互感器下节瓷套底部图片

依据解体检查分析电压互感器过热的原因：由于中压套管浸入油箱部分采用橡胶密封垫，用四个固定螺钉的方式实现与下节电容部分隔绝，且橡胶密封垫无专用固定凹槽。若四个螺钉紧固不均，造成密封垫移位，与中压套管接触不紧密，将会破坏密封效果，导致下节瓷套内的绝缘油渗入电磁单元的油箱中。电磁单元内油位上升，下节分压电容器上部缺油，部分缺油单元电容暴露在空气中，造成表面闪络，内部发热，绝缘击穿，电容量增大。

3. 经验体会

（1）电压致热型设备采用红外热像检测时，需注意同一设备不同部位温度比较和同组设备相同部位的温度比较，严格按照标准规定的温度差判断设备运行状况，必要时进行复测。

（2）电容型电压互感器在发现过热故障后，可根据常规电容量及介损测试进一步判断故障情况，如果在电磁单元存在过热现象，则考虑取油样进行油色谱分析。在使用红外热像检测技术的同时要充分利用其他检测技术综合分析，降低误判断概率，保证电网的安全可靠运行。

第五章　紫外成像检测

第一节　紫外检测技术应用

输配电线路和变电站设备在大气环境下工作，随着绝缘性能的逐渐降低，结构发生缺陷，出现电晕或表面局部放电现象，电晕和局部放电部位将大量辐射紫外线。利用电晕和表面局部放电的产生和增强可以间接评估运行设备的绝缘状况并及时发现绝缘设备的缺陷。目前，用于诊断放电过程的各种方法中，光学方法的灵敏度、分辨率和抗干扰能力最好。采用高灵敏度的紫外线辐射接收器，记录电晕和表面放电过程中辐射的紫外线，再加以处理、分析达到评价设备状况的目的。理论上，凡是有外部放电的地方都可以用紫外线成像仪观察到电晕，目前，在高压带电检测领域，紫外线成像技术主要有以下几个方面的应用。

1. 污秽检测

绝缘子表面有污染物覆盖时，在一定湿度条件下绝缘子表面电场分布会发生改变，产生局部放电现象，可以利用紫外线成像技术进行有效的检测分析，从而为科学制订检修计划和防污闪治理提供依据（玻璃绝缘子表面放电紫外成像见图 5-1，悬式瓷质绝缘子表面污秽导致放电紫外成像见图 5-2，复合绝缘子表面电晕紫外成像见图 5-3）。

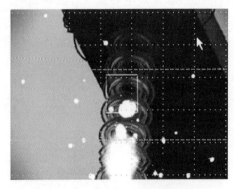

图 5-1　玻璃绝缘子表面放电
紫外成像

图 5-2　悬式瓷质绝缘子表面污秽
导致放电紫外成像

2. 绝缘子局部缺陷检测

绝缘子的裂纹等局部缺陷可能会构成气隙，在外部电压作用下会产生局部放电，利用紫外成像技术可在一定灵敏度、一定距离内对劣化的绝缘子、复合绝缘子和护套电蚀检测进行定位、定量的测量，某些情况下还可以发现绝缘子的内部缺陷，并评估其危害性。（复合绝缘子在盐雾室中试验的图片见图 5-4）。

图 5-3　复合绝缘子表面电晕紫外成像

(a)　　　　　　　　(b)

图 5-4　复合绝缘子在盐雾室中试验的图片

（a）表面局部放电发光；（b）侵蚀和碳化道

3. 导电设备局部缺陷检测

电网设备安装不当、接触不良，导线架线时拖伤、运行过程中外部损伤（人为砸伤）、断股、散股、导线表面或内部变形等，在电场作用下会产生尖端放电或表面电晕，应用紫外成像技术可全面扫描变电站和输电线路上的设备，根据放电检测数据确定缺陷类型，如图 5-5、图 5-6 所示。对这种异常现象进行动态监督可以为制定合理的维护措施提供依据。目前，某单位采用紫外成像

图 5-5　导线断股放电的紫外成像

技术在特高压示范基地进行 1000kV 电气设备的电晕检测，能直观反映设备出现电晕放电部位和电晕放电形态，从而对 1000kV 设备的外部设计、工艺制造和安装质量进行综合评价。

4. 其他方面的应用

高压设备放电会产生无线电干扰，影响附近通信、电视信号的接收，使用紫外成像技术可迅速找到无线电干扰源。在高压电器设备局部放电试验中，利用紫外成像技术可寻找或定位设备外部的放电部位，区分设备内部和外部放电，消除外部干扰放电源，提高局部放电试验的有效性，如图 5-7 所示。

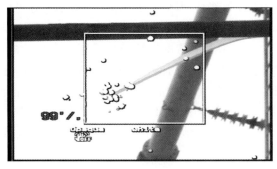

图 5-6　母线覆冰尖端放电
紫外成像

图 5-7　特高压绝缘套管局放试验
过程中缺陷导致放电现象

第二节　检测技术基本原理

一、紫外仪组成及基本原理

1. 紫外成像法检测原理

如今所使用日盲紫外成像装置的工作原理有三种：①以像增强器为基础通过光—电—光转换实现的；②以可感知紫外光的背照式 CCD 为基础的；③在 CCD 表面涂覆荧光材料并且通过使用光—光转换实现。其中以像增强器为基础的日盲紫外成像装置为主，在经过多年发展后，已经研发出了多个型号产品；而基于背照式 CCD 的成像装置则是近年来兴起的新技术，尚存在一些问题还没有得到解决；而对于在 CCD 表面涂覆荧光材料的成像装置的研究在 20 世纪 70 年代时候就已经开始了，但是一直未能投入实际使用。紫外成像仪的成像原理如图 5-8 所示。

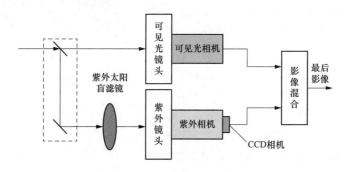

图 5-8　紫外成像仪的基本工作原理

像增强器：一般又将其称为像管，主要是由三部分组成，包括荧光屏、光阴极以及高压微通道板（MCP）。像增强器的工作原理是：当紫外光进入像增强器以后，光阴极会吸收进入的紫外光子并且释放出光电子，在通过加入高压的高压微通道板以后，它的数量会以几何级数不断增加，最后会打在涂有荧光粉的屏幕上，大量的电子会让荧光粉发光并且形成二维物象。其中像增强器发展到现在，由最开始的无 MCP，到拥有一个 MCP，再到拥有 3 个 MCP，它对电子的辐射增益由最开始的不到 100 倍变成现在的 108 倍。

现在，那些已经商化的日盲紫外成像装置都采用的是这个原理，但是在日盲紫外成像装置中仍然存在着一些不足的地方。①装置中都是利用像增强器和光锥来增强光的亮度，从而让那些感光元件能够感应得到，但是这两种部件尺寸比较大，一般都是在 10cm以上，使得整个成像装置的尺寸较大，让装备缺少了易携带性而且限制了设备的集成；②在对像增强器中电子以倍数进行增加的过程中，需要加入一个 1000V 左右的高压电场，故使得对仪器电源的要求很高；同时因为进行了多次的电—光转化，使得附加噪声大、成像质量较差；③装置的分辨率受制于像增强器中 MCP 上微通道数和光锥根数，但是光锥中光纤尺寸与单个像元尺寸相近，故不能过多地增加光椎的根数，从而使得成像分辨率十分有限。

2. 紫外仪组成部分

（1）紫外镜头。由紫外仪工作原理知，从信号源传输到成像镜头的除了信号源自身的紫外辐射，还有被信号源反射的背景光（包括可将光、紫外光和红外光等）。选用紫外光成像镜头能减少背景噪声，从而检测出信号源自身辐射的紫外光图像。紫外镜头的透镜采用的是在 $0.2\sim0.4\mu m$ 的光谱范围内的合适材料，如尚矽石和氟化钙。目前，虽然开发了几种玻璃来降低 $0.4\mu m$ 以下的吸收，但其使用仍受限。

（2）紫外光滤光片。先用宽带紫外光滤光片滤除背景光中的可见光和红外光。再选用"日盲"紫外窄带滤光片滤除背景光中日盲波段外的紫外光，从而得到信号源自身辐射的紫外光图像。实际应用中，在检测紫外信号的同时，为检测背景图像，采用"双光谱成像技术"，使紫外和背景分路成像，经增强后，做适时融合处理。使得在保证紫外信号质量的同时，又保留了背景图像的信息。

（3）紫外光增强器。在紫外成像检测系统中，若直接用对 UV 灵敏的 CCD 探测紫外信号，由于紫外辐射一般比较微弱、强度太小，而探测不到。为解决这个问题，先对紫外信号进行增强放大，然后再进行探测，利用紫外像增强器可以实现紫外光信号的增强放大。

利用光谱转换技术加微光像增强器同样可实现增强紫外光的目的。由于光谱转换技术及微光像增强器的制造技术都已比较成熟，所以实现起来比较容易，过程也比较简单。两种途径各有优缺点，前者的优点是分辨率高，后者的优点是实现起来简单。

（4）光谱转换屏。现有的光谱转换技术有两种：通过光电阴极进行光谱转换；用转换屏实现光谱转换。前者要研制合适的光电阴极；而后者须研制适当的转换屏。在紫外成像检测系统中，光谱转换可通过紫外光电阴极或紫外光转换屏来实现。若系统采用光谱转化加微光像增强器结构，则用转换屏比较好。

紫外光作用于转换屏的入射面，经转换屏转化后，出来的光为我们所需的可见光。对于紫外成像检测技术来说，最主要的是它的分辨率和光谱转换效率。其次，光谱特性、余辉时间、稳定性和寿命也很重要。

分辨率是它分辨图像细节的能力。影响它的因素有：发光粉层的厚度、粉的颗粒度、粉与基地表面的接触状态、屏表面结构的均匀性等。在既要保证足够的光谱转换效率又要保证高的分辨率的情况下，选择最佳的粉层厚度是很重要的。

（5）CCD。电荷耦合元件，是一种半导体器件，其作用类似胶片，但它是把光信号转换成电荷信号，可以称为 CCD 图像传感器。CCD 上植入的微小光敏物质称作像素（Pixel），一块 CCD 上包含的像素数越多，其提供的画面分辨率越高。CCD 上有许多排列整齐的光电二极管，能感应光线，并将光信号转变成电信号，经外部采样放大及模数转换电路转换成数字图像信号。

二、外界条件对紫外成像的影响

高压电气设备在放电时辐射的紫外线强度与电场强度直接相关。通常以开始出现电晕时的电压称为电晕起始电压。某美国工程师对输电线上的电晕现象进行了系统性的研究，经过一次次的实验，总结出了一系列的经验公式。交流输电线上导线表面起晕场强 E_{cor} 为：

$$E_{cor} = 21.4 m_1 m_2 \delta'' \left(1 + \frac{0.298}{\sqrt{r_0 \delta}}\right) \tag{5-1}$$

式中：δ 为空气相对密度，取值为 $\delta = \dfrac{p}{p_0} \times \dfrac{273+\theta_0}{273+\theta}$，$p_0$ 和 θ_0 为标准大气压下压强与温度，p 和 θ 为当前大气压强与温度，r_0 为起晕导线的半径；系数 m_1 为导线表面状态系数，根据不同情况，为 $0.8 \sim 1.0$；系数 m_2 为气象系数，根据不同气象情况，为 $0.8 \sim 1.0$。

若三根导线对称排列，则导线的起晕临界电压为：

$$U_{\mathrm{cor}} = E_{\mathrm{cor}} r_0 \ln \frac{S}{r_0} = 21.4 m_1 m_2 \delta'' \left(1 + \frac{0.298}{\sqrt{r_0 \delta}}\right) r_0 \ln \frac{S}{r_0} \tag{5-2}$$

式中：S 为线间距离。

在大气中，起晕场强与大气条件（气温、气压、湿度等因素）有着直接的关系。

气压和温度的变化会改变空气的密度，影响空气电离的过程，进而影响到仪器采集到的紫外能量信号。在实际应用中，研究人员发现温度和气压的变化引起的偏差较小，可能会淹没在紫外成像设备本身的误差和测量偏差中。因此，在普通情况下，一般不把气压和温度的影响考虑进去。

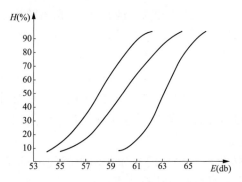

图 5-9　电晕放电辐射场强随空气湿度的
变化曲线

电晕放电的辐射场强受空气湿度的影响很大。根据研究人员实测后得到的实验结果如图 5-9 所示，在 3 条高压输电线路上测量的结果绘出的晴天、$f = 0.5\mathrm{MHz}$ 时电晕放电的辐射场强随空气湿度的变化曲线，利用图中的各条曲线可以算出：大约空气湿度增大 10%，电晕放电的辐射场强增大约为 $0.96\mathrm{dB}$（标准差为 $0.08\mathrm{dB}$）。空气湿度对电晕放电辐射场强的影响也可用经验公式表示为：

$$E(W) = E_0 + K_3(W - W_0)/10\% \tag{5-3}$$

式中：E_0 为基准场的场强；W_0 为测量基准场时空气的相对温度；W 为待求场空气的相对温度；系数 K_3 的参考值为 0.69。

《高电压试验技术　第 1 部分：一般定义及试验要求》（GB/T 16927.1—2011）提出了大气校正因数 K_t，并指出：外绝缘的破坏性放电电压值正比于大气校正因数 K_t。K_t 是空气密度校正因数 K_d 与空气湿度校正因数 K_h 的乘积，即 $K_t = K_d K_h$。因此，起晕起始场强可以改写为：

$$E(W) = E_c K_t = E_c K_d K_h \tag{5-4}$$

空气密度校正因数 K_d 取决于空气相对密度 δ，其表达式为：

$$K_d = \delta^n \tag{5-5}$$

空气湿度校正因数 K_h 可表示为：

$$K_h = K^W \tag{5-6}$$

式（5-5）和式（5-6）中 n、K、W 的选取均可以通过查表获得。

研究表明，电晕放电的概率与外加电压之间的关系近似符合正态分布的统计规律，且与高压电气设备周围环境相关，在不同电压下，起晕概率为：

$$f(U) = \frac{1}{\sqrt{2\pi}\sigma} e^{\frac{(U-U_c)^2}{2\sigma^2}} \tag{5-7}$$

式中：U 为外加电压；U_c 为 50% 起晕电压，即在多次施加电压的情况下，高压电气设备有50%的周期会产生电晕放电的电压值；σ^2 为方差，即反映了起晕电压的离散程度。

所以高压电气设备的电晕放电现象发生概率可表示为：

$$p(U) = \int_{-\infty}^{U} f(U)\mathrm{d}U \qquad (5-8)$$

式（5-8）表明电压等级越高，电晕放电发生的概率越大。

第三节 检测及诊断方法

一、紫外检测方法

1. 检测条件

紫外成像检测应在良好的天气下进行，如遇雷、中（大）雨、雪、雾、沙尘天气则不得进行该项工作。一般检测时风速宜不大于5m/s，准确检测时风速宜不大于1.5m/s。检测温度不宜低于5℃。应尽量减少或避开电磁干扰或强紫外光干扰源。由于被测设备是带电设备，应尽量避开影响检测的遮挡物。

进行电力设备紫外成像检测的人员应熟悉紫外成像检测技术的基本原理、诊断分析方法，了解紫外成像检测仪的工作原理、技术参数和性能，掌握紫外成像检测仪的操作方法，了解被测设备的结构特点、工作原理、运行状况和导致设备故障的基本因素，具有一定的现场工作经验，熟悉并能严格遵守电力生产和工作现场的相关安全管理规定，应经过上岗培训并考试合格。

检测过程应严格执行《国家电网公司电力安全工作规程 变电部分》（Q/GDW 1799.1—2013）的相关要求。检测时应与设备带电部位保持相应的安全距离。在进行检测时，要防止误碰误动设备。行走中注意脚下，防止踩踏设备管道。

紫外成像仪应操作简单，携带方便，图像清晰、稳定，具有较高的分辨率和动、静态图像存储功能，在移动巡检时，不出现拖尾现象，对设备进行准确检测且不受环境中电磁场的干扰。

（1）主要技术指标：①最小紫外光灵敏度应不大于 $8 \times 10^{-18}\,\mathrm{W/cm^2}$；②最小可见光灵敏度应不大于0.7lx；③电晕探测灵敏度应小于5pC。

（2）功能要求：①自动/手动调节紫外线、可见光焦距；②可调节紫外增益；③具备光子数计数功能；④检测仪器应具备抗外部干扰的功能；⑤测试数据可存储于本机并可导出。

根据设备外绝缘的结构、当时的气候条件及未来天气变化情况、周边微气候环境，综合判断电晕放电对电气设备的影响。

2. 检测准备

检测前，应了解相关设备数量、型号、制造厂家、安装日期等信息以及运行情况，制定相应的技术措施。配备与检测工作相符的图纸、上次检测的记录、标准作业卡。检查环境、人员、仪器、设备均需满足检测条件。按相关安全生产管理规定办理工作许可手续。

3. 紫外成像检测内容

电晕放电强度（光子数，适用数字式紫外成像仪）。紫外成像仪检测的单位时间内光子数与电气设备电晕放电量具有一致的变化趋势和统计规律，随着电晕放电的逐渐强烈，单位时间内的光子数增加并出现饱和现象，若出现饱和则要在降低其增益后再检测。

电晕放电形态和频度。电气设备电晕放电从连续稳定形态向刷状放电过渡，刷状放电呈间歇性爆发形态。

电晕放电长度范围。紫外成像仪在最大增益下观测到短接绝缘子干弧距离的电晕放电长度。

4. 紫外成像检测方法

在发生外绝缘局部放电过程中，周围气体被击穿而电离，气体电离后放射光波的频率与气体的种类有关，空气中的主要成分是氮气，氮气在局部放电的作用下电离，电离的氮原子在复合时发射的光谱（波长 $\lambda = 280 \sim 400 \text{nm}$）主要落在紫外光波段。利用紫外成像仪接受放电产生的太阳日盲区内的紫外信号，经过处理与可见光图像叠加，从而确定电晕位置和强度。

具体检测步骤如下：

1）开机后，增益设置为最大。根据光子数的饱和情况，逐渐调整增益。

2）调节焦距，直至图像清晰度达到最佳。

3）图像稳定后进行检测，对所测设备进行全面扫描，发现电晕放电部位后要对其进行精确检测。

4）在同一方向或同一视场内观测电晕部位，选择检测的最佳位置，避免受到其他设备放电干扰。

5）在安全距离允许范围内，在图像内容完整情况下，尽量靠近被测设备，使被测设备电晕放电在视场范围内最大化，记录此时紫外成像仪与电晕放电部位的距离，紫外检测电晕放电量的结果与检测距离呈指数衰减关系，在测量后需要进行校正。

6）在一定时间内，紫外成像仪检测电晕放电强度以多个相差不大的极大值的平均值为准，并同时记录电晕放电形态、具有代表性的动态视频过程、图片及绝缘体表面电晕放电长度范围。若存在异常，应出具检测报告。

应充分利用紫外光检测仪器的有关功能达到最佳检测效果，如增益调整、焦距调整、检测方式等功能。紫外检测应记录仪器增益、环境湿度、测量距离等参数。

导电体表面电晕异常放电检测：①检测单位时间内多个相差不大的光子数极大值的平均值。②观测电晕放电形态和频度。

绝缘体表面电晕异常放电检测：①检测单位时间内多个相差不大的光子数极大值的平均值。②观测电晕放电形态和频度。③观测电晕放电长度范围。

5. 影响检测结果的主要因素

大气湿度和大气气压：大气湿度和大气气压对电气设备的电晕放电有影响，现场只需记录大气环境条件，但不做校正。

检测距离：紫外光检测电晕放电量的结果与检测距离呈指数衰减关系，在实际测量中应根据现场需要进行校正。

电晕放电量与紫外光检测距离校正时按 5.5m 标准距离检测，换算公式为：

$$y_1 = 0.033 x_2^2 y_2 e^{(0.4125 - 0.075 x_2)} \tag{5-9}$$

式中：x_2 为检测距离，m；y_2 为在 x_2 距离时紫外光检测的电晕放电量；y_1 为换算到 5.5m 标准距离时的电晕放电量。

6. 设备常见放电缺陷类型

（1）导电体表面电晕放电的原因有：①由于设计、制造、安装或检修等原因，形成的锐角或尖端；②由于制造、安装或检修等原因，造成表面粗糙；③运行中导线断股（或散股）；④均压、屏蔽措施不当；⑤在高电压下，导电体截面偏小；⑥悬浮金属物体产生的放电；⑦导电体对地或导电体间间隙偏小；⑧设备接地不良。

（2）绝缘体表面电晕放电的原因有：①在潮湿情况下，绝缘子表面破损或裂纹；②在潮湿情况下，绝缘子表面污秽；③绝缘子表面不均匀覆冰；④绝缘子表面金属异物短接。

二、紫外检测诊断方法

1. 设备局部放电紫外诊断方法

（1）图像观察法。主要根据电气设备放电发生的发生部位和放电严重程度进行综合判断，常见放电缺陷紫外图谱如下。

1）外绝缘污秽引起的表面放电，如图 5-10、图 5-11 所示。

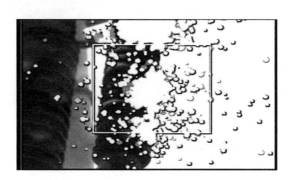

图 5-10　阻波器支柱绝缘子表面放电

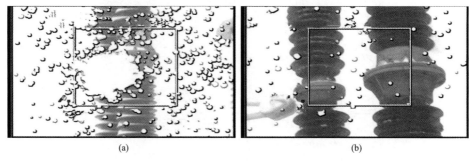

(a)　　　　　　　　　　　　　　　(b)

图 5-11　220kV 隔离开关中间法兰部位放电及清扫后紫外检测图谱

(a) 清扫前；(b) 清扫后

2）外绝缘局部缺陷引起的表面放电，如图 5-12～图 5-15 所示。

图 5-12　绝缘子底部尖端放电

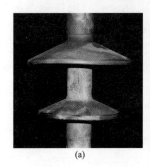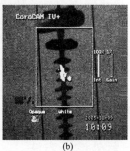

(a)　　　　　　　　　(b)

图 5-13　复合绝缘子芯棒护套开裂及在工频运行电压下电晕放电

（a）护套开裂；（b）工频运行电压下电晕放电

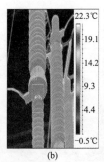

(a)　　　　　(b)　　　　　(c)

图 5-14　SF₆ 断路器可见光、红外和紫外检测

（a）可见光照片；（b）红外照片；（c）紫外照片

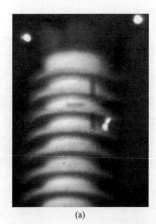

(a)　　　　　　　　　(b)

图 5-15　支柱绝缘子存在缺陷时局部放电图

（a）塔架母线支撑绝缘子裂纹；（b）电瓷材料电气性能恶化而引起隔离开关法兰上的电晕

3）均压环由于结构、按照工艺、表面缺陷等原因导致的局部放电，如图 5-16～图 5-21 所示。

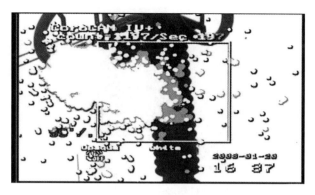

图 5-16　500kV 母线接地隔离开关均压环对外瓷放电

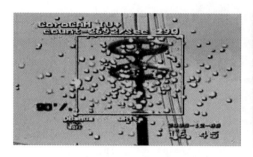

图 5-17　支柱绝缘子端部均压环偏小

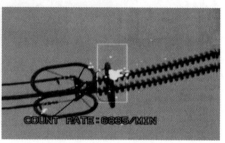

图 5-18　均压环表面电晕一

图 5-19　均压环表面电晕二

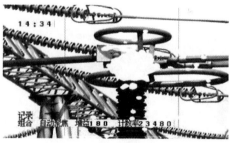

图 5-20　隔离开关端部均压环电晕放电

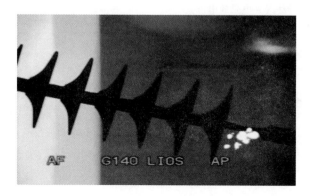

图 5-21　复合绝缘子未装均压环端部电晕

4）变电设备导电部位存在尖端、毛刺等原因导致的局部放电，如图 5-22～图 5-24 所示。

图 5-22　支柱绝缘子出线位置电晕放电

图 5-23　支柱绝缘子端部电晕

图 5-24　尖端放电

5）输电设备导线及其金具存在尖端、毛刺等原因导致的局部放电，如图 5-25～图 5-28 所示。

图 5-25　导线线夹电晕放电

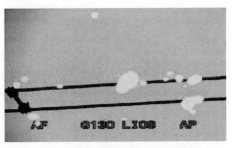

图 5-26　导线断股电晕放电

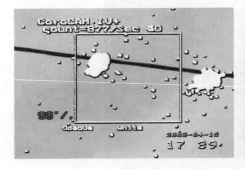

图 5-27　导线表面尖端放电

图 5-28　输电导线电晕放电情况

（2）同类比较法。通过同类型电气设备对应部位电晕放电的紫外图像或紫外计数进行横向比较，对电气设备电晕放电状态进行评估。

2. 缺陷类型的确定及处理方法

对缺陷的判断不仅要了解检测结果，还要了解设备外绝缘的结构、当时的气候条件及未来天气变化情况、周边微气候环境，再给出处理意见与措施（具体诊断标准见表 5-1）。根据电晕放电缺陷对电气设备或运行的影响程度，一般可分为三类。

表 5-1　　　　　　　　　　　　　　紫外线检测诊断标准

放电部位	放电形态、放电量	缺陷性质
外绝缘表面	局部放电量不超过 5000 光子/s，放电距离不超过外绝缘 1/3 部位	一般缺陷
	局部放电量超过 5000 光子/s，或放电距离超过外绝缘 1/3 长度	严重缺陷
	局部放电量超过 5000 光子/s，且放电距离超过外绝缘 1/3 长度	危急缺陷
金属带电部位	放电量不超过 5000 光子/s	一般缺陷
	放电量在 5000～10000 光子/s	严重缺陷
	放电量超过 10000 光子/s	危急缺陷

（1）一般缺陷：指设备存在的电晕放电异常，对设备产生老化影响，但还不会引起故障，一般要求记录在案，注意观察其缺陷的发展。

（2）严重缺陷：指设备存在的电晕放电异常突出，或导致设备加速老化，但还不会马上引起故障。应缩短检测周期并利用停电检修机会，有计划安排检修，消除缺陷。

（3）危急缺陷：指设备存在的电晕放电严重，可能导致设备迅速老化或影响设备正常运行，在短期内可能造成设备故障，应尽快安排停电处理。

三、输变电设备电晕放电典型图谱

输变电设备电晕放电典型图谱见表 5-2。

表 5-2　　　　　　　　　　　　输变电设备电晕放电典型图谱

放电类型	可见光/紫外图像	
支柱绝缘子出线位置电晕放电		
单根细导线电晕放电		

放电类型	可见光/紫外图像	
支柱绝缘子端部均压环电晕放电		
线夹电晕放电		
导线断股电晕放电		
支柱绝缘子端部均压环偏小电晕放电		
瓷套底部尖端电晕放电		

放电类型	可见光/紫外图像
隔离刀闸端部均压环电晕放电	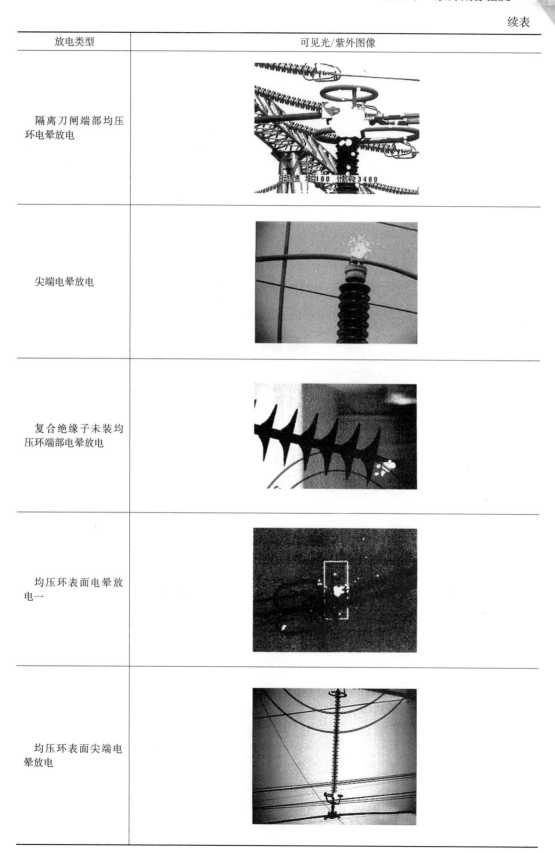
尖端电晕放电	
复合绝缘子未装均压环端部电晕放电	
均压环表面电晕放电一	
均压环表面尖端电晕放电	

放电类型	可见光/紫外图像
均压环表面电晕放电二	
支柱绝缘子端部电晕放电	
电缆头分支引线交叉部位电晕放电	
导线表面尖端电晕放电	
绝缘子和导线电晕放电	

放电类型	可见光/紫外图像
支柱绝缘子端部电晕放电	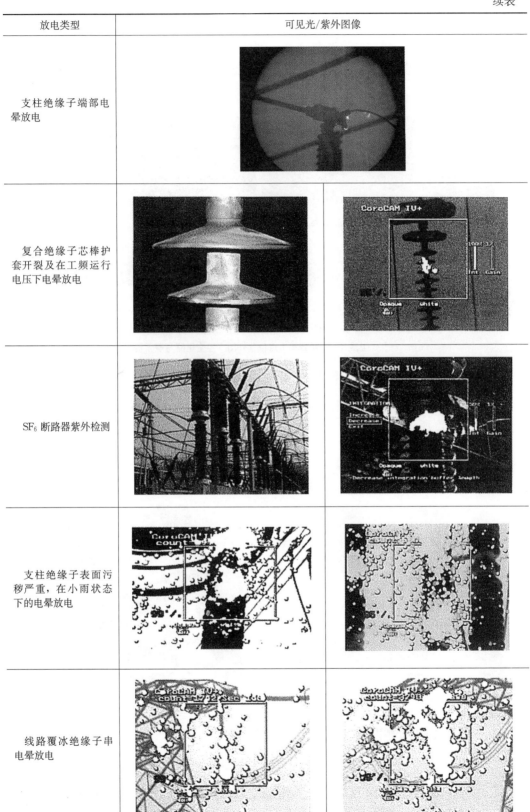
复合绝缘子芯棒护套开裂及在工频运行电压下电晕放电	
SF₆断路器紫外检测	
支柱绝缘子表面污秽严重,在小雨状态下的电晕放电	
线路覆冰绝缘子串电晕放电	

第四节 典型案例分析

一、紫外检测发现 35kV 全绝缘管型母线外绝缘局部击穿缺陷

用紫外成像检测绝缘管母线，发现发热部位都存在放电现象，紫外放电如图 5-29 所示。

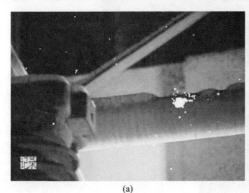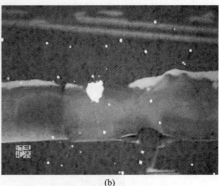

(a)　　　　　　　　　　　　　　　　　(b)

图 5-29　各部位紫外成像测试图谱

（a）2 号主变压器 35kV 侧 A 相 3 点位紫外图（主变压器与避雷器之间）；

（b）2 号主变压器 35kV 侧 B 相 1 点位紫外图（主变压器与避雷器之间）

二、紫外成像检测发现 35kV 避雷器线夹接触不良缺陷

用紫外成像检测发现，2 号主变压器 35kV 侧避雷器 B 相与母线桥连接线夹处有放电信号，如图 5-30 所示。

现场用望远镜观察发现，2 号主变压器 35kV 侧避雷器 A、B、C 三相线夹固定至母线绝缘层外，接触不可靠，因此在线夹上产生悬浮电位放电。停电后，将避雷器线夹处母线绝缘层割开接口并重新连接紧固线夹，线路恢复正常，局部放电信号消失，如图 5-31 所示。

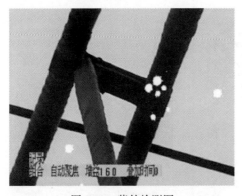

图 5-30　紫外检测图　　　　　　　　图 5-31　处理后紫外检测图

三、紫外光电检测发现支柱瓷绝缘子断裂

通过紫外光电检测图谱可以明显发现放电部位如图 5-32 所示。

四、紫外检测发现 500kV 出线场阻波器支柱绝缘子上端有电晕放电

5405/5406 线出线场避雷器、CVT、出线套管、阻波器和支柱绝缘子在进行紫外电

晕放电检测时，发现 5405/5406 出线场阻波器、支柱绝缘子上端有电晕放电。放电的图谱如图 5-33、图 5-34 所示。

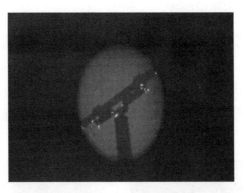

图 5-32　紫外光电检测发现 220kV 旁路母线支柱瓷绝缘子局部放电

图 5-33　5405 线路阻波器　　　　　　　图 5-34　5406 线路阻波器
A 相光子数 6184/min　　　　　　　　　　B 相光子数 5626/min

对图谱分析后发现阻波器、支柱绝缘子上端有放电的位置有 4 颗固定螺杆，该螺杆为普通镀锌螺杆，虽然旁边有均压罩，但螺杆底部在均压罩的保护范围之外，容易发生端部放电的情况，因而产生电晕。

五、紫外成像检测某换流站平波电抗器（简称平抗）直流场套管异常放电

极 I 平抗、极 II 平抗紫外检测放电如图 5-35 所示。

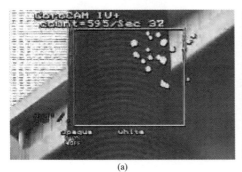 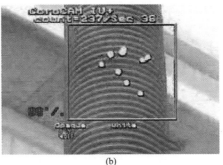

(a)　　　　　　　　　　　　　　　　　(b)

图 5-35　极 I 平抗、极 II 平抗紫外检测放电
（a）极 I 平抗；（b）极 II 平抗

根据紫外检测结果，套管外表面并无高能量持续放电，套管表面的热点应是由内部放电引起的，因此，认为放电起始于套管内部。套管外表面放电是内部绝缘材料绝缘性能下降导致的套管外部电场集中所致。

六、紫外成像检测发现某 220kV 变电站 1 号主变压器 110kV 断路器异常

2012 年 2 月 13 日在某 220kV 变电站 1 号主变压器 110kV 断路器紫外测试过程中，发现 1 号主变压器 110kV 断路器 C 相中间绝缘子连接处紫外光子计数达 25650（增益 120），通过可见光发现断路器绝缘子与金具之间的过渡涂层剥落，判断由该原因造成表面氧化腐蚀，产生电晕，如图 5-36 所示。

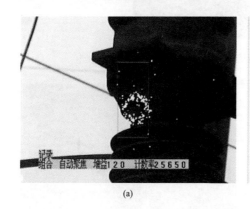
(a)

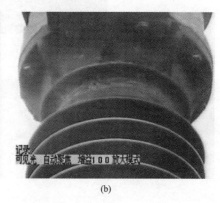
(b)

图 5-36　紫外检测断路器图像

（a）紫外照片；（b）可见光照片

第三篇
化学检测

第六章　　油中溶解气体分析

第一节　检测技术概述

电力绝缘油是由天然石油经过蒸馏、精炼而获得的一种矿物油。它是由各种碳氢化合物所组成的混合物，其中碳、氢两种元素占全部重量的 90% 以上，主要的碳氢化合物有环烷烃、烷烃和芳香烃等。它填充于电力设备内部，是电力设备主要的绝缘介质之一，由于其良好的绝缘能力、散热能力以及灭弧能力，对于电力设备的正常运行起着不可或缺的作用。但在运行过程中，电力绝缘油因受氧气、温度、电场、电弧、水分、杂质和金属催化剂等的作用，发生氧化、裂解等化学反应，会不断变质，生成大量的过氧化物及醇、醛、酮、酸等氧化产物，再经过缩合反应生成油泥等不溶物。

对于正常运行的电力设备由于空气的溶解、电力绝缘油自身缓慢的氧化裂解等因素，油中也会溶解一定量的气体，但是对于发生了故障或者缺陷的电力设备，由于温度、局部放电、电弧和机械应力等的作用，电力绝缘油以及固体绝缘迅速裂解产生各类气体，并溶于油中。因此可以根据油中溶解气体量的大小以及产气速率判断电力设备缺陷的类型及性质。

目前主要监测的油中溶解气体组分包括氢气（H_2）、甲烷（CH_4）、乙烷（C_2H_6）乙烯（C_2H_4）、乙炔（C_2H_2）、一氧化碳（CO）、二氧化碳（CO_2）等。

油中溶解气体带电检测技术按照工作原理分为气相色谱法、光声光谱法、红外吸收光谱法等，其中最常用的是气相色谱法。

气相色谱法是色谱法的一种，它是以气体为流动相（载气），采用冲洗法的柱色谱分离技术。油中溶解气体具体采用气相色谱法中的顶空分析，又称液上气体分析、顶空气相色谱分析、液上气相色谱分析等，是指用气相色谱法对液体或固体物质中的挥发性成分的一种间接测定方法。

色谱法又称色层法、层析法、层离法等，是指把混合物分离成为单组分的一种分离分析方法。色谱法的分离原理是当流动相驱动混合物流经固定相，利用混合物中各组分在流动相和固定相中具有不同的溶解—解析能力、吸附—脱附能力或其他亲和作用力的差异，当两相做相对运动时，样品各组分在两相中反复多次受到上述各种作用力的作用，从而使混合物中各组分获得分离。

第二节　检测及诊断方法

一、油中气体取样方法

油中气体取样一般先从充油电力设备中获得油样，再采用脱气的方式得到溶解在油中的气样，有时出于分析需要也会直接从电力设备的气体继电器中获取气样。得到的气体样品采用气相色谱法、光声光谱法或红外吸收光谱法等进行定性和定量的分析，最后根据特征气体的组分与含量判断充油电力设备的健康状况。

1. 取油样

由于油流循环油中气体的分布是均匀的，出于安全考虑一般应在设备下部的取样阀门取油样，但还应注意以下特殊情况：

1）如遇故障严重产气量大时，可在上、下部同时取样，以了解故障的性质与发展情况；

2）当要考查变压器的辅助设备如潜油泵、油流继电器等是否存在故障时，应设法在该辅助设备油路上取样；

3）当发现变压器底部有水或油样氢气组分含量异常时，应设法在较靠上的位置取样。

应使用密封良好且无卡塞的玻璃注射器取油样，设计上应能自由补偿由于油样随温度热胀冷缩造成的体积变化，不致产生负压而析出气泡，注射器的容量以 100mL 为宜，对大油量的变压器、电抗器等可取 50～80mL，对少油量的设备要尽量少取，以够用为限。

从设备中取油样的全过程应在全密封的状态下进行，油样不得与空气接触，使用前应将取油样的注射器清洗干净并烘干，而在取样后应继续保持注射器清洁并注意防尘、避光以及防振动，油样的保存期一般不超过 4d。

对于电力变压器及电抗器，一般应在运行中取油样，以保证气体在油中均匀分布，需要设备停电取样时，应在停运后尽快取样，对可能产生负压的密封设备，禁止在负压下取样，以防止负压进气。

设备的取样阀门应配备带有小嘴的连接器，在小嘴上接软管（应尽可能短），用注射器取样时，最好在注射器与软管之间通过金属三通阀连接，按下述步骤进行取样（见图 6-1）：

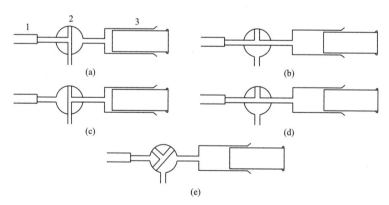

图 6-1　用注射器取油样步骤示意图

1—连接软管；2—三通阀；3—注射器

（a）冲洗连接管路；（b）、（c）冲洗注射器；（d）取样；（e）取下注射器

1）冲洗连接管路，将取样管路中及取样阀门内的空气和"死油"经三通阀排掉；

2）冲洗注射器，转动三通阀使少量油进入注射器，再转动三通阀并推压注射器芯子，排除注射器内的空气和油，必要时反复冲洗 2～3 次；

3）转动三通阀使油样在静压力作用下自动进入注射器，此时不应拉注射器芯子，以免吸入空气或使油样脱气；

4）当取到足够的油样时关闭三通阀和取样阀，取下注射器，并用小胶头封闭注射器，应尽量排尽小胶头内的空气。

2. 取气样

当气体继电器内有气体聚集时应取气样进行色谱分析，这些气体的组分和含量是判断设备是否存在故障及故障性质的重要依据之一。为减少不同气体组分有不同回溶率的影响，必须在尽可能短的时间内取出气样，并尽快进行分析。

应使用密封良好的玻璃注射器在气体继电器的放气嘴处取气样，取样前应用设备本体油润湿注射器，以保证注射器的滑润和密封，取气的操作步骤和连接方法如下：

（1）在气体继电器的放气嘴上套一小段乳胶管，乳胶管的另一头通过一个金属三通阀与注射器连接。

（2）转动三通阀，用气体继电器内的气体冲洗连接管路及注射器，再转动三通阀排空注射器，气量少时可不进行此步骤。

（3）转动三通阀借助气体继电器内气体的压力使气样缓缓进入注射器中。

（4）取样完成后关闭放气嘴，转动三通阀的方向使之封住注射器口，把注射器连同三通阀和乳胶管一起取下来，然后再取下三通阀，并立即改用小胶头封住注射器，同时应尽可能排尽小胶头内的空气。

3. 油样脱气

目前常用的脱气方法有振荡脱气法和真空脱气法两种。其中真空脱气法可以获得较高的脱气率，但对于仪器设备的要求较高；而振荡脱气法虽然脱气率较低但对色谱仪的灵敏度要求较高，由于其仪器用品简单、操作方便而在国内得到了普遍应用。

为了尽量减少因脱气这一操作环节所造成的分析结果差异，应测算出所使用的脱气装置对每种被测气体组分的脱气率，其值等于脱出气体中某组分的含量与油样中该组分的含量之比。

根据取得真空的方法不同，真空法又分为水银托里拆利真空法和机械真空法两种，其中水银托里拆利真空法虽然测定精度较高但仪器复杂、推广困难，更为常用的是机械真空法。

水银托里拆利真空法的工作原理是借助机械真空泵联合水银泵所造成的高真空（$p \leqslant 10Pa$）状态，通过不断搅拌油样，使其中溶解的气体脱出，然后再用水银泵做多次收集并送至量气管，这种方法的脱气效率高（一般大于 97％），气体收集完全，可达到全脱气的效果。通用型水银托里拆利真空脱气仪的结构如图 6-2 所示。

机械真空法常见的装置结构如图 6-3 所示，油样注入预先抽成真空的脱气室，通过不断搅拌油样，使其中溶解的气体脱出，再利用气压差使缸体内的变径活塞做往复运动，将脱气室中的气体多次抽吸到集气室，并最终压缩到取气样注射器内。

机械真空法属于不完全的脱气方法，在油中溶解度越大的气体脱出率越低，而在恢复常压的过程中，气体都有不同程度的回溶现象，溶解度越大的组分，回溶越多。采用不同的脱气装置或同一装置采用不同的真空度，都会造成分析结果的差异，因此使用机械真空法脱气，必须对脱气装置的脱气率进行校核。

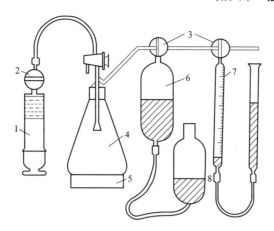

图 6-2　通用型水银托里拆利真空脱气仪的结构

1—油样注射器；2—直通旋塞；3—三通旋塞；4—脱气瓶；

5—磁力搅拌器；6—水银泵；7—量气管；8—水银接受器

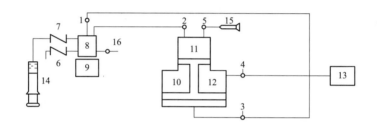

图 6-3　机械真空法常见装置的结构

1、2、5、6—二通电磁阀；3、4—三通电磁阀；7—手动二通阀；8—油杯（脱气室）；

9—磁力搅拌器；10—缸体；11—集气室；12—变径活塞；13—真空泵；

14—油样容器；15—取气注射器；16—限量洗气管

振荡脱气法是根据顶空气相色谱法的原理，在恒温条件下，油样在和洗脱气体构成的密闭系统内通过机械振荡，使油中溶解气体在气、液两相达到分配平衡，实现油样的脱气。通过测试洗脱气中各组分的浓度，再根据各气体组分的奥斯特瓦尔德（Ostwald）系数计算出油中溶解气体各组分的浓度。

奥斯特瓦尔德系数是指在特定温度下，气液平衡时液体内溶解的组分体积浓度和气体中组分体积浓度之比，令 $C_{o,i}$ 表示液体内溶解的组分 i 的体积浓度，$C_{g,i}$ 表示气体中组分 i 的体积浓度，则组分 i 在该平衡条件下的奥斯特瓦尔德系数 k_i 可表示为：

$$k_i = \frac{C_{o,i}}{C_{g,i}} \tag{6-1}$$

各类气体组分在 50℃ 的平衡条件下，在电力绝缘油中的奥斯特瓦尔德系数见表 6-1，奥斯特瓦尔德系数与气体组分的实际分压无关，且假设气、液处在同一温度下。

表 6-1　　　　　　各类气体组分在 50℃ 时在油中的奥斯特瓦尔德系数

H_2	N_2	O_2	CO	CO_2	CH_4	C_2H_2	C_2H_4	C_2H_6
0.06	0.09	0.17	0.12	0.92	0.39	1.02	1.46	2.30

振荡脱气的具体操作步骤如下：

1）取 5mL 玻璃注射器 A 用油样冲洗 1～2 次，吸入约 0.5mL 油样，戴上橡胶帽插入双头针，让注射器内的空气和油样慢慢排出，使油样充满注射器内壁缝隙而无残存空气；

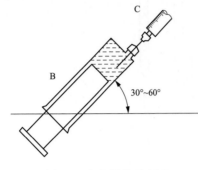

图 6-4　加气操作示意图

2）将 100mL 玻璃注射器 B 中的油样推出部分，准确调节注射器芯至 40.0mL 的刻度，然后立即用橡胶封帽将注射器出口密封；

3）取 5mL 玻璃注射器 C，用氮气（或氩气）清洗 1～2 次，再准确抽取 5.0mL 的氮气（或氩气），然后将注射器 C 内的气体缓慢注入注射器 B 内，加气操作示意图如图 6-4 所示；

4）将注射器 B 放入恒温定时的振荡器内，连续振荡 20min，然后静置 10min；

5）将注射器 B 从振荡器中取出，并立即将其中的平衡气体通过双头针头转移到注射器 A 内，得到的气样在室温下放置 2min，然后准确读取其体积。

二、气相色谱分析方法

1. 色谱图的基本知识

色谱图是指从进样开始样品经色谱柱分离的各组分全部流过检测器后，在此期间所记录下来的响应信号随时间变化的曲线。色谱曲线形式与所采用的色谱方法、检测器类型以及记录方式有关，这里介绍的样品是采用冲洗法经色谱柱分离后，用微分型检测器检测并用长图记录仪记录得到的色谱图。

如图 6-5 所示为典型的色谱图，图中的各类要素介绍如下：

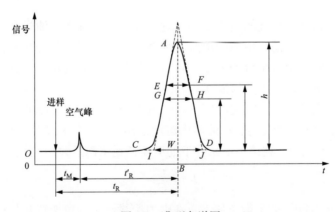

图 6-5　典型色谱图

（1）基线：基线是指当不含检测组分的纯载气通过检测系统时，检测器响应信号随时间变化的曲线，即图中的 $O-t$ 直线。

（2）色谱峰：色谱峰是指当某一组分通过检测系统时，检测器响应信号随时间变化的曲线，即图中的 $C-A-D$ 曲线。

（3）峰高（h）：峰高是指色谱峰的顶点与基线之间的垂直距离，即图中线段 A-B 的长度。

（4）半峰宽（$y_{1/2}$）：半峰宽又称半宽度、半峰宽度、区域宽度、区域半宽度等，是指色谱峰高一半处峰的宽度，即图中 G-H 直线的长度。

（5）拐点：拐点也叫扭转点，是指某个色谱峰上二阶导数为零的两个点，即图中的 E 点和 F 点。

（6）峰底宽（y）：峰底宽又称峰宽、基线宽度等，是指从色谱峰两边的拐点作切线与基线相交部分的宽度，即图中 I-J 直线的长度。

（7）保留时间（t_R）：保留时间又称滞留时间，是指从进样开始到色谱峰顶点的时间，即图中的 t_R。在特定的固定相和操作条件下，任何物质都有一个确定的保留时间，可用作组分定性，但有时不同物质在同一色谱条件下具有相近的保留时间，这时就要用到多种固定相进行定性。

（8）保留体积（V_R）：保留体积是指保留时间 t_R 内所流过的流动相体积，它等于保留时间与流动相体积流速之乘积。

（9）死时间（t_A）：死时间是指不被固定相吸附或溶解的气体组分的保留时间，它等于固定相色谱柱长度除以流动相平均线速度。

（10）死体积（V_A）：死体积是指在死时间内流过的流动相体积，它等于死时间与流动相体积流速之乘积。

（11）调整保留时间（t_R'）：调整保留时间又称表观保留时间，是指某一组分的保留时间与死时间之差。

（12）调整保留体积（V_R'）：调整保留体积又称表观保留体积，是指在调整保留时间内流过的流动相体积，它等于调整保留时间与流动相体积流速之乘积。

（13）相对保留值（r_{is}）：相对保留值又称溶剂效率，是指某组分 i 的调整保留时间与基准组分 s 的调整保留时间之比。

2. 定性分析方法

色谱法是把混合物分离为各个单独组分最有效的工具之一，色谱定性分析就是鉴别色谱图中各色谱峰分别代表何种物质。在色谱定性分析中，主要利用保留参数进行定性，也就是与已知物保留参数对照的方法，因此单独用气相色谱法进行定性当前只适用于已知成分的混合物，在分析组分未知的样品时色谱法无法单独完成定性工作，必须与其他分析方法相结合使用。

色谱定性参数最常用到的是组分的保留值，既可使用组分的绝对保留值进行定性，也可选择某一组分作为参考组分，利用相对保留值进行定性。

（1）绝对保留值定性。在使用相同的色谱柱并在同一操作条件下，同一种物质的绝对保留值保持恒定，通过比较已知纯物质组分峰的绝对保留值与被测定混合物各组分峰的绝对保留值，就可鉴别出混合物各组分峰分别代表何种物质。

如图 6-6 所示注入含有氯仿、苯和甲苯的混合物，流出三个色谱峰，在同一操作条件下分别注入标样氯仿、苯和甲苯，直接比较各组分峰的保留时间，即可鉴别出样品色谱峰中第一个峰表示氯仿，第二个峰表示苯，第三个峰表示甲苯。

（2）相对保留值定性。利用绝对保留值进行定性时必须要有很好的操作重现性，然而在很多情况下操作条件难以绝对恒定，如进样速度、载气流速和工作温度等都很难保

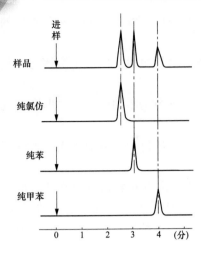

图 6-6　用绝对保留值进行定性分析

持不变。为了避免由于操作参数波动而造成的定性分析失误，常采用相对保留值，即根据某一组分的绝对保留值与选定参考组分的绝对保留值之比对样品组分进行定性分析。

其操作过程与绝对保留值定性大体相同，根据标准纯物质的绝对保留值计算得到各组分的相对保留值，再和样品混合物中各组分的相对保留值进行比较，鉴别出混合物各色谱峰分别代表何种物质。

3. 定量分析方法

色谱定量分析用于确定混合物中各组分的具体含量，它的依据是检测器对某组分的响应信号与该组分通过检测器的物质量（浓度）存在一定关系。

响应信号测量是色谱定量分析的基础，测量的响应信号一般是色谱峰面积或者色谱峰高。

相同含量的同一种物质在不同的色谱分析仪上具有不同的响应值，因此在色谱定量计算中需引入定量校正因子对测量结果进行校正。用标准纯物质配制好的已知各组分准确含量的混合物，进样分析后测出色谱图中各组分的峰面积或峰高，并与标准值相比较就可以计算得到定量校正因子。用于测定校正因子的混合物中各组分的含量最好与样品中各组分的含量相近，同时操作条件也应与实际定量分析时的操作条件相同，此外还应注意必须控制在仪器的线性响应范围之内进行测定，这样才能得到较为准确的定量校正因子。

在色谱定量分析中较常用的定量方法有归一法、外标法、内标法等。

（1）归一法。把所有出峰组分的含量之和按 100％计的定量方法称为归一法，计算得到的是各组分的百分比含量。

（2）外标法。外标法又称直接比较法、绝对校正法和正曲线法等，参比物选用与样品组分同质的标准物质，在同一操作条件下测量参比物和样品中各组分的峰面积或峰高，计算得到样品中各组分的含量。

就定量的参比物而言，因为是同质组分进行比较，外标法是较为准确的方法，然而由于检测器的响应性能、工作温度和载气流速等色谱分析条件很难绝对稳定，而且进样体积也很难完全相同，这些因素均会造成一定的测量误差。为了减小定量测量的误差，应保持分析条件稳定和进样体积恒定，同时校正曲线应经常进行校核。

（3）内标法。内标法是将参比物和样品混合在一起进行测量分析，根据色谱图中参比物与各组分的峰面积或峰高，计算得到样品中各组分的含量。内标法选用的参比物不能与样品发生反应，但应能与样品很好的混合均匀，在经色谱柱分离后应在被测组分附近流出，同时色谱峰之间不发生重叠。

就定量的操作条件而言，因为测量是在同一次进样分析中完成，内标法是较为准确的方法。为了减小定量测量的误差，应准确测定校正因子和响应信号值，同时还应特别注意保证准确称量参比物和样品的物质量。

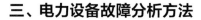

三、电力设备故障分析方法

分析得到油中溶解气体的种类与含量后，可进一步与以往的检测数据进行比较，得到气体组分的产气速率，根据这三个状态量就可对充油电力设备故障的性质和严重程度进行判断。

充油电气设备的潜伏性缺陷所产生的特征气体大部分会溶解于油，这些气体在油中不断积累，直至饱和甚至析出气泡。因此，油中故障气体的含量及其累积程度是诊断故障的存在与发展情况的一个重要依据。

正常情况下充油电气设备在热和电场的作用下也会老化分解出少量的特征气体，但产气速率很缓慢。当设备内部存在故障时，就会加快这些气体的产生速率，因此这也是诊断故障的存在与发展程度的重要依据。

电力设备内部在不同故障下产生的气体有不同的特征。例如局部放电时总会有氢气，较高温度的过热时总会有乙烯，而电弧放电时也总会有乙炔。因此，故障下产气的特征性是诊断故障性质的又一个依据。

在利用油中溶解气体进行电力设备故障分析时一般应先根据特征气体含量及产气速率判断先有无故障或缺陷发生，再根据三比值法等方法对故障的性质及严重程度进行判断。

1. 充油电力设备故障识别

可根据《变压器油中溶解气体分析和判断导则》（DL/T 722—2016）中提出的气体含量和产气速率的注意值对充油电力设备故障进行识别，注意值是指特征气体的含量或增量需引起关注的值，并不是划分设备状态等级的标准，当特征气体的含量或增量超过注意值时应按照相关规定缩短检测周期，并结合其他判断方法进行综合分析。

（1）根据含气量判断。对于新投运设备，投运前油中溶解气体的含量应符合一定的要求（见表6-2），且投运前后两次检测结果不应有明显的区别。

表 6-2　　　　　　　　　新设备投运前油中溶解气体含量注意值　　　　　　μL/L

设备	气体组分	含量注意值	
		330kV 及以上	220kV 及以下
变压器（电抗器）	氢气	10	30
	乙炔	0.1	0.1
	总烃	10	20
互感器	氢气	50	100
	乙炔	0.1	0.1
	总烃	10	10
套管	氢气	50	150
	乙炔	0.1	0.1
	总烃	10	10

运行中设备油中溶解气体的含量也应符合表一定的要求（见表6-3）。

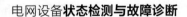

表 6-3　　　　　　　　运行中设备油中溶解气体含量注意值　　　　　　　　μL/L

设备	气体组分	含量注意值	
		330kV 及以上	220kV 及以下
变压器（电抗器）	氢气	150	150
	乙炔	1	5
	总烃	150	150
电流互感器	氢气	150	300
	乙炔	1	2
	总烃	100	100
电压互感器	氢气	150	150
	乙炔	2	3
	总烃	100	100
套管	氢气	500	500
	乙炔	1	2
	总烃	150	150

注　1. 变压器和电抗器中 CO 和 CO_2 无绝对含量的注意值，而应根据其比值进行判断，详见本节充油电力设备故障类型判断中 CO_2/CO 值的相关内容。

　　2. 气体继电器中取出的气样应经换算后再套用表中的注意值，详见本小节中气体继电器中气体组分含量换算的相关内容。

　　3. 对 330kV 及以上电压等级设备，当油中首次检测到乙炔含量超过 0.1μL/L 时应引起注意。

（2）根据产气速率判断。设 $C_{i,1}$ 表示第一次取样测得的油中某气体组分 i 的体积浓度，单位为 μL/L，$C_{i,2}$ 表示第二次取样测得的油中某气体组分 i 的体积浓度，单位为 μL/L，Δt 表示两次取样时间间隔中设备实际运行的时间，单位为天，m 表示设备的总油量，单位为 t，ρ 表示油的密度，单位为 t/m³，则该气体组分的绝对产气速率 γ_a（单位为 mL/天）可表示为：

$$\gamma_a = \frac{C_{i,2} - C_{i,1}}{\Delta t} \times \frac{m}{\rho} \tag{6-2}$$

Δt 改为以月为计量单位，则相对产气速率 γ_r（单位为％/月）可表示为：

$$\gamma_r = \frac{C_{i,2} - C_{i,1}}{C_{i,1}} \times \frac{1}{\Delta t} \times 100\% \tag{6-3}$$

计算产气速率时应充分考虑气体组分在油中的循环扩散和析出逸散等作用，选择合理的取样批次，此外特征气体可能仅在两次检测周期内的某一时间段产生，因此产气速率的计算值可能小于实际值。

对于运行中的变压器和电抗器等，绝对产气速率的注意值见表 6-4。总烃的相对产生速率的注意值为 10％/月，但对于总烃起始含量很低的设备不宜采用此判据。对于气体含量有缓慢增长趋势的设备，可使用气体在线监测装置随时监测设备的气体增长情况。

表 6-4　　　　　　运行中设备油中溶解气体绝对产气速率注意值　　　　　　mL/天

气体组分	密封式	开放式
氢气	10	5
乙炔	0.2	0.1
总烃	12	6

气体组分	密封式	开放式
一氧化碳	100	50
二氧化碳	200	100

注：1. 对乙炔含量小于 $0.1\mu L/L$ 且总烃含量满足新设备投运要求的情况，总烃的绝对产气率可不做分析判断。
　　2. 新设备投运初期，CO 和 CO_2 的产气速率可能会超过表中的注意值。
　　3. 当检测周期已缩短时，表中的注意值仅供参考，周期较短时不适用。

（3）气体继电器中气体组分含量换算。利用气体继电器中气体组分浓度进行设备故障识别及性质判断时，应将自由气体浓度换算为平衡状况下的油中溶解气体浓度。设 $C_{g,i}$ 表示气体继电器中组分 i 的体积浓度，k_i 为平衡条件下组分 i 的奥斯特瓦尔德系数（参见本节油中气体取样方法小节中油样脱气中的相关内容），则换算得到的组分 i 在油中溶解的体积浓度理论值 $C_{o,i}$ 可表示为：

$$C_{o,i} = k_i \times C_{g,i} \tag{6-4}$$

此外，当气体继电器发出信号时，除应立即取气体继电器中的自由气体进行检测外，还应同时取本体和气体继电器中的油样进行溶解气体检测，并比较油中溶解气体和气体继电器中的自由气体含量，以判断自由气体与溶解气体是否处于平衡状态，进而可以判断故障的发生及持续时间。

如果换算得到的理论值和油中溶解气体的实测值近似相等，可认为气体是在平衡条件下放出来的。此时若故障气体各组分浓度均很低，说明设备是正常的，可进一步分析气样中的氧气和氮气含量，搞清这些非故障气体的来源及继电器报警的原因；否则说明设备存在产生气体较缓慢的潜伏性故障。

如果气体继电器内的自由气体浓度明显超过油中溶解气体浓度，说明释放气体较多，设备内部存在产生气体较快的故障，应进一步计算气体的增长率。

2. 充油电力设备故障类型判断

不同故障类型产生的主要特征气体和次要特征气体各不相同，因此可据此判断设备的故障类型，详见第 2 节检测技术基本原理中油中溶解气体的产生机理中关于不同故障类型的气体特征的相关内容。

但有时仅根据特征气体难以对故障类型做出判断，为此《变压器油中溶解气体分析和判断导则》（DL/T 722—2014）中推荐采用三比值法进行充油电力设备的故障类型判断。

根据充油设备内绝缘油、绝缘纸在故障下裂解产生气体组分含量的相对浓度与温度的依赖关系，从五种特征气体（CH_4、C_2H_4、C_2H_6、C_2H_2、H_2）中选用两种溶解度和扩散系数相近的气体组分组成三对比值（C_2H_2/C_2H_4、CH_4/H_2、C_2H_4/C_2H_6），以不同的编码表示，编码规则见表 6-5。并根据表 6-6 对故障类型进行判断，一般在特征气体含量超过注意值后使用。

表 6-5　　　　　　　　　　　三 比 值 法 编 码 规 则

气体比值范围	比值范围的编码		
	C_2H_2/C_2H_4	CH_4/H_2	C_2H_4/C_2H_6
<0.1	0	1	0
$[0.1, 1)$	1	0	0
$[1, 3)$	1	2	1
≥ 3	2	2	2

表 6-6  故 障 类 型 判 断 方 法

编码组合			故障类型判断	典型故障（参考）
C_2H_2/C_2H_4	CH_4/C_2H_4	C_2H_4/C_2H_6		
0	0	0	低温过热，低于150℃	纸包绝缘导线过热，注意CO和CO_2的增量，以及CO_2/CO值
	2	0	低温过热，150～300℃	分接开关接触不良；引线连接不良；导线接头焊接不良，股间短路引起过热；铁芯多点接地，硅钢片间局部短路等
	2	1	中温过热，300～700℃	
	0，1，2	2	高温过热，高于700℃	
	1	0	局部放电	高湿、气隙、毛刺、漆瘤、杂质等引起的低能量密度放电
2	0，1	0，1，2	低能放电	不同电位之间的火花放电，引线与穿缆套管或引线屏蔽管之间的环流
	2	0，1，2	低能放电兼过热	
1	0，1	0，1，2	电弧放电	线圈匝间、层间放电，相间闪络；分接引线间油隙闪络，选择开关拉弧；引线对箱壳或其他接地体放电
	2	0，1，2	电弧放电兼过热	

此外还可利用CO_2/CO、C_2H_2/H_2、O_2/N_2这三对气体组分比值对故障类型进行辅助判断。

（1）CO_2/CO比值：固体绝缘的正常老化过程与故障状况下的劣化分解表现在油中CO和CO_2的含量上一般没有严格的界限。随着油和固体绝缘材料的老化CO和CO_2会呈现有规律的增长，当增长趋势发生突变时应与其他气体的变化情况进行综合分析，判断故障是否涉及固体绝缘。当故障涉及固体绝缘材料时一般CO_2/CO小于3，最好用CO和CO_2的增量进行计算；当固体绝缘材料老化时一般CO_2/CO大于7，当怀疑纸或纸板过度老化时应参照《油浸式变压器绝缘老化判断导则》（DL/T 984—2005）进行判断。

（2）C_2H_2/H_2比值：有载分接开关切换时产生的气体与低能量放电的情况相似，假如某些油或气体在有载分接开关油箱与主油箱之间相通，或各自的储油柜之间相通，这些气体可能污染主油箱的油，并导致误判断。当特征气体超过注意值时，若C_2H_2/H_2大于2（最好用增量进行计算），认为是有载分接开关油（气）污染造成的，这种情况可利用比较主油箱和切换开关油室的油中溶解气体含量来确定。气体比值和C_2H_2含量决定于有载分接开关的切换次数和产生污染的方式（通过油或气），因此C_2H_2/H_2不一定大于2。

（3）O_2/N_2比值：一般在油中都溶解有O_2和N_2，O_2/N_2比值接近0.5。运行中由于油的氧化或纸的氧化降解都会造成O_2的消耗，O_2/N_2比值会降低，负荷和保护系统也会影响O_2/N_2比值。对于开放式设备当O_2/N_2小于0.3时，一般认为出现了O_2被过度消耗，应引起注意；对于密封良好的设备，由于O_2的消耗O_2/N_2的比值在正常情况下可能会低于0.05。

在利用三比值法对设备故障进行判断时应注意以下几点：

（1）只有根据气体各组分含量的注意值或气体增长率的注意值有理由判断设备可能存在故障时，用气体比值进行判断才是有效的。对气体含量正常，且无增长趋势的设备，比值没有意义。

（2）假如气体的比值与以前的不同，可能有新的故障重叠在以前的故障或正常老化上。为了得到仅仅相应于新故障的气体比值，要从最后一次的检测结果中减去上一次的

检测数据，并重新计算比值。

（3）应注意由于检测本身存在的试验误差导致气体比值也存在某些不确定性。例如按《绝缘油中溶解气体组分含量的气相色谱测定法》（GB/T 17623—2017）的要求，对气体浓度大于 $10\mu L/L$ 的气体，两次的测试误差不应大于平均值的 10%，这样气体比值计算时误差将达到 20%，当气体浓度低于 $10\mu L/L$ 时，误差则会更大，并使比值的精确度迅速降低。因此在使用比值法判断设备故障性质时，应注意各种可能降低精确度的因素。

当特征气体比值在三比值法的应用范围之外时，可使用立体图示法或大卫三角法进行设备故障判断。

如图 6-7 所示为立体图示法，X、Y、Z 轴分别表示 C_2H_4/C_2H_6、CH_4/H_2、C_2H_2/C_2H_4 这三对比值，可根据三比值点所在区域判断设备故障类型。

如图 6-8 所示为大卫三角法，三角形的三条边分别代表 CH_4、C_2H_2、C_2H_4 这三种特征气体各自的体积含量在三种气体体积含量总和中所占的百分比，可根据特征气体百分比点所在区域判断设备故障类型，图中各区域的极限见表 6-7。

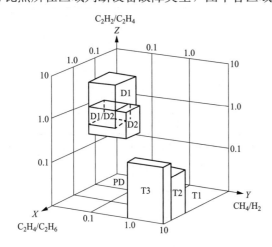

图 6-7 立体图示法

PD—局部放电；D1—低能放电；D2—高能放电；
T1—热故障，$t<300℃$；T2—热故障，
$300℃<t<700℃$；T3—热故障，$t>700℃$

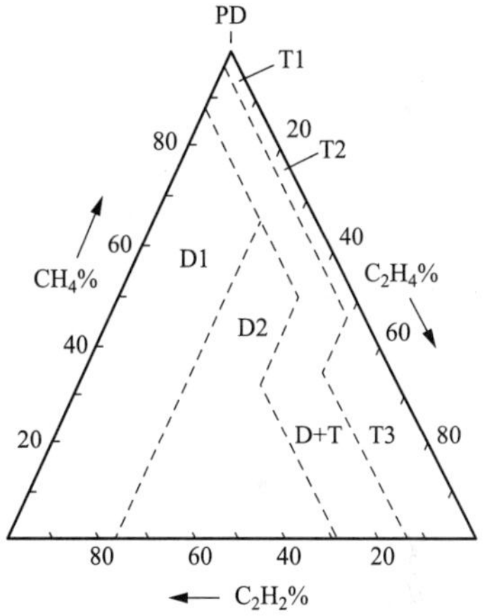

图 6-8 大卫三角形法

PD—局部放电；D1—低能放电；D2—高能放电；
T1—热故障，$t<300℃$；T2—热故障，
$300℃<t<700℃$；T3—热故障，$t>700℃$

表 6-7　　　　　　　　　　　　　大卫三角形法区域极限

PD	$98\%CH_4$	—	—	—
D1	$23\%C_2H_4$	$13\%C_2H_2$	—	—
D2	$23\%C_2H_4$	$13\%C_2H_2$	$38\%C_2H_4$	$29\%C_2H_2$
T1	$4\%C_2H_2$	$10\%C_2H_4$	—	—
T2	$4\%C_2H_2$	$10\%C_2H_4$	$50\%C_2H_4$	—
T3	$15\%C_2H_2$	$50\%C_2H_4$	—	—

第三节　典型案例分析

一、220kV 某变电站 2 号主变压器发热缺陷

1. 情况概述

2016 年 6 月 4 日，220kV 某变电站 2 号主变压器油色谱带电检测发现乙炔和总烃异常，

分别为 $6.11\mu L/L$ 和 $329.12\mu L/L$，超过规程规定的注意值；6 月 5 日复检，乙炔已涨至 $9.11\mu L/L$（下部）。于 2016 年 6 月 5～6 日开展停电诊断性试验和内检，停电试验并未发现变压器绝缘明显异常，内检发现铁芯夹件和上压板有疑似放电产生的碳迹。2016 年 6 月 16～17 日进行解体检查，发现 A 相低压侧上梁及腹板接触处有明显发热痕迹。

2. 设备信息

该主变额定容量为 150000/150000/75000kVA，额定电压（220±3/1×2.5%）/117/37kV，无励磁调压，接线组别为 YNa0yn0d11（自耦变压器）。出厂时间为 2000 年 10 月 1 日，投运时间为 2007 年 4 月 5 日。

3. 油色谱带电检测

该变压器缺陷的外部表征主要体现为油色谱异常。根据要求，220kV 油色谱带电检测周期为 6 个月，2015 年 11 月～2016 年 6 月的油色谱检测结果见表 6-8。

表 6-8			油色谱带电检测数据					$\mu L/L$
日期	H_2	CO	CO_2	CH_4	C_2H_4	C_2H_6	C_2H_2	C1+C2
2015 年 11 月 21 日	7.05	520.15	2784.01	12.39	2.49	1.58	0	16.46
2016 年 2 月 26 日	4.74	636.81	1944.61	21.16	11.80	2.81	0	35.77
2016 年 6 月 4 日	76.50	360.41	1944.85	119.82	180.16	23.03	6.11	329.12
2016 年 6 月 5 日（中部）	109.99	554.59	1742.20	140.89	200.86	25.84	8.47	376.06
2016 年 6 月 5 日（下部）	104.88	608.08	2111.54	156.52	208.75	27.89	9.11	402.27

可以看出 2016 年 2 月之前油色谱数据正常，乙炔含量保持为 0，总烃也处于较低水平。此后至 2016 年 6 月 4 日之间乙炔和总烃增长，且 5 日含量较 4 日含量有明显增长。乙炔含量已超过规程规定的注意值，总烃的含量及增长率也已超过规程规定注意值。油色谱的三比值编码为 022，初步判断故障类型属于高温过热（高于 700℃）。

4. 停电试验

设备停运后于 6 月 5 日开展了绝缘电阻、本体介损和电容量、直流泄漏电流、直流电阻、套管介损和电容量、短路阻抗等常规停电试验。试验发现套管介损达 0.69%，较大但未超注意值；电容量 415.7pF，初值差为 8.73%，已超过注意值。

图 6-9　上铁芯夹件有沉积碳

经检查发现高压侧 B 相单套管末屏有放电痕迹，无法恢复接地状态，需更换末屏。6 月 6 日开展局部放电试验，绝缘良好，无明显局部放电信号。

5. 现场检查

停电诊断性试验后，对该变压器进行放油并于 6 月 6 日晚开展变压器现场内检，内检发现在变压器内部有几处疑似因放电导致的碳迹，如图 6-9～图 6-11 所示。

6. 解体情况

变压器器身脱油处理后，检查 A 相低压侧上梁与腹板连接处发现疑似发黑痕迹，与内检发现沉积碳部位相近，如图 6-12 所示。

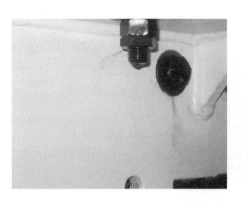

图 6-10　铁芯上夹件螺栓附近有碳迹

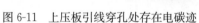

图 6-11　上压板引线穿孔处存在电碳迹　　图 6-12　上梁疑似发黑痕迹

　　A 相低压侧上梁及夹件腹板接触处有发热痕迹，上梁垫块角部有受热碳化现象，如图 6-13 所示。

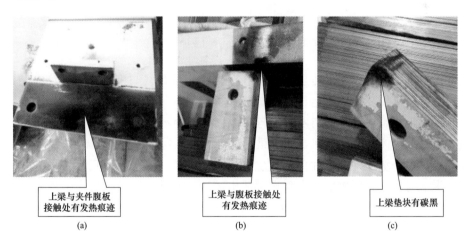

图 6-13　A 相低压侧发热痕迹
（a）上梁与夹件腹板接触处；（b）上梁与腹板接触处；（c）上梁垫块处

　　A 相高压侧上部心柱最小级最后一片硅钢片有卷曲，尖角部位有放电痕迹，对应夹件腹板位置有明显放电点，如图 6-14 所示。

7. 原因分析

　　如图 6-15 所示为变压器剖面图和相应故障点。根据解体现象，造成变压器乙炔和总烃异常的直接原因应是 A 相低压侧上梁、夹件垫块与上梁垫块之间的发热和垫块角部碳

79

（a）　　　　　　　　　　　　　　（b）

图 6-14　A 相高压侧放电痕迹

（a）放电位置一；（b）放电位置二

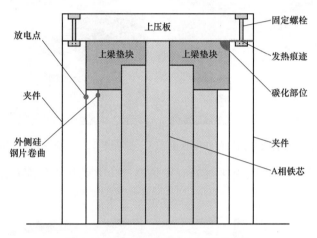

图 6-15　变压器剖面图和故障点标注

化。该部位缺陷发生的原因可能是 A 相低压侧铁芯上梁焊线与上梁绝缘垫块在装配时受强挤压接触，由于变压器铁芯运行振动造成上梁绝缘垫块移位或挤压变形，使变压器 A 相低压侧铁芯上梁螺栓松动，引发上梁与夹件腹板接触不良，导致 A 相低压侧上梁及夹件腹板连接处局部产生涡流过热，使上梁绝缘垫块发生受热碳化。

A 相心柱最小级最外侧一片角部发生局部卷曲现象应为装配时已存在的缺陷，该处卷曲造成尖端对夹件腹板放电，产生局部放电碳迹。此外该部位放电会造成铁芯多点接地，进而引发铁芯涡流，也可能是造成 A 相低压侧上梁及夹件腹板连接处局部过热的原因。

二、220kV 某变电站 1 号主变压器放电缺陷

1. 情况概述

2016 年 4 月 28 日该主变压器油色谱数据发生突变，乙炔含量有明显增长。2016 年 5 月 13 日对该主变压器开展带电检测工作发现疑似放电信号。5 月 19 日于停电检修期间进行局放试验时发现 A 相高压侧放电量超标，后于 5 月 20 日和 29 日进行局放试验复测仍存在同样问题，初步判断主变压器 A 相中压绕组存在放电性故障，且有发展劣化趋势。

2. 设备信息

设备的主要技术参数见表 6-9。

表 6-9　　　　　　　　　变压器主要技术参数

额定容量	150000/150000/6000kVA	额定电压	(220±8×1.25%) /117/37kV
额定频率	50Hz	联结组别	YNyny+d
冷却方式	ONAF	出厂日期	1999.11

3. 油色谱数据

近年来，涉及 1 号主变压器，特别是其中、低压侧的故障跳闸情况时有发生。其中 2016 年 3 月 20 日，110kV 侧线路跳闸后，1 号主变压器油色谱数据中各特征气体均出现不同程度上涨，但主要特征气体为乙炔，比较增长前后的色谱数据得到三比值编码为 102，显示为高能放电，同时 CO_2 与 CO 的比值小于 3，表明该故障缺陷可能涉及固体绝缘，近期油色谱数据见表 6-10。

表 6-10　　　　　　1 号主变压器油色谱数据跟踪　　　　　　μL/L

时间	H_2	CH_4	C_2H_6	C_2H_4	C_2H_2	总烃	CO	CO_2
2015 年 4 月 16 日	10.30	9.92	1.86	2.30	0.60	14.68	1010.50	2640.13
2015 年 10 月 20 日	8.19	10.62	1.91	2.53	0.45	15.51	1241.53	3073.80
2016 年 3 月 18 日	10.02	11.62	2.45	2.63	0.32	17.02	1109.84	2818.64
2016 年 4 月 28 日	12.01	12.26	2.31	3.21	1.16	18.94	1311.71	2938.24
2016 年 5 月 18 日	7.89	11.00	2.05	2.91	1.02	16.98	1276.81	2879.69

4. 带电检测

1 号主变压器色谱突变后，于 2016 年 5 月 13 日开展了带电检测工作。试验项目包括高频、特高频及超声局放检测与振动带电检测，几乎在同一时间段捕捉到短暂的高频、特高频、超声局放信号，显示该主变压器存在间歇性的放电缺陷。

5. 停电试验

2016 年 5 月 13 日带电检测完成后对 1 号主变压器开展停电检查，开展相关停电试验，并于 5 月 19～20 日，对主变压器开展局放试验。其中 B、C 两相试验结果正常，A 相在施加 $1.5U_m$ 激发电压后，在 $1.3U_m$ 下从第 18min 开始，高、中压均出现疑似放电信号，其中高压侧为 200～800pC，中压侧为 900～3500pC，随着加压次数的增加，放电量逐渐增加，放电的起始电压逐渐下降。局放试验结束后色谱数据显示乙炔由 $1.04\mu L/L$ 增长至 $1.45\mu L/L$，可基本确定主变压器中压 A 相绕组内部存在缺陷且存在劣化趋势。

6. 返厂试验

返厂试验项目包括主变压器 B、C 相长时感应耐压局部放电测量、主变压器 A 相长时感应耐压局部放电测量以及主变压器 A 相支撑法长时感应耐压局部放电测量。

试验结果表明该主变压器 B 相、C 相绕组铁芯夹件及平衡绕组存在明显的持续性放电信号，随着试验电压的升高放电次数增加但放电量基本保持不变，表明该主变存在地回路性质的放电缺陷。可能是该主变在现场拆装、运输以及返厂重装过程中产生的缺陷。

对于 A 相绕组，在正常加压时，中、高压绕组在 $0.9U_m$ 的试验电压下即会出现明显的放电信号，且随着加压时间延长，放电量轻微增加，显示中压绕组端部（包括调压绕组和高压串联绕组尾端）存在明显的放电性缺陷；采用支撑法加压时在 $0.7\sim0.8U_m$ 试验电压下中、高压绕组出现剧烈局放，同时铁芯夹件及平衡绕组也出现较为强烈的放电信号。

局放试验前及局放试验后（油循环 2h，静置 12h）分别进行了油样分析，结果显示局放试验后油中出现微量乙炔，表明主变内部存在放电性缺陷，具体结果见表 6-11。

表 6-11 局放试验前后油色谱数据

时间	H_2	CH_4	C_2H_6	C_2H_4	C_2H_2	总烃	CO	CO_2
试验前	0.26	0.34	0	0.08	0	0.42	6.56	288.96
试验后	0.54	0.44	0	0.12	0.08	0.64	6.33	324.52

7. 解体检查

2016 年 6 月 11～12 日对该主变压器进行了解体检查。吊出 A 相绕组，发现下部层压板上靠近调压绕组出线处存在一段长度约为 15cm 的密封圈残片，密封圈残片整体老化破损严重，密封圈残片所在绝缘纸板与垫块上存在明显的放电痕迹，如图 6-16 所示。

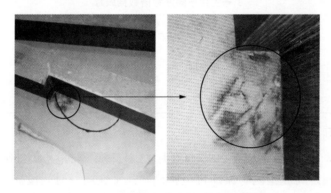

图 6-16 A 相绕组下部层压板密封圈残片

拔出 A 相高压绕组，在 A 相调压绕组底部靠近 B 相绕组侧发现两段长度分别为 3cm 和 1cm 的密封圈残片，周围无明显放电痕迹，如图 6-17 所示。

拔出高压调压绕组、中压绕组，发现 A 相低压绕组从上至下第 17、18 层绕组存在轻微波浪状变形现象，如图 6-18 所示。

图 6-17 A 相调压绕组底部密封圈残片 　图 6-18 A 相低压绕组轻微变形

检查 A 相串联绕组尾端引出线（高压首端为中部出线，尾端为上下端部分别引出后共同连接至分接开关，相关连接部分采用磷铜焊焊接，出线结构如图 6-19 所示），发现其下端部引出线与开关分接线接头处连线最内层的皱纹纸和金属皱纹纸存在明显的放电碳化痕迹，皱纹纸碳化破碎，如图 6-20 所示，其上端部对应位置处存在相同放电碳化缺陷，但绝缘受损程度相对较低。

8. 原因分析

该主变高压绕组尾部引出线与开关分接线之间的连接采用磷铜焊，其绝缘结构为电缆线-皱纹纸-金属皱纹纸，在连接接头处先用皱纹纸进行包裹，再采用金属皱纹纸包裹进

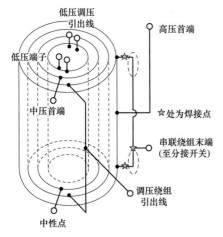

图 6-19　变压器绕组引出线布置　　　图 6-20　A 相高压绕组尾端引出线绝缘放电

行接头处的电场屏蔽。这种结构下金属皱纹纸与电缆线之间属于单侧连接，仅通过两个接头之间的部分电缆线接触连接，而在引线接头处可能存在毛刺的部位并未直接相连，如图 6-21 所示。该主变压器近两年遭受 5 次过流一段短路，主变压器在遭受短路冲击、剧烈振动等不良工况的影响后，极易引起金属皱纹纸与电缆线之间的连接松动导致金属皱纹纸处于悬浮状态，引起局部放电。该放电正常情况下被限制于屏蔽层与电缆线之间，并不会在短时间内对导线主要绝缘造成较大破坏，但屏蔽层与电缆线之间的绝缘被破坏受损后在油流的作用下会逐渐导致主变压器其余部位的绝缘受到污染而劣化，存在缺陷进一步劣化扩大可能性。

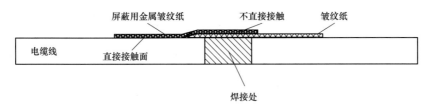

图 6-21　引线焊接处绝缘屏蔽示意图

第七章　SF₆气体检测

第一节　检测技术概述

一、SF₆气体基本特性

（一）一般性质

从 20 世纪 60 年代开始，随着电力工业的快速发展，SF_6 在电力设备中开始迎来大规模的应用时期。SF_6 的分子为一正八面体的立体结构。SF_6 气体在常温期至较高的温度下，一般不会发生化学反应。在电器设备最高允许温度 150℃时，SF_6 气态稳定。SF_6 气体本身的分解温度为 500℃；在铝和铜中，温度达到 200℃以上时，SF_6 慢慢开始发生化学反应，但与其余的金属不发生急剧的化学反应（在温度超过 150℃时与塑料发生微弱的化学反应）。

导体在空气和 SF_6 气体中的表面散热效果，以散热系数来表示。SF_6 气体的热传导性较差，导热系数只是空气的 2/3。但是气体的传热效应并不是单纯靠传导作用，还有对流作用。传热的能力与分子的比热有关，SF_6 分子的比热是空气的 3.4 倍，因此其对流散热能力比空气好。

SF_6 气体无毒，却有窒息性，工作人员需抽尽设备的 SF_6 气体后才能进入。因 SF_6 气体比空气重，所以易在较低的地方沉积（如电缆沟可能沉积浓度较高的 SF_6 气体）有必要在进入这些地方时采取措施以防止窒息。

SF_6 气体有着良好的理化特性、优异的绝缘和灭弧性能，但却是一种温室效应气体。SF_6 气体的主要化学特性见表 7-1。

表 7-1　SF₆的主要化学特性

分子式	SF_6
摩尔质量	146.05g/mol
硫含量	21.95%
氟含量	78.05%
分子结构	在 6 个棱角上带有氟原子的八面体
键	共价键
碰撞截面	4.77A
分解温度	500℃

（二）电气特性

SF_6 气体是负电性的气体，所谓负电性就是分子容易吸收自由电子形成负离子的特性,即捕获自由电子形成负离子的倾向较强。根据气体放电理论,减少引起碰撞电离的活跃因素(即自由电子数量)可以提高气体介质的绝缘性能,因此 SF₆ 气体的绝缘耐电强度很高。在温度为 20℃的条件下,SF₆ 气体具有高绝缘强度〔压力小于 0.2MPa 的击穿电压为 89kV/(MPa·mm)〕、高灭弧能力和高散热性(SF₆ 的散热系数是空气的 1.65 倍)。所以相较于空气绝缘设备,SF₆ 气体绝缘设备的体积要小得多。

与空气和绝缘油的灭弧原理不同,SF₆ 气体主要依靠自身的强电负性和热化特性灭弧。一方面 SF₆ 分子容易吸收自由电子形成负离子,与放电产生的正离子结合,造成带电粒子迅速减少,提高气隙的击穿电压,快速恢复绝缘强度,从而使电弧熄灭;另一方面,SF₆ 气体分子的电离能较高,在发生分解时会吸收大量的能量,对电弧具有较强的冷却作用,有助于电弧的熄灭。因此,SF₆ 气体灭弧能力约为空气的 100 倍。

(三)气体状态参数

在一定温度下,实际气体压力与体积的关系曲线称为实际气体的等温线。实际气体的等温线平直部分正好缩成一点时的温度称为临界温度。临界温度表示气体可被液化的最高温度。在临界温度时使气体液化所需的最小压力称为临界压力。

为便于工程应用,通常把 SF₆ 气体状态变化的温度、压力和密度间的关系绘成状态参数曲线供使用者查阅,如图 7-1 所示为 SF₆ 气体状态参数特性曲线,电气设备常用的温度为 −50~100℃,压力范围为 200~1000kPa,通常只取其工作部分。由图可知,SF₆ 气体的临界压力和临界温度较高,临界压力为 3.84MPa,临界温度为 45.54℃,此时的密度是 7.3g/L。

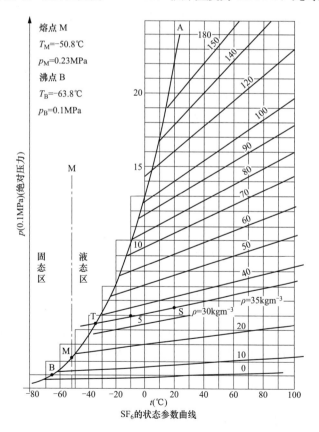

图 7-1 SF₆ 气体状态参数图

（四）SF₆气体的影响

1. 对环境的影响

（1）SF₆近似惰性气体，在水中的溶解度非常低，对地表及地下水均没有危害，不会在生态循环中积累，可见其不会严重危害生态系统。但SF₆气体是温室气体之一，对温室效应的影响为CO_2的20000万倍，国际环保组织均严格禁止排放SF₆气体，并且对此管理严格。

（2）SF₆气体的分解产物不能大量释放到大气中。当设备使用寿命结束时，SF₆气体应被处理成自然界中存在的中性产物，对当地环境无不利影响。SF₆气体分解产物不能直接排放或丢弃到环境中。

（3）电气设备中使用的SF₆气体对全球环境和生态系统的影响较小，随着SF₆气体绝缘设备表的广泛应用，需对电气设备的SF₆气体加强维护和管理，将其对环境的影响降至最小。

2. 对人身健康的影响

纯净的SF₆气体是无毒无害的，原则上人吸入20％氧气和80％纯净的SF₆混合气体不会有不良反应，建议工作环境中的SF₆气体含量应低于$1000\mu L/L$。在此条件下，对每周工作5天、每天8小时的运行人员的健康是无害的。

SF₆虽为无毒、非腐蚀性、化学性质极稳定的惰性气体，但在高压开关内进行高压电弧切断时，将产生SF_2、SF_4、SOF_2、SO_2F_2、S_2F_{10}、HF等分解物，这些物质均为毒性和腐蚀性极强的化合物，其中，SF_4、S_2F_{10}等是对肺有损害的氟硫化物，通过肺泡进入血液后会引起血钙降低，进一步影响心脏，导致心律失常，此外，肝功能损害可能与产生的有机氟聚合物单体有关。

正常情况下，SF₆气体被密封在设备中，产生的分解产物会被吸附剂吸附，或吸附在设备内壁，发生泄漏使SF₆气体分解产物进入工作环境，对工作人员的人身安全产生危害。工作人员处理设备的SF₆气体泄漏，及接触设备中产生的SF₆气体分解产物时，应采取安全防护措施。

3. 注意事项

由于SF₆气体的密度约是空气的5倍，因此大量释放在工作环境中的SF₆气体会聚集在低凹的区域，造成此区域内氧气含量下降。如果氧气含量低于16％，在此区域内工作的人会产生窒息危险，特别是那些低于地面、通风不良或没有通风设备的区域，如电缆输送管、电缆沟、检查坑和排水系统等。应使用空气流动和通风设备，使工作环境中的SF₆气体含量降低到允许的水平。

设备中的SF₆气体压力高于大气压力，进行设备处理时，要特别注意预防工作人员在机械故障中受到伤害。

压缩的SF₆气体若被迅速释放，在突然扩散中气体温度会迅速降低，可能降低到0℃以下，进行设备充气时，需采取保护措施，防止工作人员被喷射出来的低温气体冻伤。

二、SF₆新气指标要求

（一）杂质的种类及其来源

运行电气设备中的SF₆气体含有若干种杂质，其中部分来自SF₆新气（在合成制备过程中残存的杂质和在加压充装过程中混入的杂质），部分来自设备运行和故障过程。SF_6 气体中主要的杂质及其来源见表 7-2。

表 7-2　　　　　　　　　　　**SF₆ 气体主要杂质及其来源**

使用状态	杂质产生的原因	可能产生的杂质
SF₆ 新气	生产过程中产生	空气，矿物油，H_2O，CF_4，可水解氟化物，HF，氟烷烃
检修和运行维护	泄漏和吸附能力差	空气，矿物油，H_2O
开关设备	电弧放电	H_2O，CF_4，HF，SO_2，SOF_2，SOF_4，SO_2F_2，SF_4，AlF_3，CuF_2，WO_3
	机械磨损	金属粉尘，微粒
内部电弧放电（故障）	材料的熔化和分解	空气，H_2O，CF_4，HF，SO_2，SOF_2，SOF_4，SO_2F_2，SF_4，金属粉尘，微粒，AlF_3，CuF_2，WO_3，FeF_3
设备绝缘缺陷	局部放电：电晕和火花	HF，SO_2，SOF_2，SOF_4，SO_2F_2

1. 来自检修和运行中的杂质

对设备进行充气和抽真空时，SF_6 气体中可能混入空气和水蒸气；设备的内表面或绝缘材料可能释放水分到 SF_6 气体中；气体处理设备（真空泵和压缩机）中的油也可能进入 SF_6 气体中。

2. 开关设备中产生的杂质

开断电流期间，由于高温电弧导致形成 SF_6 气体分解产物、电极金属和有机材料的蒸发物或其他杂质。同时，这些产物间发生化学反应，也会形成杂质。分解产物的量取决于设备结构、设备开断次数和吸附剂的使用情况。开关设备中也可能产生触头开断中接触摩擦产生的微粒和金属粉尘。

3. 故障设备内部电弧放电产生的杂质

设备内部发生故障时产生电弧放电，在故障设备中发现的杂质与经常开断的设备中产生的杂质类似，区别在于杂质的数量。当杂质含量较大时，会产生潜在的毒性。另外，金属材料在高温下会汽化，可能形成较多的反应物。

4. 设备绝缘缺陷产生的杂质

由于设备绝缘缺陷存在局部放电，导致 SF_6 气体分解，产生的如 SF_5、SF_4 和 F 等这些杂质再与 O_2 和 H_2O 发生反应，就会形成 SF_6 气体分解产物，主要有 HF、SO_2、SOF_2、SOF_4 和 SO_2F_2 等。

（二）新气质量指标

1. SF₆ 气体制备方法

工业上普遍采用的制备方法是单质硫与过量的气态氟直接化合。

$$S + 3F_2 \longrightarrow SF_6 + Q（放热） \tag{7-1}$$

近年来，对无水 HF 中电解产生硫或含硫化合物的合成方法进行了探索。

$$MF + S + Cl_2 \longrightarrow MCl + SF_6 \tag{7-2}$$

$$MF_2 + S + Cl_2 \longrightarrow MCl_2 + SF_6 \tag{7-3}$$

2. 新气验收的抽检率

不同标准对 SF_6 新气验收的抽检要求见表 7-3。

表 7-3 SF$_6$ 新气抽检的标准要求

标准要求	每批气瓶数	抽检最少气瓶数
GB/T 8905—2012、GB/T 12022—2006	1	1
	2~40	2
	41~70	3
	71 以上	4
DL/T 941—2005	1~3	1
	4~6	2
	7~10	3
	11~20	4
	21 以上	5
DL/T 596—1996	每批产品 30%的抽检率	

3. 新气质量验收要求

国际电工委员会（IEC）和各国都制定了 SF$_6$ 新气质量标准（见表 7-4），我国按《六氟化硫电气设备中气体管理和检测导则》（GB/T 8905—2012）的规定执行。

表 7-4 SF$_6$ 新气质量的标准要求

指标名称	IEC	GB/T 8905—2012	美国 ASTMP—71	旭硝子公司
空气（N$_2$+O$_2$）	<0.05%	≤0.04%	≤0.05%	<0.05%
四氟化碳（CF$_4$）	<0.05%	≤0.04%	≤0.05%	<0.05%
湿度（H$_2$O）	<15 μL/L（−36℃）	≤5 μL/L（−49.7℃）	−50℃	<8 μL/L
酸度（以 HF 计）	<0.3 μL/L	≤0.2 μL/L	≤0.3 μL/L	<0.3 μL/L
可水解氟化物（以 HF 计）	<0.1 μL/L	≤0.1 μL/L	—	<5 μL/L
矿物油	<10 μL/L	≤4 μL/L	<5 μL/L	<5 μL/L
纯度（SF$_6$）	>99.7%（液态时测试）	≥99.9%	99.8%	>99.8%
毒性试验	无毒	无毒	无毒	无毒

（三）SF$_6$ 气体的管理

（1）对电气设备进行充气前，须确认 SF$_6$ 气体质量合格，且每批次必须具有出厂质量检测报告，每瓶必须具有出厂合格证，并按照《工业六氟化硫》（GB/T 12022—2014）中有关规定进行抽样复检。

（2）室内的 SF$_6$ 设备应安装通风换气设施，运行人员经常出入的室内设备场所每班至少换气 15min，换气量应达 3~5 倍的空间体积，抽风口应安置在室内下部。对工作人员不经常出入的设备场所，在进入前应先通风 15min。

（3）运行设备如发现表压下降，应分析原因，必要时应对设备进行全面检漏，若发现有漏气点应及时处理。

（4）当出现设备压力过高、设备构件需更换，或对设备进行维护、检修、解体时，须对设备中 SF$_6$ 气体进行回收处理。应采用气体回收装置、专用存储罐或存储钢瓶回收SF$_6$ 气体，若气体被严重污染，需选用装有再生净化处理装置的气体回收装置。

（5）存放 SF$_6$ 气瓶时，要有防晒、防潮的遮盖措施。贮存气瓶的场所必须宽敞，通风良好，且不准靠近热源及有油污的地方。气瓶安全帽、防震圈等安全防护工具必须要佩戴齐全，气瓶要分类存放、注明明显标志，存放气瓶要竖放，固定、标志向外，运输时可卧放。使用后的 SF₆ 气瓶若留存余气，须关紧阀门，盖紧瓶帽。

三、应用情况

SF₆ 气体状态检测技术主要应用于运行设备中气体质量的监督管理、运行设备状态评价及设备故障定位等方面。

设备中 SF₆ 气体质量监督管理涉及 SF₆ 新气、交接和投运前气体、运行设备气体的质量管理，使设备中 SF₆ 气体的质量指标满足现有标准要求，具有足够的绝缘强度，确保设备和电网安全运行。

对运行设备开展 SF₆ 气体状态带电检测，由于其受外界环境干扰小，可快速、准确地实现设备缺陷或故障的预判和定位，是保障 SF₆ 气体绝缘设备安全运行的有效检测手段。

开展 SF₆ 气体湿度、纯度和分解产物等带电检测，可及时、有效检测出设备中 SF₆ 气体水分超标、纯度不足及内部存在局部放热和过热等潜伏性缺陷，为运行设备状态检测及评价提供了重要参量。

SF₆ 气体分解产物检测技术对于设备故障判断有重要意义，在 GIS 设备故障定位中得到了广泛应用。正常运行 GIS 设备的 SF₆ 气体中含有一定量的 CO、CO_2、CF_4、C_3F_8 等碳化物，相邻气室内该类型杂质含量相当，若某气室检测到的碳化物含量明显大于其他气室的杂质含量时，可确定该气室为故障气室。

第二节 检 测 技 术 原 理

一、SF₆ 湿度检测技术原理

根据电力行业标准《六氟化硫电气设备中绝缘气体湿度测量方法》（DL/T 506—2007）的推荐，SF₆ 气体湿度的常用检测方法有电解法、阻容法和冷凝露点法。下面分别介绍这三种检测方法的技术原理。

（一）电解法

采用库仑法测量气体中微量水分，定量基础为法拉第电解定律。法拉第定律由下面两个定律组成：

（1）在电流作用下，被分解物质的量与通过电解质溶液的电量成正比。

（2）由相同电量析出的不同物质的量与其化学当量成正比。

根据法拉第第二定律，析出任何一摩尔物质所需的电量为 96485C。所以可以由消耗的电量来计算电解的物质量。在 SF₆ 气体湿度测量中，被电解的物质是水。测量特点是当被测气体连续通过电解池时，其中的水汽被涂敷在电解池上的五氧化二磷膜层全部吸收并电解。在一定的水分浓度和流速范围内，可以认为水分吸收的速度和电解的速度是相同的。也就是说，水分被连续吸收的同时也被连续电解。瞬时的电解电流可以看成是气体含水量瞬时值的尺度。这种湿度测量方法要求通过电解池的气体的水分必须全部被吸收。测量值是与气体流速有关的。因此测量时应有额定的流速并保持流速恒定。由测量气体的流速和电解电流便可测知气体湿度。因此该方法为绝对测量方法。

（二）阻容法

阻容法水分仪属于一种电湿度仪。这种仪器是利用吸湿物质的电学参数随湿度变化的原理借以进行湿度测量的仪器。主要有氧化铝湿度计、碳和陶瓷湿度传感器，以及利用高聚物膜和各种无机化合物晶体等制作的电阻式湿度传感器等。我们主要应用的是氧化铝湿度计。

氧化铝湿度计的测量元件是氧化铝探头，它是通过化学方法在金属铝基体表面形成一薄层金属膜，这样便构成了一个电容器。氧化铝吸附水汽后引起电抗的改变，湿度计的原理就是建立在这一电特性基础之上的。氧化铝传感器的核心部分是吸水的氧化铝膜层。

氧化铝膜层布满了相互平行的且垂直于其平面的管状微孔，并从表面一直深入氧化层的内部，多孔的氧化培膜具有很大的比表面积，对水汽有很强的吸附能力。

（三）冷凝露点法

冷凝露点法的测量系统是将气体以一定的流速通过一个金属镜面，此金属镜面用人工的方法使之冷却，当气体中的水汽随镜面的冷却达到饱和时，将有露在镜面上形成，镜面上附着的水膜和气体中的水分处于动态平衡。此时镜面温度称为露点温度，由此可以测定气体湿度。也就是说，当一定体积的湿气在恒定的总压力下被均匀降温时，在冷却的过程中，气体和水汽两者的分压力保持不变，直到气体中的水汽达到饱和状态，该状态称为露点，由测定露点温度可以测知气体湿度。

由露点法的测试原理可知，露点仪的测试系统主要分为金属镜面、制冷系统、测量系统和光电系统。

一般利用半导体制冷，其原理是利用帕尔帖效应，也就是电偶对的温差现象。目前广泛应用的电偶对是由铋碲合金与铋硒合金组成的 N 型元件，以及由铋碲合金组成的 P 型元件。冷堆由适当数目的制冷元件（N-P 电偶对）按串、并的方式连接，利用多级叠加可以获得不同程度的低温。如二级叠加可以达到－40～－45℃，三级叠加可以达到－70～－80℃，一般不宜超过三级叠加。

露点镜温度的测量一般采用热电偶、热敏电阻、铂电阻。

光电检测系统主要包括一个稳定的光源和反射光的接收系统。来自光源的平行光照到镜面上被镜面反射，反射光可以用光电管式光敏元件接收。在镜面结露之前，入射光和反射光的光通量基本是稳定的。当镜面上出现露点时，入射光就发生散射，光接收系统接收的光量就减小，光的散射量大致和露层的厚度成正比。利用光敏元件作为惠斯顿电桥的一臂，可以检出光的变化。也就是说，利用电桥状态的变化来判断露点。

在露点出现前，电桥处于不平衡状态，电桥信号输出控制半导体制冷器的制冷电流。当露点出现时，电桥达到平衡，半导体制冷器停止制冷或反向加热使镜面温度自动保持在露点附近，即自动跟踪露点。

二、SF_6 纯度检测技术原理

SF_6 气体纯度的主要检测方法有传感器法、气相色谱法、红外光谱法、声速测量原理、高压击穿法和电子捕获原理等，应用较多的有热导传感器法、气相色谱法和红外光谱法。

（一）热导传感器法

传感器法的原理是利用 SF_6 气体通过电化学传感器后，根据传感器电信号值的变化，进行 SF_6 气体含量的定性和定量测试，典型应用是热导传感器。该方法检测快速，操作简单，在现场应用较广，但传感器使用寿命有限。

纯净气体中混入杂质气体后，混合气体中的某个组分的气体含量会发生变化，必然

会引起混合气体的导热系数发生变化，通过检测气体的导热系数的变化，便可准确计算出两种气体的混合比例，由此实现对 SF_6 气体含量的检测。

目前，SF_6 气体纯度检测仪大多数采用热导传感器，其结构如图 7-2 所示，主要由参考池和测量池组成，未安装进样器和色谱柱。

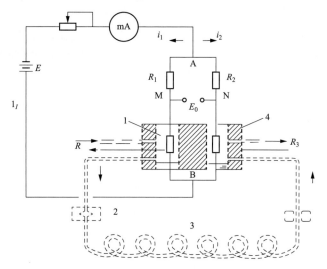

图 7-2　检测 SF_6 气体纯度的热导传感器结构

传感器内置电阻，该电阻中经过电流时，电热器起到加热作用，热量可通过电阻周围的气体传导出去，使电阻的温度降低。该电阻同时是热敏元件，温度的变化使电阻值发生变化，使电桥失衡在信号输出端产生电压差，输出的电压值与电阻周围气体的导热系数成对应关系，从而检测气体样品中的 SF_6 气体纯度。

（二）气相色谱法

该方法的原理是以惰性气体（载气）为流动相，以固体吸附剂或涂渍有固定液的固体载体为固定相的柱色谱分离技术，配合热导检测器（TCD），检测出被测气体中的空气和 CF_4 含量，从而得到 SF_6 气体纯度。

气相色谱仪由气路系统、进样系统、分离系统、温控系统和检测记录系统等构成，如图 7-3 所示。气相色谱仪的气路有单柱、双柱双气路两种，前者比较简单，后者可补偿

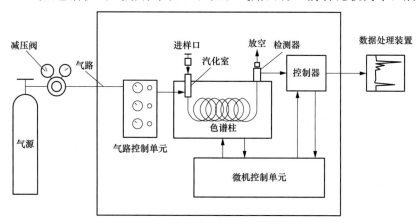

图 7-3　气相色谱仪的结构组成

因固定液流失、温度变动所造成的影响，因而基线比较稳定；进样系统包括进样装置和汽化室，气体样品可注射进样，也可用定量阀进样；色谱柱是色谱仪分离系统的核心部分，试样中各组分在色谱柱中进行分离，色谱柱主要有填充柱和毛细管柱两类；检测器将经色谱柱分离后顺序流出的化学组分的信息转变为便于记录的电信号，然后对被分离物质的组成和含量进行鉴定和测量。气相色谱检测器的性能要求是通用性强或专用性好；响应范围宽，可用于常量和痕量分析；稳定性好，噪声低；死体积小，响应快；线性范围宽，便于定量；操作简便，耐用。按照原理与检测特性，气相色谱检测器可分为浓度型检测器、质量型检测器；通用型检测器、选择性检测器；破坏性检测器、非破坏性检测器等。采用热导检测器（TCD）检测 SF_6 气体纯度。

（三）红外光谱法

利用 SF_6 气体在特定波段的红外光吸收特性，对 SF_6 气体进行定量检测，可检测出 SF_6 气体的含量。当用频率连续变化的红外光照射被分析的试样时，若该物质的分子中某个基团的振动频率与照射红外线相同就会产生共振，则此物质就能吸收这种红外光，分子振动或转动引起偶极矩的净变化，使振-转能级从基态跃迁到激发态。因此，用不同频率的红外光依次通过测定分子时，就会出现不同强度的吸收现象。红外光谱具有较高的特征性，每种化合物都具有特征的红外光谱，用它可进行物质的结构分析和定量测定。通常用透光率 $T\%$ 作为纵坐标，波长 λ 或波数 $1/\lambda$ 作为横坐标，或用峰数、峰位、峰形、峰强描述。

红外光谱仪主要分为色散型红外光谱仪和干涉型红外光谱仪（即傅里叶变换红外光谱仪）两种，通常用色散型红外光谱仪检测 SF_6 气体纯度。

三、SF_6 分解产物检测技术原理

设备中 SF_6 气体分解产物检测方法有：气相色谱法、色谱－质谱联用法、离子色谱分析法、红外吸收光谱法、检测管法、化学分析法和传感器法等，不同方法的检测原理、技术条件和适用范围各异，使用较多的有气相色谱、检测管和电化学传感器法，其中电化学传感器法在现场应用较广，提供了 SF_6 气体分解产物检测技术的应用基础。

（一）气体检测管法

气体检测管法的技术原理是利用被测气体与检测管内填充的化学试剂发生反应生成特定的化合物，引起指示剂颜色的变化，根据颜色变化指示的长度得到被测气体中所测组分的含量。

检测管可用来检测 SF_6 气体分解产物中 SO_2、HF、H_2S、CO、CO_2 和矿物油等杂质的含量，测量原理是应用化学反应与物理吸附效应的干式微量气体分析法，即"化学气体色层分离（析）法"。如图7-4所示为 SO_2 检测管（量程为 $10\mu L/L$）测量故障气体时呈现的填料变色照片。其中 HF 因具有强腐蚀性，使其现场检测手段受到较大限制，大多用气体检测管测量其含量变化。

图7-4　SO_2 气体检测管的填料变色

（二）电化学传感器法

电化学传感器技术利用被测气体在高温催化剂作用下发生的化学反应，改变传感器输出的电信号，从而确定被测气体成分及其含量。电化学传感器具有较好的选择性和灵敏度，被广泛应用于 SF₆ 气体分解产物的现场检测。

目前，已投入商业运行的传感器可检测出 SO_2、H_2S 和 CO 等气体组分，尚缺乏检测 CF_4 等其他组分的传感器。基本满足 SF₆ 气体分解产物现场检测的需求，具有检测速度快、效率高、数据处理简单、易实现联网或在线监测等优势，但应用中需解决传感器在不同气体之间的交叉干扰问题，分析仪器的温漂（零漂）特性和寿命衰减趋势，校准仪器的测量准确度和重现性等性能指标，确保 SF₆ 气体分解产物检测结果的可靠性和有效性。

（三）气相色谱法

气相色谱是以惰性气体（载气）为流动相，以固体吸附剂或涂渍有固定液的固体载体为固定相的柱色谱分离技术，配合热导检测器（TCD）、火焰光度检测器（FPD）、电子捕获检测器（ECD）、氢火焰离子化检测器（FID）和氦离子化检测器（PDD）等，可对气体样品中的硫化物、含卤素化合物和电负性化合物等物质灵敏响应，检测精度较高，主要用于实验室测试分析。

对于某些腐蚀性能或反应性能较强的物质，如 HF 气体的分析，气相色谱法难以实现；同样因气相色谱法需由标准物质进行定量，在缺乏标物的前提下，其对分析物质的鉴别功能较差。

色谱法与其他方法配合可发挥更大的作用，色谱—质谱联用可有效分离具有相同保留时间的化合物，色谱—红外联用可解决同分异构体的定性。

《从电气设备中取出六氟化硫（SF₆）的检验和处理指南及其再使用规范》（IEC 60480—2004）和《六氟化硫电气设备中气体管理和检测导则》（GB/T 8905—1996）中提出了 SF₆ 气体现场分析方法，提出采用配置 TCD 的气相色谱仪检测 SF₆ 气体中的 SO_2、SOF_2、空气和 CF_4 等杂质成分。目前，研制的便携式色相色谱仪（GC-TCD）可实现 SF₆ 气体绝缘设备内空气、CF_4 等组分的现场测试。

由载气把样品带入色谱柱，利用样品中各组分在色谱柱中的气相和固定相间的不同分配系数进行分离，通过检测器进行检测。

气相色谱仪由气路、进样、分离、温控、检测和数据处理等系统组成，目前用于设备中 SF₆ 气体分解产物的气相色谱仪主要有两种检测器配置：TCD 与 FPD 并联和双PDD 并联，其测量系统组成分别如图 7-5 和图 7-6 所示。

（四）气相色谱—质谱联合检测法

气相色谱—质谱（GC/MS）联合检测法的本质是相当于质谱作为色谱的检测器，将二者结合起来，发挥二者的优点，具有色谱的高分辨率和质谱的高灵敏度。首先利用气相色谱对样品进行分离，然后让分离得到的单一样品组分逐一进入质谱仪进行组分的定性和定量分析工作。其结构组成如图 7-7 所示。

（五）光声光谱检测法

SF₆ 光声光谱检测法是利用 SF₆ 分解组分的光声效应检测其组分浓度的一种光谱技术。该方法具有高灵敏度、多组分检测、检测快速、精度高、不消耗样气、抗干扰能力

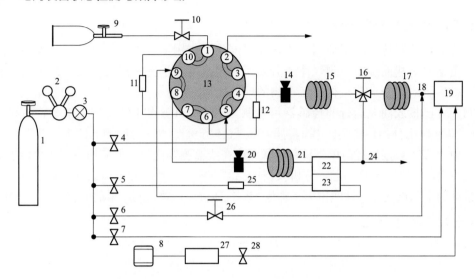

图 7-5 TCD 与 FPD 并联的色谱分析组成

1—载气瓶（H_2）；2—减压阀；3—稳压阀；4—B 路稳流阀（FPD 通道）；5—参比气稳流阀；6—补气稳流阀；

7—燃气稳流阀；8—空气泵；9—样品气气源；10—样品气截止阀；11—A 路定量管；12—B 路定量管；

13—十通进样阀；14—B 路手动进样口；15—B 路色谱柱 1；16—三通阀门；17—B 路色谱柱 2；

18—三通接头；19—FPD 检测器；20—A 路手动进样口；21—A 路色谱柱；22—TCD 检测

器测量臂；23—TCD 检测器参考臂；24—废气放空三通接头；25—缓冲管；

26—补气截止阀；27—净化管；28—空补气稳流阀

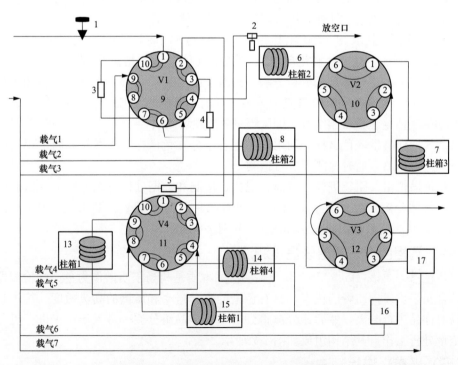

图 7-6 双 PDD 并联的色谱分析组成

1—针型阀；2—压力传感器；3—定量管 1；4—定量管 2；5—定量管 3；6—色谱柱 1；7—色谱柱 2；

8—色谱柱 3；9—十通阀 1；10—六通阀 1；11—十通阀 2；12—六通阀 2；13—色谱柱 4；14—色谱柱 5；

15—色谱柱 6；16—氦离子检测器 1；17—氦离子检测器 2

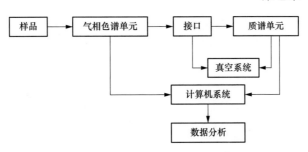

图 7-7　GC/MS 联合检测法的组成

强、适合于在线检测等优点。

　　光声池内的气体分子吸收红外光被激发到高能态，由于高能态不稳定，被激发的气体分子会通过自发辐射跃迁或无辐射跃迁回到低能态。在后一个过程中，气体分子的能量可转化为分子的平动和转动动能，宏观上表现为气体温度的上升。当体积一定时，温度升高会使气体压力增大。如果对入射光源进行调制，使其强度呈周期性的变化，光声池内的气体温度会以相同的频率变化，从而使得气体压力呈现同样周期的变化。当调制频率在声频范围内时，便会产生声信号。气体光声信号的技术原理如图 7-8 所示，主要包括：

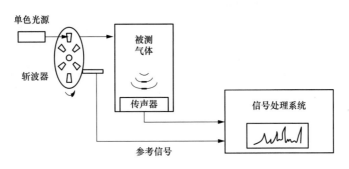

图 7-8　光声光谱检测法的检测过程原理图

　　1）气体分子吸收特定波长的红外光，由基态跃迁至激发态。
　　2）处于激发态的气体分子通过无辐射的弛豫现象，即分子间的碰撞，将吸收的光能量转换为分子的平动动能，宏观上表现为气体温度上升。当气体体积一定时，温度上升，气体压强会增大。
　　3）如果以一定的频率对入射光强度进行调制，气体压强便会出现与调制频率一致的周期性变化。当调制频率处于声频范围内时，就会产生声信号。

第三节　检测及诊断方法

一、湿度检测方法与诊断

　　SF₆ 电气设备中气体湿度可以用冷凝露点式、电阻电容式湿度计和电解式湿度计测量。采用导入式的取样方法，取样点必须设置在足以获得代表性气体的位置并就近取样。测量时将湿度计与待检测设备用气路接口连接，连接方法如图 7-9 所示。检测完成后，

应检查被测设备 SF_6 气体逆止阀恢复状态，用便携式 SF_6 气体检漏仪对 SF_6 气体接口逆止阀进行检漏，确认无泄漏后旋上保护盖帽。

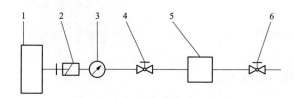

图 7-9　检测连接图

1—待测电气设备；2—气路接口（连接设备与仪器）；3—压力表；
4—仪器入口阀门；5—测试仪器；6—仪器出口阀门

（一）冷凝露点法

1. 检测步骤

冷凝式露点仪采用导入式的取样方法。取样点必须设置在足以获得代表性气样的位置并就近取样；取样阀选用死体积小的针阀。取样管道不宜过长，管道内壁应光滑清洁；管道无渗漏，管道壁厚应满足要求；当测量准确度较低或测量时间较长时，可以适当增大取样总流量，在气样进入仪器之前设置旁通分道。

取样时，环境温度应高于气样露点温度至少 3℃，否则要对整个取样系统以及仪器排气口的气路系统采取升温措施，以免因冷壁效应而改变气样的湿度或造成冷凝堵塞。

根据取样系统的结构、气体湿度的大小用被测气体对气路系统分别进行不同流量、不同时间的吹洗，以保证测量结果的准确性；测量时缓慢开启调节阀，仔细调节气体压力和流速。测量过程中保持测量流量稳定，并从仪器直接读取露点值。检测过程中随时监测被测设备的气体压力，防止气体压力异常下降。

2. 注意事项

（1）仪器开机充分预热。

（2）若对露层传感器表面污染误差无自动补偿功能，或者此表面污染严重时，均须用适当溶剂对其做人工清洗。

（3） SF_6 设备的取样口与湿度仪进气端的连接管道要尽可能短，检查测试气路系统所有接头的气密性，确保无泄漏。

（4）进气口的过滤器应定期清洗，以保持气路清洁畅通。

（5）测量时缓慢开启调节阀，仔细调节气体压力和流速。测量过程中保持测量流量稳定，并随时检测被测设备的气体压力，防止设备压力异常下降。

（6）测量完毕后，用干燥氮气（N_2）吹扫仪器 15～20min 后，关闭仪器，封好仪器气路进出口以备用。

（二）电阻电容法

1. 检测步骤

取样方法与冷凝露点法一致，并采用 SF_6 气体检漏仪对仪器气路系统进行试漏；有干燥保护旋钮的仪器，将旋钮放置到正常测量位置；流量调节阀旋至最小位置，即关闭流量；测量时缓慢开启调节阀，仔细调节气体压力和流速。测量过程中保持测量流量稳定，待仪器示数稳定后读取检测结果并记录；进行检测结果初步判断，必要时进行复测；检测完毕后，关闭取样阀门，断开仪器管路与取样口连接，检查保证无泄漏。

2. 注意事项

（1）仪器开机充分预热。

（2）湿敏元件的感湿部分不能用手触摸，并避免受污染、腐蚀或凝露。

（3）在尘土或现场污染较大的场所使用时，一定要安装外罩或过滤器等装置。

（4）仪器应按有关规定适时校准。当仪器无温度补偿时，校准温度应尽量接近使用温度。

（5）不应在湿度接近 100％RH 的气体中长期使用。

（6）测量时缓慢开启调节阀，仔细调节气体压力和流速。测量过程中保持测量流量稳定，并随时检测被测设备的气体压力，防止设备压力异常下降。

（7）测量完毕后，用干燥氮气（N_2）吹扫仪器 15～20min 后，关闭仪器，封好仪器气路进出口以备用。

（三）电解法

1. 检测步骤

首先取样，取样方法与冷凝露点法一致，并采用 SF₆ 气体检漏仪对仪器气路系统进行试漏。

测量本底值，气样流经分子筛或五氧化二磷干燥器后导入仪器，并按规定的流量吹洗（同时电解）至达到低而稳定的数值，即为仪器的本底值（通常可达 $5\mu L/L$ 以下）当含湿量较高（$500\mu L/L$ 以上）或不宜采用干燥法时，可采用改变流量法确定仪器本底值：

将测量流量分别调节为 50mL/min 和 100mL/min，旁通流量调节为 1L/min，读数取相应的稳定示值 V_{r50} 与 V_{r100}，然后按式 $V_{r0}=2V_{r50}-V_{r100}$ 计算仪器本底值 V_{r0}：

$$V_{r0}=2V_{r50}-V_{r100} \qquad (7-4)$$

把测量流量准确调定在仪器规定的数值（通常为 100L/min），调节旁通流量约为 1L/min，在仪器示值稳定至少 3 倍时间常数后读数。

2. 注意事项

（1）气样中应尽可能不含有杂质微粒、油污及其他破坏性组分。

（2）当气样含有少量破坏性组分或清洁度较差以及湿度较高（$500\mu L/L$ 以上）时，宜采用间歇测量法。

（3）当气样湿度超过仪器测量上限时，可降低测量流量进行测量，此时仪器的测量上限应相应扩大。

（四）诊断方法

1. 判断标准

由于环境温度对设备中气体湿度有明显的影响，测量结果应折算到 20℃时的数值，结合《六氟化硫电气设备中气体管理和检测导则》（GB/T 8905—2012）和《电力设备预防性试验规程》（DL/T 596—2005）等标准及相关规程对运行设备中 SF₆ 气体检测的指标要求，具体判断标准见表 7-5。

表 7-5   SF$_6$ 电气设备的湿度控制指标（20℃）

气室	灭弧气室（μL/L）	非灭弧气室（μL/L）
交接试验值	≤150	≤250
运行值	≤300	≤500

2. 诊断

当检测得到湿度超标后，应结合气室结构来判断 SF$_6$ 设备中水分的主要来源，主要有以下四个方面的来源。

（1）SF$_6$ 新气或 SF$_6$ 再生气体中本身含有水分。在生产的过程当中混入水分是 SF$_6$ 新气中水分的主要来源，因为 SF$_6$ 在合成之后，需要经过一系列的工艺：热解、水洗和碱洗以及干燥吸附等，复杂的生产环节也导致遗留了少量的水分。SF$_6$ 再生气体中的水分主要是再生过程中过滤器工作不正常或吸附剂更换不及时造成的，向设备进行充气或补气的时候，水分就会进入设备的内部。此外 SF$_6$ 气瓶在长时间存放的过程当中，倘若气瓶的密封不好的话，那么大气当中的水分便会直接向内进行渗透，从而使得 SF$_6$ 气体当中的含水量增加。

（2）SF$_6$ 设备在组装维修检查和充补气过程当中所混入的水分。在组装以及维修检查高压电器设备的时候，也许会把空气当中所包含的水分带入设备的内部。即使设备在组装完毕之后仍需用高纯氮气冲洗以及抽真空干燥处理，但是，附着在设备的内壁上抑或是灭弧室元件以及拉杆等部件的水分也不会被全部排除干净。如果充补气管道的保存方式不当，对于管道的冲洗不完全的话，在进行充补气的时候也会造成水分进入设备的内部。

（3）绝缘材料以及设备当中的吸附剂本身含有水分。环氧树脂浇注品时 SF$_6$ 电气设备当中的固体绝缘的主要的材料，其含水量通常在 0.1% ～ 0.5% 范围中，这些在固体绝缘材料中的水分会伴随着时间的流逝而慢慢释放掉。因为吸附剂饱和失效，平衡吸附量缺乏，对于增多的水分便没有办法再进行吸收，这便造成了设备当中 SF$_6$ 气体含水量的增多。

（4）大气中的水分经由 SF$_6$ 电气设备密封薄弱环节而渗透到设备的内部。因为 SF$_6$ 高压电器设备的内部气体湿度是经由人为来进行操控的，这也导致设备内部的气体含水量比较低。内部的水蒸气气压低，但大气中水蒸气气压却相对很高。在这样的高温又高湿的条件之下，水分子便会自动从高压区往低压区进行渗透。外界的气温越高且相对湿度越大，那么内外水蒸气的气压差也就会越大，从而也导致了大气中的水分透过设备的密封薄弱环节进入设备的可能性也就越大。因为 SF$_6$ 的分子直径为 4.56×10^{-10} m，水分子的直径为 3.2×10^{-6} m，SF$_6$ 分子为球状，水分子是细长棒状，那么在内部外部水分气压差比较大的时候，水分子便很容易进入 SF$_6$ 的设备的内部。

二、纯度检测方法与诊断

（一）检测方法

1. 检测步骤

SF$_6$ 气体纯度检测现场应用最多的主要有热导传感器法。气相色谱法主要用于实验室检测，气相色谱纯度测试与气相色谱 SF_6 分解产物的测试步骤基本相同，将在下一节中详细叙述，本小节只介绍热导传感器法的检测步骤与诊断。

按照下述步骤进行 SF_6 气体纯度检测：首先记录测试现场的环境温度、湿度、压力；然后将检测仪连接至被测电气设备气体取样口，并检查保证无泄漏；流量调节阀旋至最小位置，即关闭流量；测量时缓慢开启调节阀，仔细调节气体压力和流速。测量过程中要保持测量流量的稳定。并随时监测被测设备的气体压力，防止气体压力异常下降；检测完毕后，关闭取样阀门，断开仪器管路与取样口连接，检查保证无泄漏；测量完毕后，干燥保护旋钮放置到保护状态，并关机。

2. 注意事项

（1）检查仪器完整性，确认仪器能正常工作，保证仪器电量充足或者现场交流电源满足仪器使用要求。

（2）检测前后，确认被测设备 SF_6 气体压力在规定范围内。

（3）测量管路宜用聚四氟乙烯管，壁厚不小于 1mm，内径为 2～4mm，管道应无破损，内壁应光滑清洁。

（4）测量管路长度一般不超过 6m。

（二）诊断方法

运行设备中 SF_6 气体的纯度检测指标及其处理建议见表 7-6。

表 7-6　　　　　　　　　电气设备 SF₆ 气体的纯度检测指标和评价结果

气室类型	体积比（%）	评价结果	备注
灭弧气室	≥97	正常	
	95～97	跟踪	1个月后复检
	<95	处理	抽真空，重新充气
非灭弧气室	≥95	正常	
	90～95	跟踪	1个月后复检
	<90	处理	抽真空，重新充气

当现场检测发现 SF_6 气体纯度不满足要求时，可从以下几个方面进行分析判断杂质气体的来源。

（1） SF_6 新气纯度不合格。 SF_6 气体生产过程或出厂检测未达到标准要求，及 SF_6 气体的运输过程和存放环境不符合要求， SF_6 气体储存时间过长等。

（2）充气过程带入的杂质。设备充气时，工作人员未按有关规程和检修工艺要求进行操作，如：设备真空度不够，气体管路材质、管路和接口密封性不符合要求等，导致杂质进入 SF_6 气体。

（3）绝缘件吸附的杂质。设备生产厂家在装配前对绝缘未做干燥处理或干燥处理不合格；解体检修设备时，绝缘件暴露在空气中的时间过长。

（4）设备内部缺陷产生的杂质。设备运行中，若发生了局放、过热等潜伏性缺陷或故障时，会产生硫化物、碳化物等 SF_6 气体分解产物，从而导致设备中 SF_6 气体纯度不足。

三、分解产物检测方法与诊断

目前应用较多的 SF_6 分解产物检测方法主要有电化学传感器法、气体检测管法和气相色谱法，下面分别介绍这三种方法的检测步骤和诊断标准。

（一）电化学传感器检测法

1. 检测步骤

（1）检测前，应检查测量仪器电量，若电量不足应及时充电，用高纯度 SF_6 气体冲洗检测仪器，直至仪器示值稳定在零点漂移值以下，对有软件置零功能的仪器进行清零。

（2）用气体管路接口连接检测仪与设备，采用导入式取样方法测量 SF_6 气体分解产物的组分及其含量。检测用气体管路不宜超过 5m，保证接头匹配、密封性好。不得发生气体泄漏现象。

（3）检测仪气体出口应接试验尾气回收装置或气体收集袋，对测量尾气进行回收。若仪器本身带有回收功能，则启用其自带功能回收。

（4）根据检测仪操作说明书调节气体流量进行检测，根据取样气体管路的长度，先用设备中的气体充分吹扫取样管路的气体。检测过程中应保持检测流量的稳定，并随时注意观察设备气体压力，防止气体压力异常下降。

（5）根据检测仪操作说明书的要求判定检测结束时间，记录检测结果，重复检测两次。

（6）检测过程中，若检测到 SO_2 或 H_2S 气体含量大于 $10\mu L/L$ 时，应在本次检测结束后立即用 SF_6 新气对检测仪进行吹扫，至仪器示值为零

（7）检测完毕后，关闭设备的取气阀门，恢复设备至检测前状态。

2. 注意事项

（1）检测仪应在检测合格报告有效期内使用，需每年进行校验。

（2）仪器在运输及测试过程中防止碰撞挤压及剧烈振动。

（3）在测量过程中，调节针型阀时应慢慢打开，防止压力的突变，造成传感器损坏。

（4）检测完成后，恢复设备到检测前状态，检查被测设备 SF_6 气体逆止阀恢复状态，用便携式 SF_6 气体检漏仪对 SF_6 气体接口逆止阀进行检漏，确认无泄漏后旋上保护盖帽。

（二）气体检测管检测法

气体检测管法共有两种采集气体的方法，其测试步骤分别如下：

1. 气体采集装置检测方法

（1）用气体管路接口连接气体采集装置与设备取气阀门，连接气体采集装置与气体检测管。

（2）打开设备取气阀门，按照检测管使用说明书，通过气体采集装置调节气体流量，冲洗气体管路约 30s 后开始检测，达到检测时间后，关闭设备阀门，取下检测管。

（3）从检测管色柱所指示的刻度上，读取被测气体中所测组分指示刻度的最大值。

（4）检测完毕后，恢复设备至检测前状态。用 SF_6 气体检漏仪进行检漏，如发生气体泄漏，应及时维护处理。

2. 气体采样容器检测方法

（1）气体取样：连接气体采样容器取样系统如图 7-10 所示。

1）关闭针型阀门，旋转三通阀，使采集容器与真空泵接通，启动真空泵对取样系统抽真空，至取样系统中的真空压力表降为 −0.1MPa。

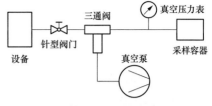

2）维持 1min，观察真空压力表指示，确定取样系统密封性能是否良好。

3）打开设备取气阀门，调节针型阀门，旋转 图 7-10 气体采样容器取样系统示意图
三通阀，将采样容器与设备接通，使设备中的气体充入采样容器中，充气压力不宜超过 0.2MPa。

4）重复步骤（1）～（3），用设备中的气体冲洗采样容器 2～3 次后开始取样，取样完毕后依次关闭采样容器的进气口、针型阀门和设备阀门，取下采样容器，贴上标签。

（2）按照采样器使用说明书，将气体检测管与气体采样容器和采样器连接，按照检测管使用说明书要求对采样容器中的气体进行检测，达到检测时间后，取下检测管，关闭采样容器的出气口。

（3）从检测管色柱所指示的刻度上，读取被测气体中所测组分指示刻度的最大值。

（4）检测完毕后，恢复设备至检测前状态。用 SF₆ 气体检漏仪进行检漏，如发生气体泄漏，应及时维护处理。

（三）气相色谱检测法

1. 检测步骤

（1）检测前准备工作：先打开载气阀门，接通主机电源，连接色谱仪主机与工作站。调节合适的载气流量，设置色谱仪工作参数、热导检测器温度和色谱柱温度等。待温度稳定后，加桥流，观察色谱工作站显示基线，确定色谱仪性能处于稳定待用状态。

（2）色谱仪标定：采用外标法，在色谱仪工作条件下，用标准气体对检测分析的 SF₆ 气体分解产物组分进样标定。

（3）气体的定量采集：将色谱仪六通阀置于取样位置，连接设备取气阀门与色谱仪取样口。按照色谱仪使用条件，打开设备阀门，控制流量，冲洗定量管及取样气体管路约 1min 后，关闭设备取气阀门。

（4）检测分析：在色谱仪稳定工作状态下，旋转六通阀至进样位置，直至工作站输出显示 CF₄ 峰，记录 CF₄ 峰面积（或峰高）。分析完毕，将六通阀转至取样位置。

（5）检测完毕后，恢复设备至检测前状态。用 SF₆ 气体检漏仪进行检漏，如发生气体泄漏，应及时维护处理。

2. 数据处理

气相色谱仪采用双 PDD 配置时，响应输出的色谱峰与组分含量成线性，直接用标准气体进行外标定量。若采用 TCD 与 PDD 并联的色谱分析流程，检测结果需进行数据处理。

气相色谱仪 TCD 检测器检测结果计算采用外标定量法，各组分含量按公式计算为：

$$C_i = \frac{A_i}{A_s} \times C_s \qquad (7\text{-}5)$$

式中：C_i 为试样中被测组分 i 的含量，$\mu L/L$；A_i 为试样中被测组分 i 的峰面积，$\mu V \cdot s$；C_s 为标气中被测组分 i 的含量，$\mu L/L$；A_s 为标气中被测组分 i 的峰面积，$\mu V \cdot s$。

气相色谱仪 FPD 检测器检测组分结果采用外标定量法，计算公式为：

$$C_i = \frac{\sqrt{A_i}}{\sqrt{A_s}} \times C_s \qquad (7\text{-}6)$$

式中：各参数含义同上。

（四）诊断方法

1. 判断标准

目前，现场检测一般均采用电化学传感器法，检测的分解气体为 SO_2、H_2S、CO 等，相关气体组分的判断标准见表 7-7 所示。由于灭弧室在开断电弧电流后会产生一定量的分解气体，因此对该气室的分解产物检测应待吸附剂将分解气体吸附或分解气体复合后进行，一般在设备正常开断额定电流及以下电流 48h 之后。

需要指出的是，由于基于 SF_6 分解产物的故障诊断方法尚未完全成熟，目前分解产物的检测灵敏度与判断标准仍不完善，对现场缺陷的诊断指导意义不大，需尽快提出更有效的特征组分气体和诊断指标。

表 7-7　　　　　　　　　　**SF₆ 电气设备的分解产物诊断标准**

分解产物	SO_2（$\mu L/L$）	H_2S（$\mu L/L$）
交接试验值	$\leqslant 1$	$\leqslant 1$
运行值	$\leqslant 1$	$\leqslant 1$

2. 诊断方法

一般来说，SF_6 开关设备由于内部绝缘缺陷导致导电金属对地放电及气体中的导电颗粒杂质引起对地放电时，释放能量较大，表现为电晕、火花或电弧放电。故障区域的 SF_6 气体、金属触头和固体绝缘材料分解，产生大量的金属氟化物、SO_2、SOF_2、H_2S、HF 等。开关设备发生气体间隙局部放电故障的能量较小，放电量约为 11500pC 左右，通常会使 SF_6 气体分解产生微量的 SO_2、HF 和 H_2S 等组分。因导电杆的连接接触不良，使导体接触电阻增大，导致故障点温度过高，当温度超过 500℃，设备内的 SF_6 气体发生分解，温度达到 600℃时，金属导电杆开始熔化，并引起支撑绝缘子材料分解。此类故障主要生成 SO_2、HF、H_2S 和氟化硫酰等分解产物，设备发生内部故障时，SF_6 气体分解产物还有 CF_4、SF_4 和 SOF_2 等物质，由于气室中存在水分和氧气，这些物质会再次发生反应生成稳定的 SO_2 和 HF 等。

因此，在放电和热分解过程中及水分作用下，SF_6 气体分解产物主要为 SO_2、SOF_2、HF 和 SO_2F_2，当故障涉及固体绝缘材料时，还会产生 CF_4、H_2S、CO 和 CO_2。另外，试验室研究结果表明，在裸金属局部放电或电晕放电情形下，产生少量 H_2S，随着故障电流增加，当故障电流大于 8kA（电极为 Cu 材料）时，能检测到较大含量的 H_2S 组分，因此，H_2S 含量与裸金属放电能量有关。

（1）放电故障。SF_6 开关设备内部出现的局部放电，体现为悬浮电位（零件松动）放电、零件间放电、绝缘物表面放电等设备潜在缺陷，这种放电以仅造成导体间的绝缘局部短（路桥）接而不形成导电通道为限，主要是由于设备受潮、零件松动、表面尖端、制造工艺差和运输过程维护不当而造成的。开关设备发生气体间隙局部放电故障的能量较小，放电量约为 11500pC 左右，通常会使 SF_6 气体分解产生微量的 SO_2、HF 和 H_2S 等气体。

SF_6 开关设备由于内部绝缘缺陷导致导电金属对地放电及气体中的导电颗粒杂质引

起对地放电时，释放能量较大，表现为电晕、火花或电弧放电，故障区域的 SF_6 气体、金属触头和固体绝缘材料分解产生大量的 SO_2、SOF_2、H_2S、HF、金属氟化物等。在电弧作用下，SF_6 气体的稳定性分解产物主要是 SOF_2，在火花放电中，SOF_2 也是主要分解物，但 SO_2F_2/SOF_2 比值有所增加，还可检测到 S_2F_{10} 和 S_2OF_{10}，分解产物含量的顺序为 SOF_2、SOF_4、SiF_4、SO_2F_2、SO_2；在电晕放电中，主要分解物仍是 SOF_2，但 SO_2F_2/SOF_2 比火花放电中的比值高。

（2）过热故障。SF_6 开关设备因导电杆连接的接触不良，使导电接触电阻增大，导致故障点温度过高。当温度超过 500℃ 时，SF_6 气体发生分解，温度达到 600℃ 时，金属导体开始熔化，并引起支撑绝缘子材料分解。试验表明，在高气压、温度高于 190℃ 下，固体绝缘材料会与 SF_6 气体发生反应，当温度更高时绝缘材料甚至直接分解。此类故障主要生成 SO_2、HF、H_2S 和 SO_2F_2 等分解产物。设备发生内部故障时，SF_6 气体分解产物还有 CF_4、SF_4 和 SOF_2 等物质，由于设备气室中存在水分和氧气，这些物质会再次发生反应生成稳定的 SO_2 和 HF 等。大量的模拟试验表明，SF_6 分解产物与材料加热温度、压强和时间紧密相关，随气体压力增加，SF_6 气体分解的初始温度降低，若受热温度上升，气体分解产物的含量随之增加。因此，在放电和热分解过程中，在水分作用下，SF_6 气体分解产物主要为 SO_2、HF、SOF_2 和 SO_2F_2，当故障涉及固体绝缘时，还会产生 CF_4、CS_2、H_2S。

（3）常见各组分的含义。SO_2 主要是 SOF_2 与水反应得到的生成物，而 SOF_2 主要是在强电弧作用下所产生的，因此可以通过 SO_2 的含量比例分析判断放电的剧烈程度，放电越剧烈，放电能量越大，SO_2 含量比例则越高。

H_2S 为有毒气体，有臭鸡蛋味。在裸金属低能量放电下，一般较少或检测不出 H_2S，只有在大故障电流下才能检测出一定含量的 H_2S 含量，因此 H_2S 含量也与放电的能量相关；此外，H_2S 还存在于与固体绝缘相关的放电中，可以通过 H_2S 组分含量的大小来考察故障是否涉及固体绝缘。在本文中因故障涉及支柱绝缘子的内部烧蚀击穿，且属于大电流故障，一般来说将会产生 H_2S 气体。

CO 为固体绝缘、绝缘漆或金属导体碳化后与 SF_6 气体反应得到，一般当局部放电涉及固体绝缘或大电流故障下 CO 才能够被检测得到，因此 CO 气体结合 H_2S 气体含量在一定程度上可以用来表征绝缘材料的劣化情况。

第四节 典型案例分析

一、某 220kV SF₆ 电流互感器的微水超标

2010 年 9 月，在开展带电检测时发现，某 220kV SF₆ 电流互感器的微水超标。三相数据分别为 139、195ppm 和 272ppm，可见 B 相偏大，C 相不合格。

查阅设备安装初期的交接试验报告得知，该设备安装初期 SF_6 微水试验合格，排除 SF_6 新气携带水分可能。从现场情况来看，该设备投运以来一直保持约 0.4MPa 的气压，因此排除密封不严导致水分渗入的可能。由于该站的其他流变均采用相同设备、相同工艺进行的设备充装，吸附剂也采用相同的处理流程，而其他流变设备微水试验合格，排除充装工艺不佳和吸附剂带入水分的可能。从含水量快速增长的趋势来看，最有可能的

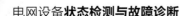

原因是电流互感器生产时，设备内部材料中吸附的大量水分未充分干燥，随着运行中吸附剂的逐步释放，造成 SF_6 气体水分不断升高。

经过查阅对比该 SF_6 流变的技术参数，发现该开关流变有七个二次绕组，准确级分别为 TPY、TPY、$5P_20$、$5P_20$、$5P_20$、0.5/0.2S、0.5/0.2S，而其他 220kV 线路开关流变有六个二次绕组，准确级分别为 $5P_20$、$5P_20$、$5P_20$、$5P_20$、0.5S、0.2S。因此开关流变的二次绕组体积要比 220kV 线路流变的二次绕组大很多，但是通过向厂家了解，二者的干燥处理工艺完全一样，并未对开关流变加强干燥处理，导致流变内部绕组未干燥彻底，随着时间的延长，固体绝缘材料中的水分逐步释放出来，导致 SF_6 微水超标。

二、某 550kV GIS 耐压击穿故障分解产物超标

2013 年 5 月，开展某特高压站 550kV GIS 交流耐压试验，进行至第一试验区域 C 相，在升压至 579kV 时突然发生放电击穿，分析多通道超声波在线监测数据，发现 5042 断路器气室的超声波信号幅值明显大于其他气室，如图 7-11 所示，而母线和进出线处则无明显超声波信号，值得注意的是，该超声波信号一共有三次比较大的信号，其中后两次应是由 GIS 内超声波传播至盆式绝缘子或拐角处管壁所产生的声反射所致。因此，初步认定该击穿位置在 5042 断路器附近。

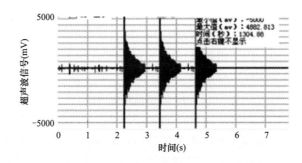

图 7-11　C 相 5042 断路器处超声波信号（549kV 放电击穿时）

经过约 3h 后，待气室 SF_6 分解物气体可能扩散至整个气室后（因断路器附近的气室均较小），对 5042 断路器间隔相关气室（50421 和 50422 隔接、50421 和 50422TA 气室）进行 SF_6 分解产物测试。为减小测量误差，在每个气室分别测量了 3 次，发现在 50421TA 气室（该处 50421 包含了 50421 隔接和 50421TA 这两个设备）检测到 SO_2 和 H_2S，而其余气室未检测到（测试结果见表 7-8）。考虑到该 GIS 内为新 SF_6 气体，微水含量耐压前一天测量合格，因此该分解产物极有可能是由放电引起的。一般认为当放电涉及固体绝缘材料时，会产生 CF_4、H_2S 和 CO 等产物，因此，结合超声波信号分析和分解物测试结果，可确认放电故障发生在 50421TA 气室，且放电可能涉及固体绝缘材料。

表 7-8　　　　　　　　　　　C 相 50421TA 气室分解物三次测试结果

分解物	测量次数		
	第一次	第二次	第三次
SO_2（ppm）	2.0	1.6	1.5
H_2S（ppm）	0.4	0	0.5

对该气室解体后发现，盆式绝缘子的凸面发生沿面闪络，如图 7-12 所示，只有一条沿面闪络痕迹。该绝缘子闪络的原因可能是盆式绝缘子附近存在杂质颗粒物，在电场的作用下不断跳动，杂质颗粒物会造成局部电场强化，大大降低 SF₆ 气体在交流电压下的击穿电压，因此当跳动至盆式绝缘子表面时易使其发生沿面闪络。

图 7-12　C 相 50421TA 盆式绝缘子沿面闪络

三、某 1100kV GIS 绝缘子故障分解产物超标

2014 年 3 月 13 日，某交流特高压变电站 Ⅱ 母第一套母差保护启动，19ms 后差动保护动作，故障电流 20.6kA。通过保护、故障录波装置，得到故障电流的分布如图 7-13 所示。分析该故障电流分布可知，故障电流在 T052 处最大达 4.3A，T051 和 T033 其次，据此可判断故障点可能位于 T052 开关至 Ⅱ 母线之间，或位于第 3 串至第 5 串之间的母线上，即图中粗线线标出段。

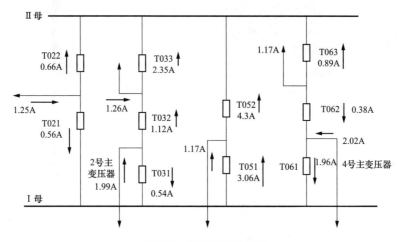

图 7-13　故障电流分布图

利用 SF₆ 分解产物测试仪对疑似故障段的气室逐个进行检测来精确定位故障点。发现预留 T053 开关间隔 C 相 5 号气室（位于 T0522 隔离开关 C 相与 T0532 隔离开关 C 相之间，总长度为 19m）存在异常 SF₆ 分解产物。为排除仪器误差，采用不同厂家的仪器重复检测，均发现该气室内存在异常分解产物，检测结果见表 7-9。同时对该气室相邻的气室进行多次检测，均未发现异常。由此可基本确定，预留 T053 开关间隔 C 相 5 号气室为故障气室。

表 7-9　　　　　　　　SF₆ 气体分解产物检测数据表（电化学传感器法）

分解物检测仪器厂家	分解产物成分及含量（μL/L）		
	SO_2	H_2S	CO
厂家 1	10.3	3.5	1.3
厂家 2	11.72	0	4.0
厂家 3	11.24	0	1.5
厂家 4	13.1	0	0

由表 7-8 可知，四个厂家仪器的 SF_6 分解产物检测数据有着或多或少的差异，特别在 H_2S 成分的检测上只有厂家 1 的仪器显示有数值，而其他三个常见厂家的仪器均没有数值，这可能与仪器的检测原理、检测阈值、检测精度等级等有关。

对该气室解体后发现，该气室内部有大量白色粉末物，该粉末物主要成分应为 AlF_3，呈白色，为 SF_6 气体在电弧放电高温下与 GIS 导体、腔体材料中的 Al 反应产生的。

如图 7-14 所示为该气室靠近 T0522 隔离开关的第一个支柱绝缘子〔正常运行时，该支柱绝缘子位于水平方向，见图 7-14（b）〕被电弧烧蚀破裂，绝缘件与金属嵌件已完全脱离。这是因为电弧温度很高可达上万度，使支柱绝缘子（主要成分为环氧树脂）内部完全碳化后导致机械强度急剧降低变脆而碎裂，图 7-14（a）中腔体底部的黑色粉末即是电弧烧蚀支柱绝缘子所形成的碳尘。将破裂的支柱绝缘子进行拼接如图 7-15 所示，可见该支柱绝缘子外表无明显闪络痕迹，仍呈乳白色，而整个内部则几乎被电弧灼烧呈黑色，可以判定为支柱绝缘子内部击穿事故。

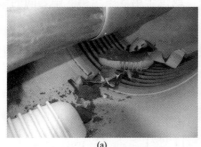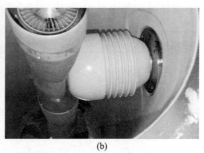

（a）　　　　　　　　　　　　　　　（b）

图 7-14　支柱绝缘子

（a）故障破裂；（b）正常运行

图 7-15　完成部分拼接的故障支柱绝缘子

第四篇
电气量检测

第八章　特高频局部放电检测

第一节　特高频局部放电检测技术基本原理

一、UHF 电磁波产生原理

UHF 技术是基于电磁波在 GIS 中的传播特点而发展起来的，对 UHF 传播特性而言，国内外大多研究成果以 GIS 为研究对象，因此本章也以 GIS 为对象介绍 UHF 电磁波的产生与传播原理，变压器、电缆等其他电力设备的 UHF 特性可参考 GIS。

SF_6 气体绝缘设备中的局部放电的脉冲持续时间很短，约为几纳秒，其波头上升时间仅为 1ns 左右，频谱中的高频分量很多，可达 GHz 数量级，可通过检测 GHz 级别的电磁波信号来达到检测局部放电的目的。因此，UHF 信号能量受 SF_6 中局放电流波形的变化程度的影响很大。日本学者 Okubo 搭建了 PD-CPWA 系统，即局放电流脉冲波形分析系统（20GS/s，4GHz），研究了不同 SF_6 气压、SF_6 与 N_2 混合气体下的局放电流波形，发现 SF_6 中针板局放电流的上升沿和下降沿时间分别为 0.5ns 和 3ns。M. D. Judd 同样采用超宽频带测试系统（13GHz，40GS/s）研究了 SF_6 中针板局放电流波形，发现正脉冲上升沿时间在 35～718ps 之间变化，最小上升沿时间为 24ps，此外在负电晕局放中发现存在多次放电脉冲的叠加波脉冲，如图 8-1 所示。

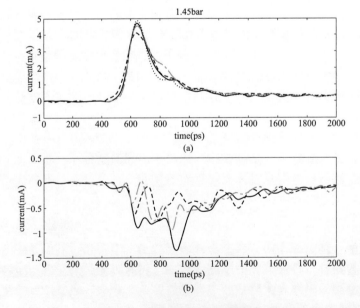

图 8-1　典型 SF_6 局放电流脉冲

(a) 为正脉冲；(b) 为负脉冲

二、UHF 电磁波传播原理

在任何均匀波导中传播的电磁波可以分为三种形式：即 TEM、TE 和 TM 波。由于 GIS 设备的有序空间组织结构可视同于一个良好的同轴波导，使得电磁波不仅以 TEM 传播，而且会激励起高次模波，即 TE 和 TM 波。对于 TE 波和 TM 波存在一个下限截止频率 f_c，一般为几百 MHz。f_c 与 GIS 的尺寸有关，GIS 截面积越大，f_c 越低。若信号频率 $f < f_c$ 时，信号迅速衰减，不能传输；当 $f > f_c$ 时，信号则基本上可无损耗地传输。如图 8-2 所示为利用时域有限差分法（FDTD）仿真得到的 252kV GIS 母线筒体的主要波导模式。同时，GIS 组件中存在多种结构（L 型、T 型）及部件（断路器、隔离开关、TA、TV、盆式绝缘子），UHF 电磁波在 GIS 中的传播过程复杂，时域与频域特性多变，因此 GIS 中电磁波的传播模式非常复杂。

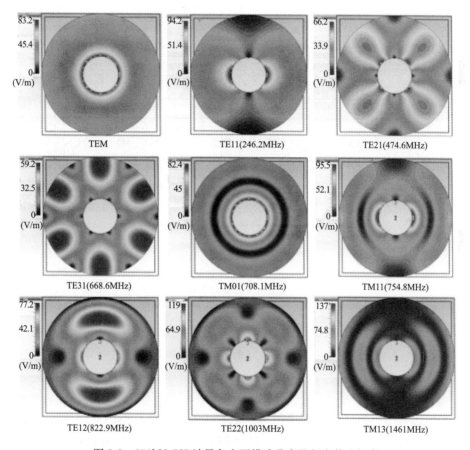

图 8-2 252kV GIS 波导各主要模式分布及相应截止频率

UHF 电磁波信号在变压器内传播时要经过多种不同的组合介质，在组合介质交界面处电磁波会发生折反射，如果两种组合介质的 μ 和 ε 相近时，入射波可几乎无反射的进入下一层介质。在变压器内部，UHF 信号在油纸绝缘介质中的衰减很小。导体对电磁波的影响很大，入射电磁波在沿曲面传播时不断沿切线向发出绕射射线，故其能量迅速衰减，对局部放电 UHF 信号的检测很不利。

UHF 电磁波在沿着 GIS 同轴腔体传播时的衰减比较小，但如果在传播过程中碰到盆式绝缘子、拐弯结构、隔离开关及断路器等不连续点，信号将必然造成衰减。一般来说，绝缘子处衰减 2～3dB，T 型接头衰减约为 8～10dB。

此外，GIS 在盆式绝缘子断面处形成了同轴波导的开口面，UHF 电磁波可从此处向外泄漏。实际上，GIS 盆式绝缘子处与金属螺栓间形成了类似于波导缝隙天线的结构，因此其泄漏电磁波的谐振频率可通过缝隙天线的理论分析得到，若缝隙的长宽分别为 $f_a = \dfrac{mc}{2\sqrt{\varepsilon_r}a}$ 和 $f_b = \dfrac{nc}{2\sqrt{\varepsilon_r}b}$ 时，因此可通过设计外置 UHF 传感器的工作频率接近该缝隙天线的谐振频率，从而达到提高检测灵敏度的目的。

因此通过在 GIS 体内或体外的盆式绝缘子处安放 UHF 传感器，则可以检测到 GIS 设备内部各种缺陷产生的 UHF 局部放电信号，如图 8-3 所示。

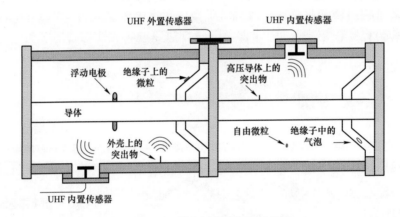

图 8-3　GIS 设备 UHF 检测示意图

$$f_a = \frac{mc}{2\sqrt{\varepsilon_r}a} \tag{8-1}$$

$$f_b = \frac{nc}{2\sqrt{\varepsilon_r}b} \tag{8-2}$$

式中：ε_r 为盆式绝缘子相对介电常数；c 为光速；m 和 n 为整数。

三、UHF 传感器原理

UHF 传感器用于耦合设备内部局部放电在 UHF 频段范围内所激发出的电磁波信号、并将其转换为电压信号，因此 UHF 传感器是 UHF 局部放电检测系统的关键，直接决定了检测系统的灵敏度。

传感器天线设计的种类可以分为微带天线、单极子天线、TEM 喇叭天线、分形天线等。因发射天线和接收天线满足互易定理，作为接收天线的 UHF 传感器的极化、方向性、阻抗特性等参数均与它用作发射天线时相同。因此在设计 UHF 传感器时，可利用发射天线的相关模型来设计 UHF 传感器。

UHF 传感器按照安装方式划分，可分为内置式和外置式传感器。内置传感器可获得较高的灵敏度（目前英国新制造的 GIS 均要求加装内置传感器），但对制造安装的要求较高，特别是对已投运的 GIS 安装内置传感器通常是不可行的，这时只能选择外置传感器。相对于内置传感器，外置传感器的灵敏度要差一些，但安装灵活、不影响系统的运行、安全性较高，因而也得到了较为广泛的应用。

对于变压器来说，由于局部放电产生的电磁波信号不能透过变压器箱体传到外面，只能通过套管和密封圈等位置传出，且衰减非常大，因此国内外 UHF 传感器大多是通过介质窗和放油阀伸进变压器内部进行信号检测。

1. 内置传感器

内置传感器中常用的是圆板式传感器、锥形传感器和平面等角螺旋传感器，其结构如图 8-4 所示。早期的内置传感器金属电极并不直接接地，而是通过同轴引出线处加装三通接头来间接接地，因此当三通接头接触不良或漏装时，其同轴引出线存在几百伏的感应电压，对人员和仪器存在安全风险。目前开发设计的内置传感器已在内部直接接地，使用安全性较高。

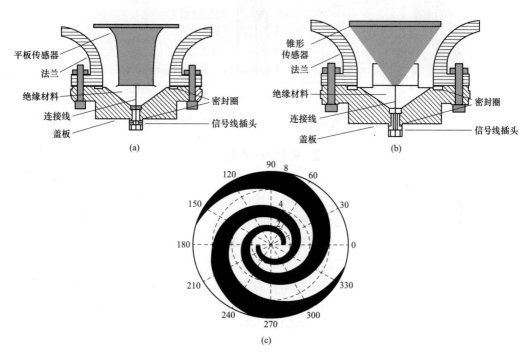

图 8-4　常见 GIS 内置式传感器结构示意图
（a）圆板式传感器；（b）锥形传感器；（c）平面等角螺旋传感器

圆板传感器频率响应曲线在 UHF 段较为优异。一般来说，局部放电信号频率越高，圆板传感器的增益越大，即圆板天线接收频率越高的信号，因此该内置式天线应用广泛。圆板的直径越大，灵敏度越高；灵敏度随介电常数的增加而先增大后减小。

锥形传感器与平板传感器结构类似，在大部分的频率范围内，锥形天线的灵敏度高于圆板形天线，尤其是最大灵敏度方面，锥形的远远高于圆板天线。

平面等角螺旋天线是由 4 条具有相同螺旋率的等角螺旋线组成，为自相似结构的天线。平面等角螺旋线在其两端都是可以无限延伸的，它可以满足宽频带天线的条件。所以在一定频率范围内可以近似认为它具有非频变天线的特性，这是平面等角螺旋天线的最大优点。一般来说，等角螺旋天线半径越大，工作频率越低，灵敏度越高。

变压器套筒天线是一种典型的单极子套筒天线，利用在普通的单极子天线外面，共轴放置一个与地连接的短金属筒，可使天线在很宽的频带内与馈线实现良好的阻抗匹配，其典型结构示意图如图 8-5 所示。

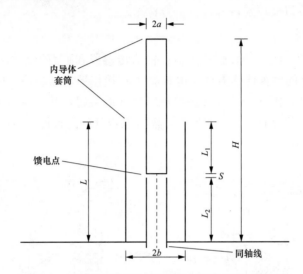

图 8-5　常见的变压器内置套筒天线传感器示意图

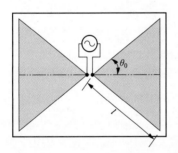

图 8-6　常见外置式传感器结构示意图

2. 外置传感器

外置式传感器主要基于微带贴片天线，由导体薄片粘贴在背面有导体接地板的介质基片上形成的天线组成，其最大辐射方向在平面的法线方向。具有体积小，重量轻、易于实现线极化和圆极化，及容易实现双频段、双极化等多功能工作的优点。如图 8-6 所示为常见的外置式传感器结构示意图，为领结型结构，其张角越大，阻抗越小，输入阻抗的变化越平稳，天线的工作频带也就越宽；而领结越大，下限截止频率越低。

3. 等效高度测试

一般 UHF 传感器采用平均有效高度表征其检测局部放电信号的能力，为 UHF 局部放电传感器将局部放电辐射的电磁波能量转换为电压信号的能力，量纲为 mm，计算公式为：

$$H_e(f) = \frac{U_0(f)}{E_i(f)} \tag{8-3}$$

UHF 传感器有效高度的测量可通过 GTEM 小室测量，其测量装置组成和原理如图 8-7 和图 8-8 所示。通过标准脉冲源向 GTEM 小室内注入标定信号，在 GTEM 小室内建立脉冲电磁场。设 $E(t)$ 为 GTEM 小室内被测天线所在位置处的电场，$u(t)$ 为天线输出的电压信号。天线的作用即是将入射电场转换为电压信号输出，根据入射电场和输出电压的关系，即可得到天线的传递函数 $H(f)$。

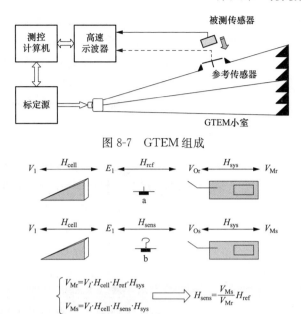

图 8-7　GTEM 组成

图 8-8　有效高度测量原理

$$\begin{cases} V_{Mr}=V_I\cdot H_{cell}\cdot H_{ref}\cdot H_{sys} \\ V_{Ms}=V_I\cdot H_{cell}\cdot H_{sens}\cdot H_{sys} \end{cases} \Rightarrow H_{sens}=\frac{V_{Ms}}{V_{Mr}}H_{ref}$$

四、UHF 局部放电检测装置原理

UHF 局放检测装置主要由 UHF 传感器、放大器、检测主机和分析诊断平台组成，如图 8-9 所示。UHF 传感器负责接收电磁波信号，并将其转变为电压信号，再经过放大器将信号放大，由检测仪主机完成信号的 A/D 转换、采集及数据处理工作。然后将预处理过的数据经过网线或 USB 数据线传送至分析诊断单元。电脑上的分析诊断软件将数据进行相位分辨的脉冲序列（PRPS）和相位分辨的局部放电（PRPD）的图谱实时显示，并可根据设定条件进行存储，同时可利用图谱库对存储的数字信号进行分析诊断，给出局部放电缺陷类型诊断结果。

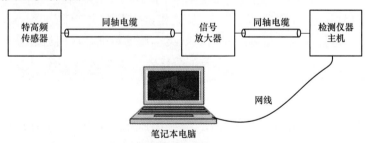

图 8-9　UHF 局放测试仪组成示意图

放大器：由于测量端点或绝缘子处辐射出的 UHF 信号很微弱，因此需要采用低噪声/高增益的 UHF 放大器来放大原始 UHF 信号。同时，为了避开空气中频率范围在 200MHz 以下的电晕干扰信号，在 UHF 放大器前可安装需要加装高通滤波器，因此放大器工作频带一般在 200～3000MHz 范围内，但在很多情况下为了避免手机通信干扰的影响，测量频带根据噪声环境相应缩减。一般放大器倍数为 20dB。

测量频带：UHF 测量通常分为宽带测量和窄带测量，宽带测量 GIS 中的局部放电可观察到局放信号在 300MHz～3GHz 频域上的信号能量分布，不同缺陷类型的局放信号在频域分布上呈现出各自特征，信息量大，因此具有较好的检测和识别效果；而用窄带法则

113

无法得到不同缺陷信号的频谱特征，但具有较高的信噪比，抗干扰能力强，检测灵敏度高。

信号处理：由于 UHF 的频段较高，如果采用全频带方式进行信号处理，将产生海量的数据，给信号处理单元带来巨大的挑战。因此，实际上国内外的公司和研究机构通常使用两种方式完成 UHF 局放信号到低频信号（0～30MHz）的转换：即调频、混频方式和检波方式。混频技术和检波技术都可以检测到放电信号的峰值，放电次数和相位。但是，混频技术可以得到更为准确的峰值数据，更为准确的放电波形，从而方便使用时频分析，聚类分析等分析工具进行分析。

第二节　特高频局部放电检测技术优缺点

一、技术优点

（1）与其他的局部放电检测方法相比，UHF 法具有其独特的抗干扰特性。一般来说，局部放电检测中所遇到的干扰信号主要是白噪声干扰、各种周期性的窄带干扰、电网中的电磁干扰（如开关操作过程中的瞬态电磁干扰等）。如高压线路与设备在空气中的电晕放电干扰是现场最为常见的干扰，其放电产生的电磁波频率主要在 200MHz 以下。UHF 法的检测频段通常为 300～3000MHz，有效地避开了现场电晕等干扰，因此具有较强的抗干扰能力。

（2）检测灵敏度相对较高。由于局部放电产生的电磁波以横向电磁波（TEM）、横向电场波（TE）和横向磁场波（TM）的方式在设备内部传播。一般来说，GIS 设备的金属同轴结构是一个良好的波导结构，UHF 频段的电磁波就可以有效地沿波导传播。一般来说，1GHz 的 UHF 信号在 GIS 直线筒中衰减仅为 3～5dB/km，而且由于电磁波在GIS 中绝缘子等不连续处反射，还会在 GIS 腔体中引起谐振，使局部放电信号振荡时间加长，便于检测。因此，UHF 法能具有很高的灵敏度。

（3）可实现缺陷类型的辨识。准确识别设备内部缺陷属性，有效评估设备状况，为设备开展状态检修提供重要依据。通过实验室模拟不同缺陷的放电特性，利用 UHF 检测信号所构造的脉冲序列相位分布模式（PRPS）、局放相位分布模式（PRPD）、局放时间分布模式等，对原始数据进行变换，得到最能反映分类本质的特征，从而通过统计特征参数法、分析特征参数法、波形特征参数法、小波特征参数法等提取缺陷本质特征和模式识别。

（4）可实现局放源的准确定位。对放电部位进行准确的定位是局放检测与诊断的关键。可根据 UHF 电磁波沿设备的幅值衰减特性和到达不同传感器之间的时间差达到定位的目的。因此，目前常用的定位方法主要有幅值强度比较法和到达时间差法等。

二、存在不足

虽然 UHF 检测法存在上述技术优势，在现场实际应用中也发现了众多设备绝缘缺陷，以下几点问题值得进一步深入研究。

（1）检测盲区。UHF 对于盆式绝缘子沿面放电该类缺陷的检测灵敏度不高。这是因为盆式绝缘子沿面放电脉冲的前沿相较于其他类型的放电要缓，其所激发的 UHF 信号也相对较弱，这与现场发生多起盆式绝缘子沿面闪络而 UHF 在线监测装置无异常信号的情形是吻合的。

（2）传感器接收性能等影响，无法实现类似于脉冲电流法的量化标定，因此也就无法凭借 UHF 信号幅值来判断局放缺陷的发展程度，难以准确评估设备的状态。

（3）危险度无法定量评估。目前 GIS 局放危险度评估最具代表性的为 CIGRE WG D1.03 工作组于 2013 年提出的基于缺陷位置、外加电压的波形和水平、放电持续时间及缺陷类型等 4 个因素所开展的缺陷击穿概率评估流程。但该项工作尚处于起步阶段，仍需大量的现场实践与应用来补充完善 GIS 危险度评估技术，为选择评估参量和设定阈值提供参考，应进行融合多种信息参量的 GIS 局部放电危险度评估技术的研究。

第三节　检　测　及　诊　断　方　法

一、检测方法

1. 检测准备工作

检测准备流程包括收集资料、明确人员分工、准备仪器及辅助工器具、许可工作票、召开班前会等工作。

（1）收集设备相关资料，包含设备数量、型号、制造厂家安装日期、内部构造、历史试验数据与相关运行工况等信息；必要时，开展作业现场勘查。

（2）明确人员分工，安排工作负责人和工作班成员，指定一人负责仪器操作，其他人员负责传感器的移动固定、测试接线等工作。必要时，设置专责监护人。

（3）检查所需仪器及工器具，确认所携带的仪器仪表及辅助工器具合格、齐备。

（4）按相关安全生产管理规定办理工作许可手续。

（5）召开班前会，检查着装情况及精神面貌，安全交底和明确工作班成员具体分工。

2. 仪器接线与检查

（1）检查仪器完整性，确认仪器外观良好，配件齐全。

（2）检查仪器电量，电量应充足或现场交流电源能满足仪器使用要求。

（3）仪器接地：接地线应先接接地端，后接仪器接地端子。

（4）仪器接线：使用同轴电缆连接传感器与测试仪主机，同轴电缆应完全展开，避免同轴电缆外皮受到刮蹭损伤，传感器的射频电缆不可扭曲受力。

（5）仪器连接电源（必要时）：在电源断开的前提下，连接仪器电源线，电源送电。

（6）开机自检：开机后，运行检测软件，检查主机通信状况、同步状态、相位偏移等参数，进行系统自检，确认仪器各检测通道、连接电缆和传感器均正常；必要时使用信号发生器分别向各检测通道注入特定信号，在实时 PRPS 图谱模式下观察接收信号，确认仪器工作正常。

（7）参数设置：设置变电站名称、被测设备等信息并做好标注。

3. 背景噪声测试

（1）将传感器悬置于空气中，由大到小调节仪器量程，将仪器调节到合适的最小量程，测量空间背景噪声值。

（2）分别测试周围六个空间方向的背景噪声值。

（3）记录六个空间方向中最大的背景噪声值。

（4）保存最大的背景噪声图谱，并记录图谱编号。

（5）根据背景噪声测试结果设定各通道信号检测阈值。

4. 传感器安装

将传感器放置在设备非金属屏蔽处或利用内置传感器进行检测，如 GIS 的非金属屏蔽的盆式绝缘子、金属屏蔽盆式绝缘子浇注口、观察窗、接地开关外露绝缘件等部位，必要时使用屏蔽带对传感器边缘进行屏蔽，抑制外部干扰信号的耦合。各设备常规测点的传感器安装方法如图 8-10～图 8-15 所示。

图 8-10　非金属屏蔽盆式绝缘子处

图 8-11　金属屏蔽盆式绝缘子浇注口处

图 8-12　GIS 内置式传感器处

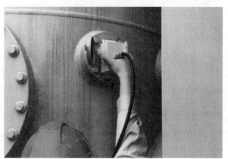
图 8-13　隔离开关观察窗处

图 8-14　GIS 电缆终端处

图 8-15　变压器内置式传感器

5. 信号检测

信号检测流程如图 8-16 所示。在完成背景信号检测后,打开连接传感器的检测通道,进入实时 PRPS 图谱模式,观察检测信号,每个测点时间不少于 30s;查看各通道实时 PRPD、PRPS 图谱,进行比较分析;保存 PRPD、PRPS 图谱,并记录图谱编号及被测点信息;测量时应尽可能保持传感器与盆式绝缘子的相对静止,避免因为传感器移动引起的信号干扰正确判断。

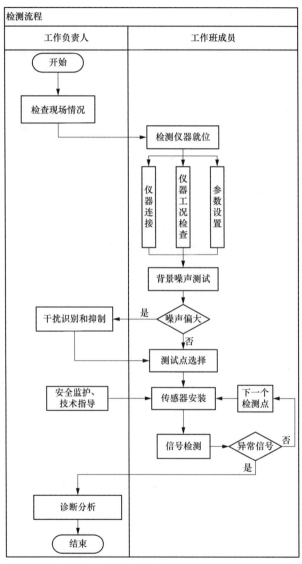

图 8-16　UHF 信号检测流程

根据相位图谱特征判断测量信号是否具备典型放电图谱特征或与背景或其他测试位置有明显不同。如出现异常特征信号,需进行干扰排除,干扰信号的抑制可采用关闭干扰源、屏蔽外部干扰、软硬件滤波、避开干扰较大时间、抑制噪声、定位干扰源等方法。如果检测信号无异常,退出并改变检测位置继续下一点检测,直到所有测点检测完毕,完成常规巡检。必要的情况下,可以接入信号放大器。

如排除干扰后,确认为内部信号,应对信号源进行强度定位和时差精确定位,并结合图谱特征判断缺陷原因。

6. 注意事项

（1）传感器应与检测部位紧密接触，避免传感器移动引起的信号干扰正确判断。

（2）传感器应放置于两根紧固盆式绝缘子螺栓的中间，以减少螺栓对内部电磁波的屏蔽及传感器与螺栓产生的外部静电干扰。

（3）在检测时应最大限度保持测试周围信号的干净，尽量减少人为制造出的干扰信号，例如：手机信号、照相机闪光灯信号、照明灯信号等。

（4）在检测过程中，应要保证外接电源的频率为50Hz。

（5）正常检测时，可不接入外置放大器进行测量，若检测发现存在微弱的异常信号时，应接入外置放大器将信号放大以方便判断。

二、分析诊断方法

1. 分析诊断流程

一般来说，UHF局放检测的分析诊断流程如图8-17所示。

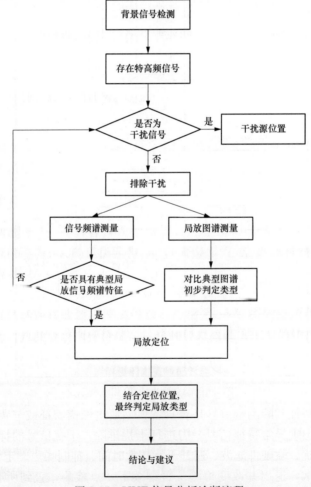

图 8-17　UHF 信号分析诊断流程

（1）排除干扰：在开始测试前，尽可能排除干扰源，如关闭荧光灯和关闭手机。

（2）采取干扰抑制措施后，如果异常信号仍然存在，记录当前测点的数据，进一步测量信号的图谱和频谱。

（3）如果信号图谱和频谱具有典型性，则对比图谱进行缺陷类型判断。

（4）进行定位：采用幅值强度或时差法等进行局放定位，结合定位位置最终判断缺陷类型。

（5）保存数据，并给出检测结论与建议。

2. 干扰识别与抑制

UHF局放检测技术虽然抗干扰能力较强，但在现场特别是户外变电站，仍然会存在各种电晕放电、白噪声、电力载波或无线电通信信号、电磁操作或电力电子器件产生的随机窄带脉冲等电磁干扰，这些干扰信号会渗透于传感器或沿信号传输线进入UHF检测系统。按频带可将干扰信号分为宽带和窄带两类，按时域波形特征划分干扰信号可分为白噪声干扰、连续的周期性干扰和脉冲性干扰三大类。

白噪声包括各种随机噪声。理论上，白噪声干扰在时域上表现为幅值服从正态分布的随机脉冲，在频域内则具有近似恒定的功率谱，能量在频域内均匀分布。

周期性窄带干扰可分为高次谐波、载波通信和工频干扰等。在UHF检测中，系统主要受到的周期性干扰信号为无线电干扰信号。我国现阶段取160MHz、450MHz、800MHz、900MHz和1800MHz频段作为陆地移动通信的工作频带。

脉冲性干扰主要由雷电脉冲、线路或设备的高压电晕放电、开关或电力电子器件操作、电焊操作等产生。此类干扰信号在时域内是持续时间很短的陡脉冲信号，在频域内是包含了丰富频率成分的宽带信号。

（1）干扰识别方法：干扰位置判断，将传感器朝向外侧，重新检测该处的空间背景噪声，如果异常信号仍存在，或信号变强，则判断该异常信号极有可能来自于外部干扰；如果背景噪声不存在异常信号，或信号减弱，则判断该异常信号可能来自于GIS内部。

当异常信号与外部信号时有时无，可采用两个UHF传感器，一个置于盆式绝缘子处，另一个置于外部空间，同时观察信号的图谱和变化来排除干扰，当盆式绝缘子处UHF信号与外部空间信号同步出现，且外部空间信号幅值高于盆式绝缘子处，可判断该异常信号为外部干扰信号。

（2）图谱判断方法：常见的干扰信号源主要有移动通信和雷达等无线电干扰、变电站架空线上尖端放电干扰、变电站高电压环境中存在的浮电位体放电干扰、照明、风机等电气设备中存在的电气接触不良产生的放电干扰、开关、隔离开关操作产生的短时放电干扰等。可根据表8-1的典型干扰信号图谱来判断是否为干扰信号。

表 8-1 典 型 干 扰 信 号 图 谱

类型	PRPS图谱	峰值检测图谱	PRPD图谱
荧光干扰			
局放信号幅值较分散，一般情况下工频相关性弱			

续表

类型	PRPS 图谱	峰值检测图谱	PRPD 图谱
移动电话干扰	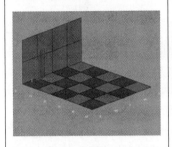	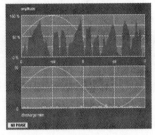	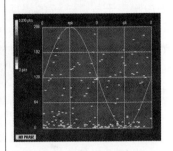
	局放信号工频相关性弱，有特定的重复频率，幅值有规律变化		
马达干扰	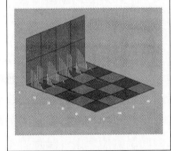	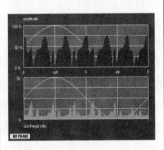	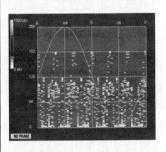
	局放信号无工频相关性，幅值分布较为分散，重复率低		
雷达干扰			
	局放信号有规律重复产生但无工频相关性，幅值有规律变化		

（3）干扰抑制方法：干扰的抑制方法包括屏蔽法、滤波法、背景干扰测量屏蔽法。

屏蔽法：干扰信号主要来自于 GIS 外部，对盆式绝缘子非金属法兰、接地开关外露绝缘件加装屏蔽带，可减小对内置式传感器的干扰。对于外置式传感器，也可在盆式绝缘子非耦合区域加装屏蔽带，可减小外部空间干扰的影响。

滤波法：对于变电站中常见的电晕放电干扰（主要集中在 200MHz 以下频段）和移动通信等确定频段的干扰信号，可以通过滤波的方法进行有效抑制。对于较强的电晕信号可采用下限截止频率为 500MHz 的高通滤波器进行抑制；对于移动通信干扰，则可采用 900MHz 等的窄带滤波器进行抑制。

背景干扰测量屏蔽法：在被检测盆式绝缘子附近放置一背景噪声传感器，同时检测周围环境中的电磁波信号。使用软件自动分析来自盆式绝缘子上的信号与来自噪声传感器的信号，并将背景噪声传感器相同的信号滤掉，从而达到抗干扰效果。

对于变电站高电压环境中存在的浮电位体放电干扰和外部电气设备中存在的电气接

触不良产生的放电干扰，其信号频谱特征和脉冲波形特征与设备内部的局部放电非常相似，难以通过滤波和屏蔽等措施有效消除，也难以有效识别和区分。对于这类外部放电产生的干扰，可以通过放电源定位或多源局放聚类分离等方法进行有效识别和排除。

3. 缺陷类型的识别

运行经验表明，因装配工艺、制造材料、运输、运行老化等问题，设备内部较常见的缺陷主要有有高压导体或壳体内部的固定突起、自由金属微粒、浮动电位电极、绝缘子内部缺陷和绝缘表面异物等。以 GIS 设备为例，其内部典型缺陷类型如图 8-18 所示。

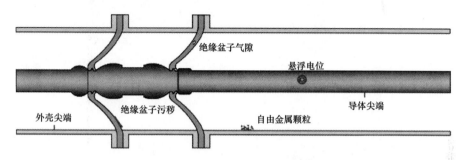

图 8-18　GIS 内部典型缺陷类型

设备中的突出物通常是由于不良加工、机械破坏或组装时的擦刮而造成的。突出物形成绝缘气体中的高场强区，对交流耐压水平影响不大，一般不会引起击穿。这是因为工频电压变化慢，所以尖端的电晕有时间建立空间电荷而变得稳定化。但在开关动作和雷电波这样的快速暂态情况下，由于没有足够的时间建立空间电荷，因此会引发故障。

自由移动的颗粒有积累电荷的能力，在交流电压下通过静电力在 GIS 筒内跳起来，这种运动和放电的可能性在很大程度上是随机的，这决定于所施加电压大小和颗粒的特性。颗粒越长且越接近高压导体，就会变得越危险。如果颗粒移动到绝缘子表面将会变得更加危险。绝缘子上颗粒会随着时间的推移使绝缘子表面老化。

绝缘盆子气隙缺陷一般可以在工厂的质量控制过程中被发现，这种气隙缺陷有可能是在产品制造时残留的，也可能是使用中由热胀冷缩形成的。气隙中分配的场强高，而气隙本身的击穿场强又低，于是在气隙中会首先产生放电。

绝缘盆子表面污秽缺陷出厂时并不出现，大部分是由于运输与安装中留下的污秽、金属异物、固定下来的金属颗粒，及绝缘试验或长期运行造成的表面裂痕等。在机械振动和静电力的作用下，可能使绝缘盆子表面微粒轻微移动，可能导致绝缘表面的长期劣化。

悬浮电极是一种与导体没有电连接或者与外壳不连接的导电元件。用于 GIS 控制危险区域的电场强度的屏蔽电极，在与高压导体或者接地外壳的电场连接时通常使用轻负载接触，这些连接部分在最初安装时虽然接触良好，但随着时间推移会老化和恶化，导致连接失败。如果失去接触会使得屏蔽电极成为电位浮动的电极。与电极相邻的浮动电极会引起放电，并最终导致失败。

UHF 缺陷类型的判断可依据检测得到的 PRPS 和 PRPD 谱图，通过与典型谱图特征进行比较后判断缺陷类型，必要时可开展 AE 局放检测、X 射线检测和 SF_6 气体成分检测等手段综合判断。具体的典型缺陷的异常 UHF 谱图见表 8-2。

表 8-2 典型缺陷的放电图谱及特征

缺陷类型	PRPD 图谱	PRPS 图谱	特征
金属尖端			放电次数较多，放电幅值分散性小，时间间隔均匀。放电的极性效应明显，通常具有显著的极性效应。放电主要集中在外施电压峰值附近
自由金属微粒			放电幅值分布较广，放电时间间隔不稳定，其极性效应不明显，在整个工频周期相位均有放电信号分布
悬浮电极			放电脉冲幅值较大且稳定，相邻放电时间间隔基本一致。当悬浮金属体不对称时，在工频周期正负半波的检测信号会出现极性差异
绝缘子表面异物（细丝缺陷靠近中心导体）			放电幅值分散性较大，放电时间间隔不稳定，极性效应不明显

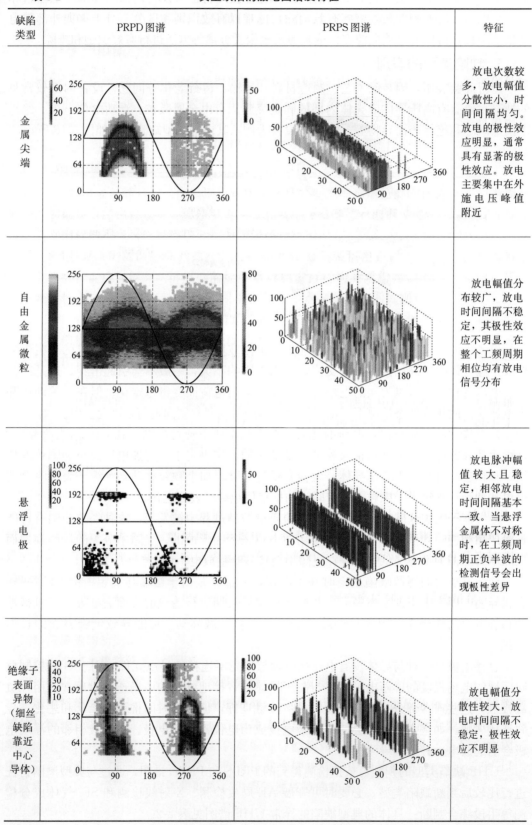

续表

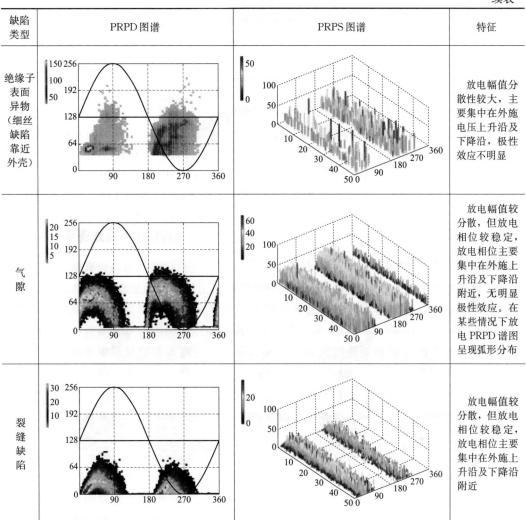

缺陷类型	PRPD 图谱	PRPS 图谱	特征
绝缘子表面异物（细丝缺陷靠近外壳）			放电幅值分散性较大，主要集中在外施电压上升沿及下降沿，极性效应不明显
气隙			放电幅值较分散，但放电相位较稳定，放电相位主要集中在外施上升沿及下降沿附近，无明显极性效应。在某些情况下放电 PRPD 谱图呈现弧形分布
裂缝缺陷			放电幅值较分散，但放电相位较稳定，放电相位主要集中在外施上升沿及下降沿附近

第四节　UHF 定位技术

应用 UHF 法可有效判别设备内部有无局部放电缺陷及相关的缺陷类型等信息，但对于结构复杂的输变电设备来说，仅仅了解设备内部是否存在局部放电是不够的，必须要结合放电源的位置对设备状态进行综合评估。放电源的准确定位能够极大地方便缺陷元件的查找及放电类型的诊断，提高检修工作效率。因此如何能快速、准确获取 UHF 局部放电信息并进行定位，掌握设备内部绝缘状况，及时消除设备隐患，保障设备安全运行，一直备受电力部门的重视。目前 UHF 局部放电定位方法主要有信号强度比较和 TDOA 即到达时间差法这两种定位方法。其中，TDOA 法的定位应用效果较好。

一、信号强度比较法

1. 基本原理

通过测试和比较不同位置上 UHF 信号的幅值，可初步判断信号源的位置，即为信号强度比较法。其基本原理是 UHF 信号在传播过程中存在衰减，与放电源的距离不同，UHF 信号的幅值衰减不同，即认为距离放电源最近的传感器检测到的信号最强。当在多个点同时检测到放电信号时，信号强度最大的测点可判断为最接近放电源的位置。

2. 定位方法

利用 UHF 电磁波信号在设备内部传播过程的衰减，将传感器分别放在设备的不同位置处，比较各处所检测得到的信号大小。其定位原则是当在多个测点同时检测到放电信号时，信号强度最大的测点可判断为最接近放电源的位置；当只在一个测点能够检测到放电信号时，此测点可判断为最接近放电源的位置。以 GIS 设备应用信号强度比较法为例，定位示意图如图 8-19 所示。在 5 个位置检测时，均可检测到放电信号，信号幅值分布如图 8-20 所示。根据图 8-20 可知，测点 1 所检出的信号幅值明显大于其他测点检出幅值，且测点 2 检出信号幅值明显大于测点 3 检出幅值，当各传感器间距离相差不大时，则可以判断局部放电源位于测点 1、测点 2 之间。

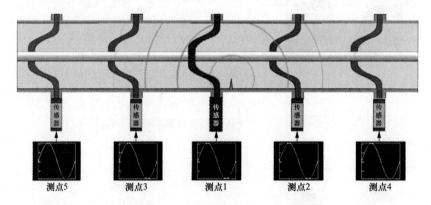

图 8-19　UHF 信号强度比较法定位示意图

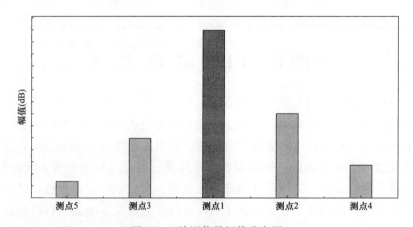

图 8-20　检测信号幅值分布图

3. 存在问题

信号强度比较法的准确性往往受到现场检测条件的限制。当放电信号很强时，在较小的距离范围内难以观察到明显的信号强度变化，使精确定位面临困难。当设备外部存在干扰放电源时，也会在不同位置产生强度类似的信号，难以有效定位，同时也难以区分设备内部或外部的放电。因此，该方法只适用于现场只有单一局部放电源时的粗略定位。

二、TDOA法

1. 基本原理

利用不同 UHF 传感器接收信号的时间差及电磁波传播速度，计算局部放电源的位置，即为 TDOA 法。其基本原理是 UHF 信号在设备内以电磁波传播速度进行传播，到达不同位置传感器的时间不同，根据测量不同传感器接收同一局部放电源的信号时间差，来计算放电源的位置，实现缺陷的准确定位。该方法的优点是原理简单、定位精度高。但由于 UHF 时间差在纳秒量级，对测量设备的带宽和采样率要求较高。因不同 UHF 信号的到达时间即波头时间对定位精度的影响较大，因此该方法的主要难点在于 UHF 信号波头时间的准确获取。

2. 定位方法

TDOA 法可以精确测量几个传感器之间接收信号的时间差，根据电磁波传播速度，计算放电源的位置。相比于信号强度比较法，TDOA 法具有可用于多放电源定位的优势。具体的 TDOA 定位适用于采用高速数字示波器所采集的信号，以 GIS 设备为例，其 UHF 定位计算方法如图 8-21 所示。将传感器分别放置在 GIS 上两个相邻的测点位置，根据放电检测信号的时间差，利用式（8-4）的方法即可计算得到局部放电源的具体位置。

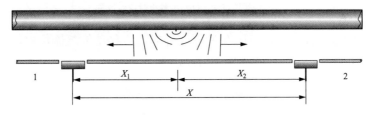

图 8-21　时差定位法

$$X_1 = 1/2(X - c\Delta t) \qquad (8-4)$$

式中：X_1 为放电源距离左侧传感器的距离，m；X 为两个传感器之间的距离，m；c 为电磁波传播速度，3×10^8 m/s；Δt 为两个传感器检测到的时域信号波头之间的时间差，s。

具体定位方法如下：

1）首先应确保用于计算时间差的 UHF 信号来自同一个内部放电源，可根据 UHF 时域信号的多周期图谱进行判断。具体为：调节高速示波器的时间单位至 10ms/格或 5ms/格，并调节示波器的幅值单位至合适值。如果从多周期图谱中可观测到两个 UHF 信号在每一周期内一一对应，则说明 UHF 信号来自同一个放电源，如图 8-22 所示。

2）当确认信号来自同一个放电源后，调节高速示波器的时间单位，将多周期的 UHF 时域信号展开至纳秒级，如图 8-23 所示。观测 UHF 信号的时间差，再根据 UHF 信号在 GIS 媒质中的传播速度和方向，根据式（8-4）计算确定放电源的位置。

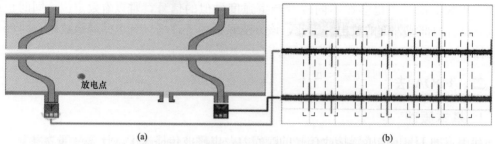

图 8-22　TDOA 定位示意图（毫秒级下）

（a）传感器布置；（b）多周期时域信号图

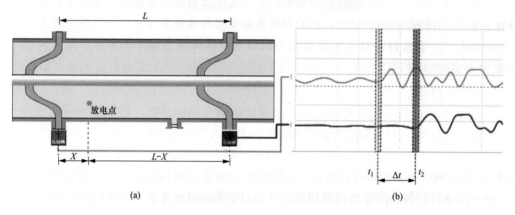

图 8-23　TDOA 定位示意图（纳秒级下）

（a）传感器布置；（b）纳秒级时域信号图

3）当局部放电点定位于两 UHF 传感器之外时，应移动传感器位置，确保局部放电点位于两 UHF 传感器之间，如图 8-24 所示。

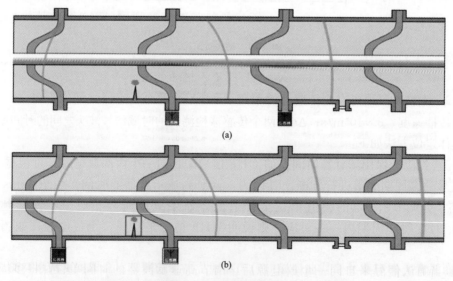

图 8-24　TDOA 定位示意图（挪动传感器的情况）

（a）定位放电源在两个传感器；（b）挪动一个传感器让放电源位于两个传感器之间

4）当局部放电点位于 T 型接头的中心区域时，也需要移动传感器进行二次定位才能确定放电源位置。此时可用三个 UHF 传感器，分别观测其中两个传感器的 UHF 信号时间差来进行定位，提高定位效率和准确性，如图 8-25 所示。

3. 存在问题

TDOA 定位原理是基于不同检测点所测量得到的 UHF 信号波头之间的时间差来计算得到放电部位。因此如果波头时间不够清晰，将无法准确得到信号的到达起始时间，定位精度将无法得到保证。因此 TDOA 法现场应用存在以下几个问题：

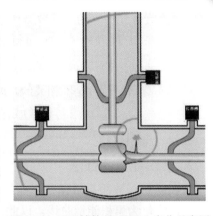

图 8-25　T 型结构的 TDOA 定位示意图

1）由于 UHF 信号的波头在纳秒级别，因此要求测量设备具有很高的采样率和频宽，才能保证测量信号的时间误差足够小。如果测量设备的采样率较低，将使波形严重失真，影响定位的精度。

2）易受到现场背景噪声的影响。当现场背景噪声较大时，UHF 信号的波头容易湮没在噪声环境中，使得难以确定波头到达时间，需进一步抑制噪声后方可准确定位。

3）传播路径易受到设备内部结构的影响，无法准确计算定位位置。TDOA 定位法需准确了解 UHF 信号的传播路径，方能准确定位信号源的位置。一般来说，在 GIS 母线的传播路径较为简单，其定位精度较高；但一旦存在绕组、铁芯、拐角等时，UHF 信号传播路径受到放电源位置、周围介质、结构等因素的影响就会较大，无法准确得到 UHF 信号传播路径，因此 TDOA 法在此类情形下的定位精度将受到影响。

三、TDOA 法中波头时间的提取

TDOA 定位法中最重要的是如何准确提取波头时间，从而通过计算多个传感器之间的波头时间差来确定放电源位置。近年来，随着军工领域中无源定位技术的逐步成熟和发展，使得 TDOA 局放定位中的波头时间提取得到了深入研究和发展，相继提出了多种波头时间提取算法，如相关函数法、累积能量拐点法、相位谱法、参量模型法等。目前应用较多的为相关函数法和累积能量拐点法。

1. 相关函数法

这种方法的基本思想是认为来自同一局部放电源的信号存在一定的相关性，且背景噪声信号与局部放电信号是不相关的，因此可以通过计算不同传感器接收的信号之间的相关系数和相关函数，就可以估计出信号到达时延。同一放电源所激发的信号在不同传感器处接收到的信号可用式（8-5）来表示。

$$\begin{cases} x_1(t) = s(t) + n_1(t) \\ x_2(t) = s(t+D) + n_2(t) \end{cases} \tag{8-5}$$

式中：$s(t)$ 为传播信号；$n_1(t)$ 和 $n_2(t)$ 为不相关的噪声；D 为信号到达两个传感器的时间差。

两个接收信号的互相关函数定义为

$$R_{x_1 x_2}(\tau) = E[x_1(t) - x_2(t-\tau)] \tag{8-6}$$

式中：τ 为信号 $x_2(t)$ 的时移数。

将式（8-5）代入式（8-6）可得，

$$R_{x_1 x_2}(\tau) = E\{[s(t) + n_1(t)][s(t - \tau + D) + n_2(t)]\} \tag{8-7}$$

$s(t)$、$n_1(t)$ 和 $n_2(t)$ 是不相关的，所以化简上式可得

$$R_{x_1 x_2}(\tau) = E[s(t)s(t - \tau + D)] = R_{ss}(\tau - D)$$

显然，当 $\tau = D$ 时，互相关函数取最大值，此时时移数 τ 即为所求的时间差。

2. 累积能量函数法

累积能量函数法是根据信号能量与信号电压的平方成正比的关系，将 UHF 信号的电压波形转化为累积能量曲线，以此更为直观地确定信号波头到达时间。其原理是当局部放电发生时，放电源将辐射出一个脉冲，该脉冲信号幅值将远大于背景噪声幅值。经过能量累积，局部放电起始点将在信号累积能量图上对应为一个拐点，精确读取的该拐点所对应的时刻，即为局部放电起始时刻。

累积能量可以按照式（8-8）进行计算：

$$E_i = \sum_{k=0}^{i} u_k^2, \quad i = 0, 1, \cdots, N \tag{8-8}$$

式中：u_i 为所测得的 UHF 信号波形中第 k 个采样点的电压值；N 为采样点数。

如图 8-26 所示即为同一时刻两路 UHF 实测信号的累积能量函数曲线。拐点处即为 UHF 信号的到达时间，比较两曲线拐点处的时间差即可获得 UHF 信号的时间差。

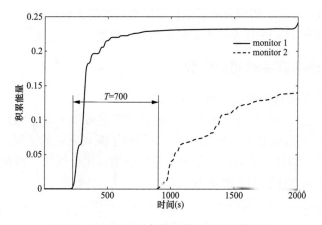

图 8-26　两路 UHF 信号的累积能量函数曲线

第五节　典型案例分析

一、某 1100kV GIS 绝缘缺陷现场 UHF 检测案例

1. 案例简介

某 1100kV GIS 设备于 2014 年 12 月投运，2015 年 5 月 29 日，现场检测人员对该 GIS 进行带电检测时，发现 I 母 C 相气室存在 UHF 异常信号，AE 法和 SF₆ 气体成分分

析均未见异常可疑信号。采用时差法对该信号源进行了定位分析，确定该异常信号源位于盆式绝缘子处，呈绝缘类缺陷，并通过脉冲注入法验证了定位位置。

2. 干扰排除与抑制

为排除因内置传感器接口接触不良、外界放电信号传播至 GIS 内而被传感器捕获到等原因而引起的局放信号，进行了逐一排查。将内置传感器接头处打开确认连接紧固无问题，并更换三通接头的避雷器（见图 8-27 中 1 处），Ⅰ 母 C 相 34 号气室处的 UHF 信号仍然存在，排除传感器自身接触不良。

图 8-27　G34 传感器接线

1—避雷器；2—内置传感器接口；3—后台数据传输口

现场查看局放 GIS 区域附近，发现外界放电信号有可能通过盆式绝缘子浇筑处辐射进入，为此对盆式绝缘子浇筑孔用金属盖板和铝箔屏蔽后，发现局放信号仍然存在，因此可基本排除外界环境放电信号的干扰。

由上述采取的手段可以排除在线监测本身存在问题以及外界环境电磁干扰因素的影响，说明此次局部放电信号来自 GIS 设备内部。

3. 传感器布置

将 Ⅰ 母 C 相 34 号气室内置传感器三通接头的避雷器端（见图 8-27）拧下，接入同轴信号线；在盆式绝缘子浇筑孔处采用外置传感器测试。测试点的各路信号线均通过放大器（放大倍数为 20dB）后接入高速示波器进行局放检测与定位。为保证定位精度，所使用的外置传感器型号一致，同轴信号线长度一致。具体测试点位置如图 8-28 所示，其中1、2、4 是外置传感器测试点，3 是内置传感器测试点。

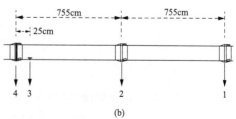

图 8-28　现场 UHF 传感器布置与定位

（a）Ⅰ 母 C 相 34 号气室 UHF 传感器布置示意图；（b）C 相 34 号气室 UHF 传感器布置与定位示意图

4. 谱图检测与分析

现场检测背景信号及 1、2、4 四处的便携式局放仪的 PRPS 和 PRPD 谱图如图 8-29

所示。可见，信号幅值在测试点 2 处最强，测试点 1、4 处信号较弱，且相差较小，因此信号源应在测试点 2 附近；同时谱图呈正负半波半弧形图谱，对比典型缺陷的 PRPS 和 PRPD 图谱如图 8-30 所示，可知该缺陷为典型的绝缘类缺陷。

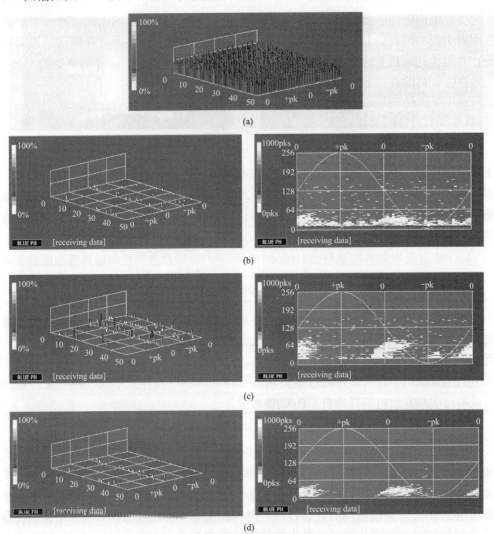

图 8-29　现场测试得到的 PRPS、PRPD 图谱

（a）背景信号；（b）测试点 1 的 PRPS 和 PRPD 图谱；

（c）测试点 2 的 PRPS 和 PRPD 图谱；（d）测试点 4 的 PRPS、PRPD 图谱

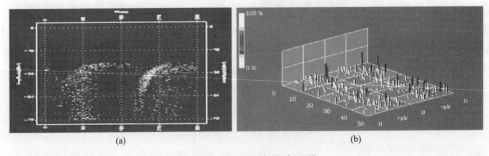

图 8-30　典型绝缘缺陷图谱

（a）PRPS 图谱；（b）PRPD 图谱

5. 频谱分析时间差定位与分析

为分析信号源的频谱特性，以便判断信号源是否具有局放典型放电频谱特征，现场采用示波器对测试点 2 处进行了信号频谱分析，呈宽频特征，如图 8-31 所示，可见，信号源的频谱主要分布在 0.8～2GHz 附近，符合局放典型放电频谱特征。

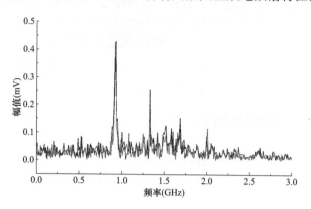

图 8-31　UHF 信号频谱特征

6. 时间差定位与分析

确定 GIS 内部存在局部放电缺陷后，采用三通道的方法来对缺陷进行定位。测试点 1、2、3 的定位结果如图 8-32（a）所示。从幅值上可知，测试点 2 处的幅值最大，峰值约为 10mV。

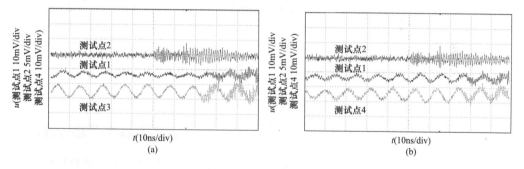

图 8-32　定位结果

（a）1、2、3 测试点的定位；（b）1、2、4 测试点的定位

对 1、2 和 3 测试点处的 UHF 信号波形分别读取时间差，见表 8-3，可以看出测试点 2 的 UHF 信号领先于测试点 1 约 26.5ns，测试点 2 领先于测试点 3 约 23ns。通过计算可知，信号源位于 2、3 测试点之间，且距测试点 2 约 20cm 处。

表 8-3　　　　　　　　　　　　　　　UHF 信号时间差平均值

参数	τ_{12}（ns）	τ_{32}（ns）
时间差平均值	26.5	23

测试点 1、2、4 的定位结果如图 8-32（b）所示。从图中可知测试点 2 处的幅值最大，峰值约为 10mV。

从表 8-4 可知，测试点 2UHF 信号领先于测试点 1 约 26ns，测试点 2 领先于测试点 4 约 26.5ns，两者时间差基本一致，说明信号源应该位于测试点 1 和 4 间的中心位置，即测试点 2 处。

表 8-4 UHF 信号时间差平均值

参数	τ_{12} （ns）	τ_{42} （ns）
时间差平均值	26	26.5

因此结合图谱和时间差分析可知，局放源可能位于测试点 2 所在的盆式绝缘子处，为绝缘类缺陷，可能存在绝缘内部气隙或沿面缺陷。

7. 脉冲信号注入验证定位

为验证局部放电源的定位位置以及在母线筒体中的传播特性，在相同结构的Ⅰ母 B 相 34 号气室对应的测试点 2 注入峰值为 50V 的脉冲信号，在 B 相对应的测试点 1、测试点 4 处接收信号，同时采用三通接头将所注入的脉冲信号通过接受天线衰减后引至示波器，结果如图 8-33 所示。

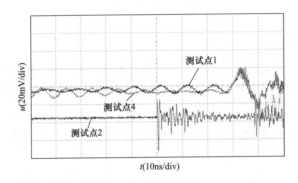

图 8-33 相同结构 B 相 1、2、4 测试点波形

从表 8-5 可知，测试点 2 脉冲信号领先于测试点 1、测试点 4 均约 26ns，两者时间差基本一致，与图 8-32 局部放电源定位结果基本吻合，因此可确认该局部放电源位于测试点 2 即盆式绝缘子处。

表 8-5 脉冲信号时间差平均值

参数	τ_{12} （ns）	τ_{42} （ns）
时间差平均值	26	26

二、某 252kV GIS 悬浮缺陷现场 UHF 检测案例

1. 案例简介

2016 年 6 月 7～8 日，检测人员对某 252 kV GIS 设备区域开展带电检测时发现某线路间隔的 C 相线路隔离开关气室存在 UHF 异常信号，且该气室及周围气室存在明显的 UHF 和 AE 信号，信号源线路隔离开关处，呈悬浮类缺陷。解体发现，该隔离开关内部绝缘拉杆与连杆之间的连接端头存在配合间隙不良，形成了电位悬浮，且局部放电导致绝缘杆的金属接头有烧蚀现象并产生黑色粉末。

2. 干扰排除

现场查看局部放电 GIS 区域，发现外界放电信号有可能通过盆式绝缘子浇筑孔辐射进入，为此对盆式绝缘子浇筑孔用金属盖板屏蔽或铝箔纸后，发现局部放电信号仍然存在，并通过内外信号时间差比较，排除外界环境放电信号的干扰。

3. 传感器布置

现场树铁 2R32 开关间隔 C 相 UHF 传感器布置如图 8-34 所示，共布置了 3 个 UHF 传感器（测试点 1、2、3）。

图 8-34　现场 UHF 传感器布置

4. 图谱检测与分析

现场测试中将传感器用铝箔进行包裹，以防外界干扰信号的进入。检测中保存了背景信号及测试点 1、2、3 三处的 UHF 信号谱图。测试点 1、测试点 2、测试点 3 背景处信号 PRPS 谱图如图 8-35 所示。从测试点 2 和 3 的信号图谱可知，存在两个信号源的 UHF 信号，分别是幅值超量程的信号和幅值约为 50% 的信号。

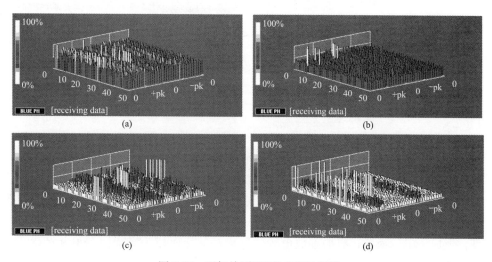

图 8-35　现场检测 UHF PRPS 图谱

（a）背景信号；（b）测试点 1 信号；（c）测试点 2 信号；（d）测试点 3 信号

对比典型缺陷的 PRPS 和 PRPD 谱图（见图 8-36）可知，图 8-36 中的局部放电谱图为典型的悬浮放电缺陷。

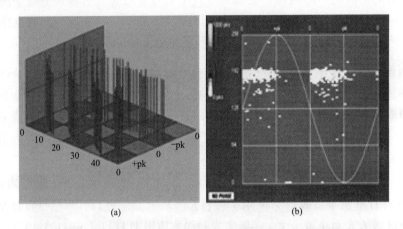

(a)   (b)

图 8-36   典型的绝缘类缺陷图谱
（a）PRPS 图谱；（b）PRPD 图谱

5. 时间差定位与分析

对测试点 1 和 2、3 进行时间差定位，测得测试点 2 信号峰值和幅值最大，分别为 1.87 V 和 1.98 V。比较信号波头时间可知，测试点 2 处信号超前于测试点 1 信号 5.3ns 和 5.5ns，超前于测试点 3 信号 0.5ns 和 0.6ns。

经时间差定位计算可知，局部放电源信号应位于测试点 2 右侧约 0.362m 处，结合现场隔离开关内部结构图，如图 8-37 所示，由图该局部放电源位置为 2R32 开关间隔 C 相线路隔离开关处，呈悬浮类缺陷，可能为绝缘拉杆与机构连杆、动触头连接处松动、动静触头接触不良等引起的局部放电信号。

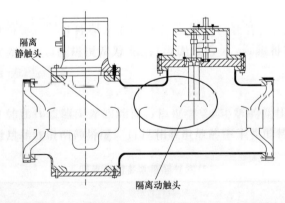

图 8-37   隔离开关内部结构图（圈标出的为定位局部放电源位置）

6. 解体验证与分析

后续停电对该隔离开关进行了检修处理，发现传动连杆与绝缘拉杆接头存在配合间隙不良，形成了电位悬浮，且局部放电导致绝缘杆的金属接头有烧蚀现象并产生了黑色粉末，如图 8-38 所示。

图 8-38 绝缘拉杆与传动连杆的接头

第九章　高频局部放电检测

第一节　高频局部放电检测技术概述

高频局部放电检测方法是用于电力设备局部放电缺陷检测与定位的常用测量方法之一，其检测频率范围通常在 3～30MHz。高频局部放电检测技术可广泛应用于高压电力电缆及其附件、变压器、电抗器、旋转电机等电力设备的局放检测，其高频脉冲电流信号可以由电感式耦合传感器或电容式耦合传感器进行耦合，也可以由特殊设计的探针对信号进行耦合。同时，高频局部放电法通过对放电的电流脉冲信号进行高速（100MS/s）宽带采样获取信号完整的时域波形；并针对不同放电及噪声间的差异提取多种信号特征，从而将不同的放电分离开来；在此基础上对每一类放电进行甄别，进而诊断设备绝缘状态。

高频局部放电检测方法，根据传感器类型主要分为电容型传感器和电感型传感器。电感型传感器中高频电流传感器（HFCT）具有便携性强、安装方便、现场抗干扰能力较好等优点，因此应用最为广泛，其工作方式是对流经电力设备的接地线、中性点接线以及电缆本体中放电脉冲电流信号进行检测，高频电流传感器多采用罗格夫斯基线圈结构。

一、技术特点

1. 技术优势

局部放电是检验变电设备绝缘性能的重要手段。分析几项常规的局部放电手段，可以发现脉冲电流法是《局部放电测量》（IEC 60270—2000）规定的常规检测方法，适用于所有的高压电力设备，应用最广泛，且具有放电量可标定的优点，但也有测试频率低、易受电磁干扰的不足。特别是随着变电设备容量的增大，脉冲电流法的检测灵敏度会大大降低，因而存在很大的局限性。超声法一般用于电力设备局部放电的辅助测量和定位，对容性试品而言，其检测的灵敏度与试品电容值无关、抗电磁干扰能力强、测试方便，因而也是行业最通用的局部放电监测手段。研究表明，超声检测反映的是放电产生的振动信号，而振动强弱与放电类型和传播路径相关，不能有效反映放电量的大小。实践也发现，通过超声法检测正常出厂的设备，经常发生因放电击穿而造成绝缘失效的故障。

高频电流法是近年来在电力领域内发展起来的一种局部放电在线检测手段，其测试频率从 300kHz 拓展至数十甚至上百兆赫兹，不仅测试灵敏度更高，而且能够更加真实而全面地反映放电的脉冲电流波形细节信息，进而通过波形特征实现电磁干扰信号的辨识，而且具有更高的脉冲分辨率、可通过波形聚类方法进行多源放电的区分和诊断。

具体而言：高频局部放电检测技术的技术优势主要表现在以下几个方面：

（1）可进行局部放电强度的量化描述。由于高频局部放电检测技术应用高频电流传感器，与传统的脉冲电流法具有类同的检测原理，在传感器及信号处理电路相对确定的情况下，可以对被测局部放电的强度进行理化描述，以便于准确评估被测电力设备局部放电的绝缘劣化程度。

（2）具有便于携带、方便应用、性价比高等优点。高频电流传感器作为一种常用的传感器，可以设计成开口 TA 的安装方式，在非嵌入方式下能够实现局放脉冲电流的非接触式检测，因此具有便于携带、方便应用的特点。

（3）检测灵敏度较高。高频电流传感器一般由环形铁氧体磁芯构成，铁氧体配合经磁化处理的陶瓷材料，对于高频信号具有很高灵敏度。局部放电发生后，放电脉冲电流将沿着接地线的轴向方向传播，即会在垂直于电流传播方向的平面上产生磁场，电感型传感器是从该磁场中耦合放电信号的。除此之外利用 HFCT 进行测量，还具有可校正的优点。

2. 局限性

（1）高频电流传感器的安装方式也限制了该检测技术的应用范围。由于高频电流传感器为开口 TA 的形式，这就需要被检测的电力设备的接地线或末屏引下线具有引出线，而且其形状和尺寸能够卡入高频电流传感器。而对于变压器套管、电流互感器、电压互感器等容性设备来说，若其末屏没有引下线，则无法应用高频局部放电检测技术进行检测。

（2）抗电磁干扰能力相对较弱。由于高频电流传感器的检测原理为电磁感应，周围及被测串联回路的电磁信号均会对检测造成干扰，影响检测信号的识别及检测结果的准确性。这就需要从频域、时域、相位分布模式等方面对干扰信号进行排除。

3. 适用范围

高频局部放电检测方法仅适用于具备接地引下线电力设备的局部放电检测，主要包括高压电力电缆及其附件、变压器铁芯及夹件、避雷器、带末屏引下线的容性设备等。

二、应用情况

随着高频局部放电检测技术的不断成熟，国家电网有限公司在高频局部放电检测应用实践上积累了大量的宝贵经验，发现了大量潜在缺陷，目前该方法已广泛应用于电力电缆及其附件、变压器、电抗器、旋转电机等电力设备局部放电检测。随着状态检修工作的不断深入，高频局部放电检测技术已列入状态检修试验规程，成为提前发现电力设备潜在缺陷的重要手段。

国家电网有限公司在推广应用高频局部放电检测技术方面做了大量卓有成效的工作。2010 年，在充分总结部分省市电力公司试点应用经验的基础上，结合状态检修工作的深入开展，国家电网公司颁布了《电力设备带电检测技术规范（试行）》和《电力设备带电检测仪器配置原则（试行）》，在国家电网公司范围内统一了高频局部放电检测的判据、周期和仪器配置标准，初步建立起完整的高频局部放电检测技术标准体系，高频局部放电检测技术在国家电网公司范围全面推广。

第二节　高频局部放电检测技术基本原理

一、高频局部放电检测基本原理

用于局部放电检测的罗氏线圈称为高频电流传感器，其有效的频率检测范围一般为 $3\sim30\mathrm{MHz}$。由于所测量的局部放电信号是微小的高频电流信号，传感器需要在较宽的频带内有较高的灵敏度。因此 HFCT 选用高磁导率的磁芯作为线圈骨架，并通常采用自积分式线圈结构。使用 HFCT 进行局部放电检测的等效电路图如图 9-1 所示。其中 $I(t)$ 为被测导体中流过的局部放电脉冲电流，M 为被测导体与 HFCT 线圈之间的互感，L_s 为线圈的自感，R_s 为线圈的等效电阻，C_s 为线圈的等效杂散电容，R 为负载积分电阻，$u_\mathrm{o}(t)$ 为 HFCT 传感器的输出电压信号 $[e(t)]$ 呢。

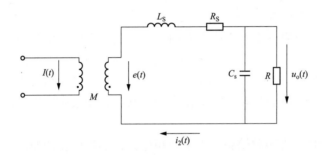

图 9-1　高频电流传感器局部放电检测等效电路图

在传感器参数满足自积分条件的情况下，忽略杂散电容 C_s，计算可得系统的传递函数为：

$$H(S) = \frac{U_\mathrm{o}(S)}{I(S)} \approx \frac{M}{L_\mathrm{s}}R = \frac{R}{N} \tag{9-1}$$

式中：N 为线圈的绕线匝数。

因此，在满足自积分条件的一段有效频带内，HFCT 的传递函数是与频率无关的常数。并且，HFCT 的灵敏度与绕线匝数 N 成反比，与积分电阻 R 成正比。

事实上，在高频段 C_s 的影响是不能忽略的。在考虑 C_s 影响的情况下，系统的传递函数 $H(S)$ 为：

$$H(S) = \frac{U_\mathrm{o}(S)}{I(S)} = \frac{MS}{L_\mathrm{s}C_\mathrm{s}S^2 + \left(\frac{L_\mathrm{s}}{R} + R_\mathrm{s}C_\mathrm{s}\right)S + \frac{R_\mathrm{s}}{R} + 1} \tag{9-2}$$

HFCT 等效电路类似于高频小信号并联谐振回路，采用高频小信号并联谐振回路理论分析可得电流传感器的频带。

下限截止频率：

$$f_1 = \frac{R + R_\mathrm{s}}{2\pi(L_\mathrm{s} + RR_\mathrm{s}C_\mathrm{s})} \approx \frac{R + R_\mathrm{s}}{2\pi L_\mathrm{s}} \tag{9-3}$$

上限截止频率：

$$f_2 = \frac{L_s + RR_sC_s}{2\pi L_sRC_s} \approx \frac{1}{2\pi RC_s} \tag{9-4}$$

在实际使用中，一般希望 HFCT 有尽可能高的灵敏度，并且在较宽的频带范围内有平滑的幅频响应曲线。同时要求 HFCT 有较强的抗工频的磁饱和能力，这是因为实际检测时不可避免地会有工频电流流过，而此时不应因磁芯饱和而影响检测结果。

二、高频局部放电检测装置组成及原理

传感器从设备处取得信号，输入主机，再通过光纤传入笔记本电脑。其余部分为采样过程，通过高速宽带采样系统记录放电电流脉冲波形。

常用的高频局部放电检测装置包括传感器、信号处理单元、信号采集单元和数据处理终端。高频局部放电检测装置结构如图 9-2 所示，装置实物图如图 9-3 所示。

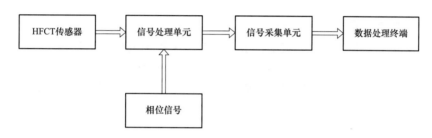

图 9-2　高频局部放电检测装置结构图

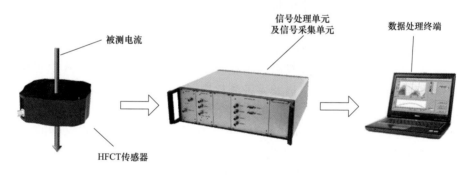

图 9-3　高频局部放电检测装置实物图

1. 传感器

高频局部放电检测 HFCT 传感器按安装位置不同主要分为接地线 HFCT 和电缆本体 HFCT。安装在电力设备接地线或电缆交叉互联系统上的 HFCT 传感器，内径一般为几十毫米；安装在单芯电力电缆本体上的 HFCT 传感器，内径一般在 100mm 以上，传感器灵敏度相对接地线 HFCT 较低。

接地线 HFCT 传感器又可根据检测需要分为分体式和整体式。分体式 HFCT 线圈可开合，方便测试时安装和拆卸，可以使用一个传感器对设备多个位置进行测量。整体式 HFCT 传感器需要在设备接地线安装时同时进行安装，适合长期监测时使用。现有的 HFCT 传感器下限截止频率大多在 1MHz 以下，上限截止频率为几十兆赫兹。一般要求传感器的－6dB 下限截止频率不高于 1MHz，上限截止频率不低于 20MHz，在输入

10MHz 正弦电流信号时传输阻抗不小于 5mV/mA［频带以及传输阻抗定义见《局部放电测量》（GB/T 7354—2016）中的规定］。

2. 信号处理单元

针对传感器的输出信号，需要进行滤波和放大。实际测量中会有各类噪声和干扰信号，因此需要配合硬件滤波器或后续数字滤波功能进行滤波。滤波过后信号幅值会有一定程度的衰减，须经过宽带放大器放大，从而达到提高局部放电信号信噪比的目的。对于具有电压同步功能的高频局部放电检测装置，可以通过外部触发信号为检测装置提供电压同步。同步信号可由分压电容、电源或工频电流互感器提供。某些高频局部放电检测仪器还会对经过滤波放大的局部放电脉冲信号进行检波处理，从而降低对后续信号处理的要求。信号处理单元的性能主要由上、下限截止频率和放大倍数来衡量。一般要求仪器能够在叠加 40～500kHz 固定频率正弦信号的情况下能够有效检测出 100pC 放电量。

3. 信号采集单元

信号采集单元主要由数据采集卡构成，将实际采集到的模拟信号转化为可供进一步处理的数字信号。信号采集单元的主要性能参数为采样率、采样分辨率、带宽以及存储深度。常用的高频局部放电检测设备采样率在 1～100ms/s。采样率越高越能够还原局部放电信号的高频分量。

4. 数据处理终端

数据处理终端往往采用笔记本电脑，安装有专门的数据处理与分析诊断软件，主要用于显示测量结果。常规高频局部放电检测装置所提供的检测结果包括：单脉冲时域波形显示、单周期（20ms）时域波形显示、多周期局部放电 $Q\text{-}\phi$ 谱图、PRPD 谱图、局部放电脉冲频谱分析等。有些仪器还具有数字滤波功能、局部放电类型模式识别功能、局部放电定位功能、多通道同步测量以及多种测量检测方法联合测量等功能。一般要求仪器的整机灵敏度不小于 100pC，并且能够有效检测且识别出电晕放电。

基于脉冲波形的局部放电诊断技术是在几十年的工作基础上逐步完善的。对每一个新采集的放电脉冲波形，分析软件都可以按相应的步骤提取几十种放电特征，再将其放电特征与专家库中的放电"指纹"相比较，运用模糊逻辑的方法，判断被测放电类型与已知放电类型的相似性，从而得出相应判断结论，再由现场的专家根据设备电气连接与机械构造情况，总结设备的绝缘状况，并给出相应维护建议，过程如图 9-4 所示。也就是通常所说的：S（信号分离）-I（局放识别）-D（诊断）过程。

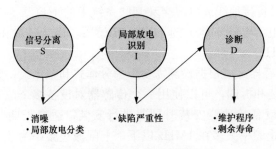

图 9-4　S-I-D 过程

第三节　高频局部放电检测及诊断方法

高频局部放电检测具有非嵌入式检测，不同电力设备结构区别较大，从而对应的高频检测方法略有不同，但检测原理及局部放电检测装置基本一致。下文将针对各种变电设备分别介绍相应的高频局部放电检测的具体诊断操作方法。

一、信号取样方法

1. 变压器类设备

对于变压器类设备，可以选择铁芯接地线、夹件接地线和套管末屏引下线上安装高频局部放电传感器。一般相位信息传感器可安装在同一接地线上或者检修电源箱等处，传感器安装时应保证电流入地方向与传感器标记方向一致。如图 9-5 所示。

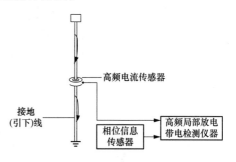

图 9-5　变压器类设备高频局部放电检测示意图

2. 电容型设备及避雷器设备

对于电容型设备和避雷器等设备，高频局部放电检测可以从设备末屏接地线和末端引下线上安装高频局部放电传感器，相位信息传感器可安装在同一接地线上或者检修电源箱等处，使用时应注意放置方向，应保证电流入地方向与传感器标记方向一致。如图 9-6 所示。

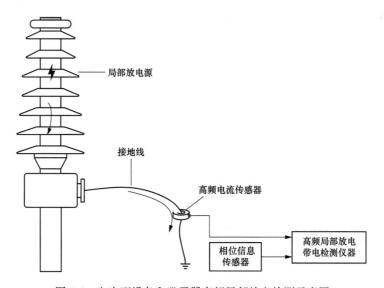

图 9-6　电容型设备和避雷器高频局部放电检测示意图

3. 电力电缆及其附件

对于电力电缆及附件，可以在电缆终端接头接地线、电缆中间接头接地线、电缆中间接头交叉互联接地线、电缆本体上安装高频局部放电传感器，在电缆单相本体上安装相位信息传感器。如果存在无外接地线的电缆终端接头，高频局部放电传感器也可以安装在该段电缆本体上，使用时应注意放置方向，应保证电流入地方向与传感器标记方向一致。如图 9-7～图 9-9 所示。

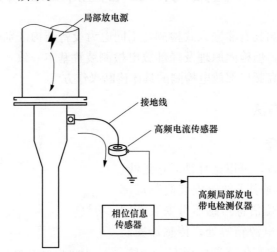

图 9-7　经电缆终端接头接地线安装传感器的高频局部放电检测原理图

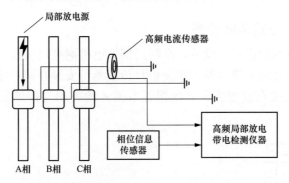

图 9-8　经电缆中间接头接地线安装传感器高频局部放电检测原理图

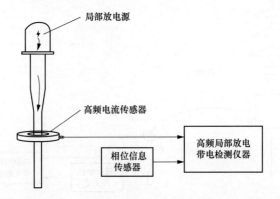

图 9-9　经电缆本体安装传感器的高频局部放电检测原理图

二、检测步骤

1. 巡检型仪器

巡检型仪器检测步骤如下：

首先可靠安装传感器和相位信息传感器；其次进行背景噪声测试。测试前将仪器调节到最小量程，测量空间背景噪声值并记录；对于有触发电平设置功能的仪器，测试中应根据现场背景干扰的强弱适当设置触发电平，使得触发电平高于背景噪声，测试时间不少于 60s，记录并存储检测数据，填写检测记录；对于异常的检测信号，可以使用诊断型仪器进行进一步的诊断分析，也可以结合其他检测方法进行综合分析。典型局部放电图谱特征见表 9-1。

表 9-1　　　　　　　　　　　　　典型高频局部放电图谱特征

情况	测试结果说明	图谱特征	放电幅值	说明
正常	无典型放电图谱	没有放电特征	没有放电波形	按正常周期进行
异常	具有局部放电特征且放电幅值较小	放电相位图谱工频（或半工频）相位分布特性不明显	小于 500mV 大于 100mV，并参考放电频率	异常情况缩短检测周期
缺陷	具有典型局部放电的检测图谱且放电幅值较大	放电相位图谱具有明显的工频（或半工频）相位特征	大于 500mV，并参考放电频率	缺陷应密切监视，观察其发展情况，必要时停电检修。通常频率越低，缺陷越严重

2. 诊断型仪器

诊断型仪器检测步骤如下：

首先安装传感器和相位信息传感器；其次进行背景噪声测试。测试前将仪器调节到最小量程，测量空间背景噪声值并记录；对于已知频带的干扰，可在传感器之后或采集系统之前加装滤波器进行抑制；对于不易滤除的干扰信号，或现场不易确定的干扰，可记录所有信号波形数据，在放电识别与诊断阶段通过分离分类技术剔除干扰；其他抗干扰措施可参考《局部放电测量》（GB/T 7354—2016）及《电力设备局部放电现场测量导则》（DL/T 417—2006）中推荐的方法；若同步信号的相位与缺陷部位的电压相位存在不一致，宜根据这些因素对局部放电图谱中参考相位进行手动校正，然后再进行下一步的分析。

如存在异常信号，应进行多次测量并对多组测量数据进行幅值对比和趋势分析，同时对附近有电气连接的电力设备进行检测，查找异常信号来源；对于异常的检测信号，可以使用其他类型仪器进行进一步的诊断分析，也可以结合其他检测方法进行综合分析。

3. 噪声抑制及干扰排除方法

对不同电力设备进行高频局部放电检测时，高频传感器耦合出来的信号并非单纯的放电信号，而是混合着电磁干扰噪声，如何将干扰噪声去除是局部放电带电检测过程中较为困难和关键的问题之一。

按照时域波形特征，外部背景噪声主要包括周期型干扰信号、脉冲型干扰信号和白噪声干扰信号。针对不同干扰信号的特征和性质，需采用不同的抑制措施。在已有的各种测量系统中，干扰信号抑制主要包括硬件和软件两个方面的措施。虽然硬件抑制方法有一定的效果，但是现场干扰会随着环境、设备负载以及运行方式的改变而改变，所以硬件抑制方法往往难以达到理想的效果。

随着数字信号处理技术的发展，高频局部放电检测中的干扰抑制措施主要依靠软件实现。目前常用的数字化抗干扰方法主要有：脉冲平均法、数字滤波法、信号相关法、神经网络法以及小波分析法。小波变换是基于非平稳信号的分析手段，在时域、频域同时具有良好的局部化性质，非常适合于不规则、瞬变信号的处理，越来越多的用于高频局部放电检测的干扰抑制措施中。

对于放电信号的区分，一方面可利用前述的抗干扰技术，将外界干扰噪声抑制到较小水平，另一方面也可通过与不同缺陷放电特征数据库进行对比，即进行放电信号的模式识别。模式识别的主要步骤包括放电信号的测量、放电信号特征提取与分类和特征指纹库比对三个步骤，从而判断所测信号是否为真实的放电信号以及是何种放电。其中一种模式识别方法是利用相位统计谱图的形状特点，通过计算统计图谱的偏斜度、陡峭度以及相互关联因素等特征参数，从而对缺陷类型进行确认和识别。另外一种是聚类分析法，该方法主要将放电信号按其各自的等效频率、等效时长或其他与波形相关的特征参量进行分类，形成时频域映射图谱。时频图谱的特点是多个放电源、不同放电类型的局部放电脉冲会被映射到不同聚点，这样便于在局部放电相位图谱上将真实放电和噪声干扰区分开来，如图 9-10 所示。

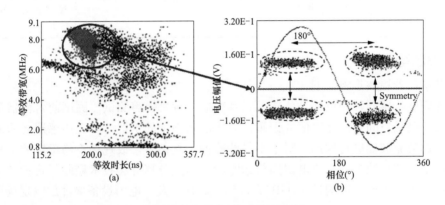

图 9-10　局部放电时频映射图谱

（a）经典图谱；（b）脉冲相位聚类图谱

4. 结果分析方法

缺陷判据及缺陷识别诊断方法如下：

（1）相同安装部位同一类设备局部放电信号的横向对比。相似设备在相似环境下检测到的局部放电信号，其测试幅值和测试谱图应比较相似，例如对同一变压器 A、B、C 三相套管的局部放电图谱进行对比，可以为确定是否有放电，同一变电站内的同类设备也可以做类似横向比较。

（2）同一设备历史数据的纵向对比。通过在较长的时间内多次测量同一设备的局部放电信号，可以跟踪设备的绝缘状态劣化趋势，如果测量值有明显增大，或出现典型局部放电图谱，可判断此测试点内存在异常，典型放电图谱参见表 9-2。

（3）若检测到有局部放电特征的信号，当放电幅值较小时，判定为异常信号；当放电特征明显，且幅值较大时，判定为缺陷信号。电力设备高频局部放电检测的指导判据参见附录 B。

表 9-2　　　　　　　　　　　　高频局部放电检测典型图谱

放电	类型图谱特征	缺陷分析
电晕放电	见图 9-11	高电位处存在单点尖端，电晕放电一般出现在电压周期的负半周。若低电位处也有尖端，则负半周出现的放电脉冲幅值较大，正半周幅值较小
内部放电	见图 9-12	存在内部局部放电，一般出现在电压周期中的第一和第三象限，正负半周均有放电，放电脉冲较密且大多对称分布
沿面放电	见图 9-13	存在沿面放电时，一般在一个半周出现的放电脉冲幅值较大、脉冲较稀，在另一半周放电脉冲幅值较小、脉冲较密

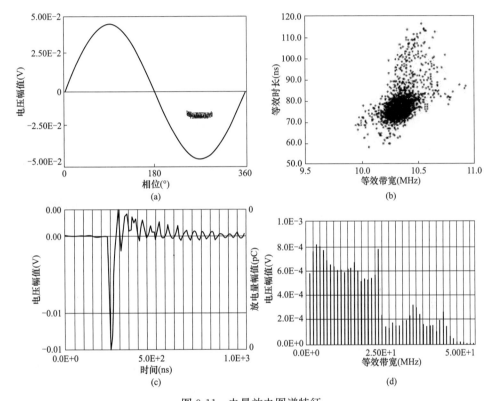

图 9-11　电晕放电图谱特征

（a）相应图谱；（b）分类图谱；（c）每个脉冲时域波形；（d）单个脉冲时域波形

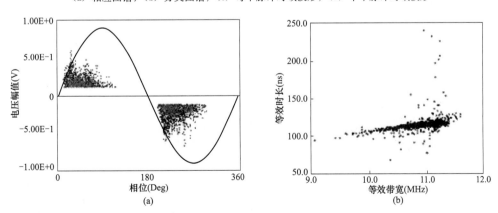

图 9-12　内部放电图谱特征（一）

（a）相位图谱；（b）分类图谱

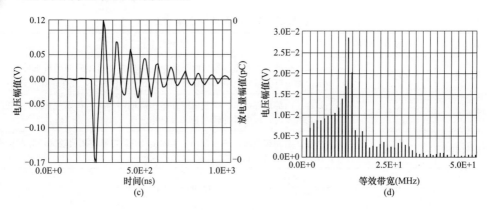

图 9-12　内部放电图谱特征（二）

（c）每个脉冲时域波形；（d）单个脉冲时域波形

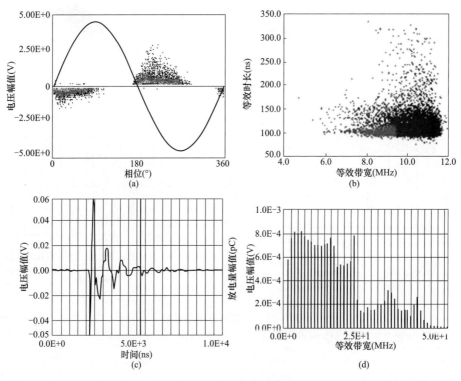

图 9-13　沿面放电图谱特征

（a）相位图谱；（b）分类图谱；（c）每个脉冲时域波形；（d）单个脉冲时域波形

（4）对于具有等效时频谱图分析功能的高频局放检测仪器，应将去噪声和信号分类后的单一放电信号与典型局部放电图谱相类比，可以判断放电类型、严重程度、放电信号远近等，高频局部放电检测的典型图谱特征参见附录 B。

同一信号源的信号（放电信号或干扰信号）具有相似的时域和频域特征，它们在时频图中会聚集在同一区域。反之，不同类型的信号在时域特征或者频域特征上则是有区别的，因此在时频图中会相互分开。按照时频图中的区域分布特征，可将信号分离分类，分类的原则可以参考表 9-3 的方法。

表 9-3　　　　　　　　　　高频局部放电信号特征

特点	参考方法	典型示例
有明显的聚团特征，具有明显的聚团中心，各团之间分区明显，没有交集	将各团所在区域划分为一类	见图 9-14（a）
有明显的聚团特征，具有明显的聚团中心，但各团之间分区不明，存在交集	将各团所在的中心区域分别划为一类	见图 9-14（b）
有明显的聚团特征，但没有明显的聚团中心，等效带宽或者等效时长的跨度较大	宜将一团划分成几个小团进行分析	见图 9-14（c）

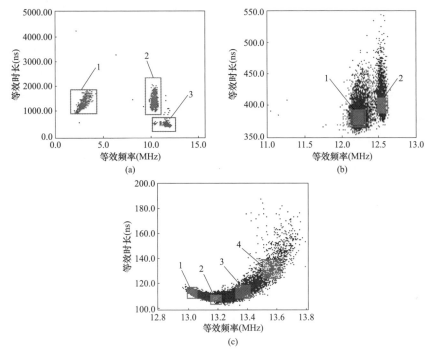

图 9-14　高频局部放电几种典型的信号分类

（a）典型事例 1；（b）典型事例 2；（c）典型事例 3

（5）对于检测到的异常及缺陷信号，要结合测试经验和其他试验项目测试结果对设备进行危险性评估。电力设备高频局部放电检测的典型案例参见第四节内容。

第四节　典型案例分析

一、220kV 主变压器乙炔异常缺陷案例

1. 案例经过

2016 年 8 月 18 日，××变 1 号主变压器在线油色谱数据显示该主变乙炔含量突增，由 $0.71\mu L/L$（8 月 17 日数值）突升至 $2.29\mu L/L$。随即运行单位安排离线取油样进行色谱分析，离线色谱分析结果显示乙炔含量为 $4.84\mu L/L$，较前一次离线油色谱数据（6 月 28 日乙炔含量为 $0.71\mu L/L$）有明显增长。随即于 2016 年 8 月 19 日开展相关带电检测，检测结果认为该台变压器接地回路存在放电可能。为确保电网安全可靠，对该台变压器进行拉停处理。2016 年 12 月 24 日，该台变压器返厂开展解体分析，解体发现铁芯旁轭

地屏有明显放电烧灼现象。

220kV ××变1号主变压器为三绕组变压器，出厂型号为SFPSZ7-150MVA/220±8×1.25%/117/37±5%kV，接线组别为YNyn0d11，冷却方式为ODAF，1999年6月出厂，2000年投运。发现乙炔异常缺陷时为迎峰度夏期间，该台变压器满负荷运行。

2. 检测分析方法

为诊断该主变压器故障性质及原因，2016年8月18日和19日对该主变压器开展了系统的带电检测试验。主要包括离线油色谱、铁芯夹件接地电流测试、高频局部放电测试、超声局部放电测试和振动特性测试，因该主变压器未安装特高频传感器，故未开展特高频局部放电检测。

（1）在线油色谱分析。××变1号主变压器在线色谱数据跟踪于2016年7月投入应用，取样间隔为每天一次，在线C_2H_2数据变化趋势如图9-15所示。其中在线油色谱装置监测的乙炔含量基本在$1\mu L/L$左右，2016年8月18日乙炔上涨至$2.29\mu L/L$，随后继续上涨维持在$4.5\mu L/L$左右，最高达$4.84\mu L/L$。

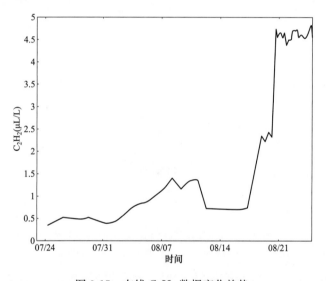

图9-15 在线C_2H_2数据变化趋势

（2）离线油色谱分析。发现在线油色谱快速增长后，立即对该主变压器进行离线油色谱取样分析，离线油色谱数据见表9-4。由表9-4可知，离线色谱乙炔数据在2016年6月28日至2016年8月18日期间发生了突增，根据各组分差值进行分析，其三比值结果为（1，0，1），显示故障类型分别为电弧放电。

表9-4　　　　　　　　　　　　　　　离 线 油 色 谱 数 据　　　　　　　　　　　　　　μL/L

测试时间	H_2	CH_4	C_2H_6	C_2H_4	C_2H_2	总烃	CO	CO_2
2016年5月16日	2.91	18.84	4.36	20.40	0.76	43.50	989.27	3721.35
2016年6月28日	2.74	22.21	5.03	21.76	0.71	49.71	955.41	4027.16
2016年8月18日	15.8	27.98	6.84	25.16	4.84	64.82	901.35	4738.34
2016年8月18日（23：30）	8.40	26.65	6.66	23.78	4.52	61.61	861.30	4618.18
2016年8月18日（差值）	13.06	5.77	1.81	3.40	4.13	15.11	0	711.18
2016年8月18日下部（差值）	5.66	4.44	1.63	2.02	3.81	11.90	0	591.02

　　将离线油色谱数据（差值）通过油色谱专家诊断系统进行缺陷诊断，诊断结果如图 9-16 所示。

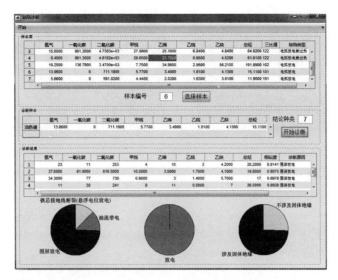

图 9-16　色谱专家诊断系统诊断结果

　　从图 9-16 中可以看出，专家诊断系统的诊断结果缺陷类型为放电故障，缺陷原因为围屏放电，缺陷部位为涉及固体绝缘，相似度前 5 位的例子见表 9-5。

表 9-5　　　　　　　　　　　　　　色谱专家诊断系统推送例子

H_2	CH_4	C_2H_6	C_2H_4	C_2H_2	C_xH_y	CO	CO_2	相似度	缺陷原因	缺陷类型	缺陷部位
23	4	2	10	4.2	20.2	11	253	0.9141	围屏放电	放电	涉及固体绝缘
37.6	10.5	1.7	3.5	4.1	19.8	61.9	616.5	0.9075	围屏放电	放电	涉及固体绝缘
34.3	6.9	1.4	3	5.7	17	77	730	0.8978	围屏放电	放电	涉及固体绝缘
11	8	0.5	11	7	26.5	30	241	0.8928	围屏放电	放电	涉及固体绝缘
42	5.4	0.85	6	6.55	18.8	39	396	0.8902	围屏放电	放电	涉及固体绝缘

　　（3）铁芯夹件接地电流测试与分析。首先开展铁芯夹件接地电流测试。实测铁芯接地电流为 6.0mA，满足规程要求；夹件接地电流为 467mA，超过规程规定的 100mA 限值。夹件接地电流超标，指示夹件回路疑似存在缺陷。

　　（4）高频局部放电测试与分析。高频局部放电测试采用天威新域生产的 TWPD-2F 多通道数字式局部放电综合分析仪，分别测试××变 1 号主变压器的铁芯、夹件以及箱壁接地电流高频局放信号，因穿心 TA 无法穿过主变中性点接地扁铁，故未对中性点电流高频局放信号进行检测，具体结果如下。

　　1）铁芯接地电流高频信号。图 9-17 所示为铁芯接地电流高频信号波形图和统计图谱，由图 9-17 可知，铁芯接地电流在正负半波上升沿附近均有较明显放电脉冲，但放电脉冲呈现正负半波不对称性，正半波的放电脉冲幅值较高、次数较多。铁芯接地电流放电脉冲中心频率为 195kHz。

　　2）夹件接地电流高频信号。图 9-18 所示为夹件接地电流高频信号波形图和统计图谱。由图 9-18 可知，夹件接地电流背景噪声较大，间歇性地出现部分放电脉冲，统计图谱显示放电信号大部分湮没于背景信号之中。夹件接地电流放电脉冲中心频率也为 195kHz。

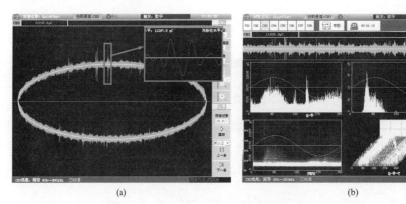

(a) (b)

图 9-17 铁芯接地电流高频信号

(a) 波形图；(b) 统计图谱

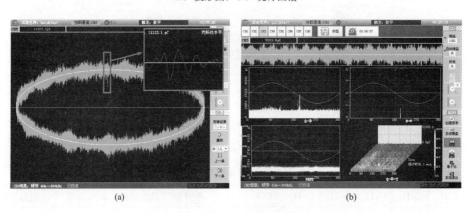

(a) (b)

图 9-18 夹件接地电流高频信号

(a) 波形图；(b) 统计图谱

3）箱壁接地电流高频信号。图 9-19 所示为箱壁接地电流高频信号波形图和统计图谱。由图 9-19 可知，主变本体油箱接地电流未见明显放电信号。

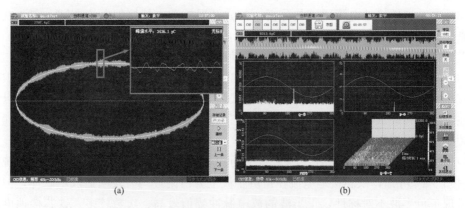

(a) (b)

图 9-19 箱壁接地电流高频信号

(a) 波形图；(b) 统计图谱

综合铁芯、夹件和油箱壁接地电流高频信号的测试结果，铁芯接地电流存在较为明显的放电信号；夹件接地电流亦存在类似放电信号但背景噪声较大，局放信号聚类特性不明显；油箱壁接低电流不存在明显放电信号。分析认为，该台主变地回路可能存在明显放电性质故障。

（5）解体验证。鉴于该主变压器乙炔增长非常迅速，且现场多种带电检测手段均指示其内部存在缺陷，经商议决定将该产品返厂解体彻底进行检查处理。2017 年 12 月 24～28 日该主变压器返厂进行吊罩检查，检查情况及分析如下。

1）开关及分接引线检查：开关各连接部位及分接线未发现松动、变色等异常现象。

2）铁芯、拉螺杆、拉板绝缘及外观检查：铁芯与拉螺杆间、拉螺杆与夹件间、拉螺杆与铁芯间、拉板与夹件间、高低压侧拉板间绝缘测量，未发现明显异常。

3）线圈解体检查：对所有高中低压及调压线圈进行解体检查，未发现明显异常。

4）套管与引线、铜排的连接：未发现松动、变色等现象。但在检查 A 相高压引线时发现引线外部绝缘纸有局部放电痕迹，剥开绝缘纸发现放电痕迹已蔓延至内部铜导线（见图 9-20）。对外包铜管对应的部位解剖后发现也有对应放电点（见图 9-21）。

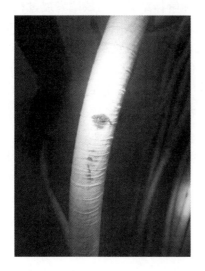 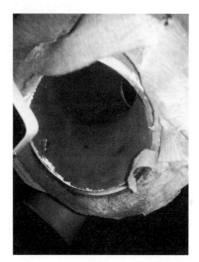

图 9-20　高压引线外部放电痕迹　　　　图 9-21　外包铜管内侧放电痕迹

（6）夹件检查。检查上夹件时发现两侧夹持件（见图 9-22）与其连接的过渡支板连接面处（见图 9-23）有碳迹。

图 9-22　夹持件内侧表面碳迹　　　　图 9-23　过渡支板连接面处碳迹

（7）两侧铁芯旁轭地屏检查：检查两侧铁芯旁轭上的地屏发现铜质地屏焊接处及其对应粘连的绝缘纸上有多处明显放电碳迹（见图 9-24～图 9-26）。

图 9-24　铜质地屏焊接　　　　图 9-25　焊接处绝缘纸　　　　图 9-26　耐热绝缘纸粘
　　　　　处放电痕迹　　　　　　　　　烧蚀碳迹　　　　　　　　　连处放电碳迹

综合该主变压器油色谱异常前的负荷情况和解体结果认为缺陷发展过程如下。该台变压器旁轭地屏铜片间的焊接面接触不良，属制造工艺缺陷。在迎峰度夏期间该台主变压器长期处于高负荷运行时，地屏上涡流较大，焊接部位接触不良处偶有较大悬浮电位产生，导致低能放电，最终造成该主变压器油色谱异常（乙炔超标）。

而引线、磁屏蔽及商家建等部位发现的放电痕迹轻微，不是油色谱异常的主要原因，这些部位的缺陷是制造过程中的瑕疵导致的，并非设计和工艺流程问题。

3. 经验体会

对该变压器解体发现旁轭地屏的放电是导致油色谱异常的主要原因。这与历次油色谱监测数据发展趋势、专家诊断系统的诊断结果和高频局放带电检测的分析结果完全吻合。验证了油色谱专家诊断系统和高频局部放电带电检测的诊断有效性。

二、110kV 电缆终端局部放电案例

1. 案例经过

本案例发生在 110kV××变电站电缆线路试运行（空载线路）阶段。该工程建设时随工程安装了某公司生产的 KSDPD-01 型高压电缆局部放电在线监测装置。

自 2015 年 8 月 18 号，110kV××变电站××电缆线路建成，8 月 19 日开始送电进入运行（空载线路）阶段。

2015 年 8 月 19 号自送电开始起，××供电公司 110kV××变电站××线路 1 号中间接头 C 相的局部放电信号就处于异常报警状态。收到报警信息后，公司相关技术人员对放电数据进行了分析，一直进行跟踪至 23 日上午，××线路 1 号中间接头 C 相的局部放电信号一直处于 1000～1800pC 之间。8 月 24 日下午，××供电公司随即决定对该电缆线路进行紧急停电，25 日上午再次用耐压试验电压对电缆加电压，用便携式局部放电检测仪，在电压加至 50kV 时××线路 1 号中间接头 C 相的局部放电信号就达到了 1500pC 左右，随后××供电公司对 C 相电缆中间接头进行了更换处理。

8 月 27 日，电缆头更换结束，在耐压试验过程中，该电缆头局部放电在线监测系统所测放电信号消失，判断接头故障隐患已经消除，电缆恢复正常。

2. 检测分析方法

（1）高压电缆局部放电在线监测系统检测结果：高压电缆局部放电在线监测系统于

2015 年 8 月进行了现场安装并投入运行，现场所有的局部放电采集装置均通过光纤与主机进行通信，系统采用太阳能供电，利用高频脉冲电流传感器（HFCT）耦合电缆本体及接头处的局部放电信号。

通过查看电缆局放系统的数据发现：系统在 8 月 19 日正常工作后，××线路 1 号接头中间接头的 C 相即有明显放电信号产生，最大放电量达到 1800pC；其中，22 日上午最大放电量达到 1950pC，放电频次在 90 次/s 到 140 次/s 之间波动，系统连续产生幅值频次超标报警。放电趋势图如图 9-27 所示。

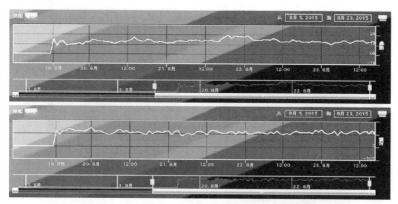

图 9-27　××线 1 号中间接头 C 相放电趋势图

放电图谱如图 9-28 所示，从放电图谱可以看出，其特征符合典型的放电特征：

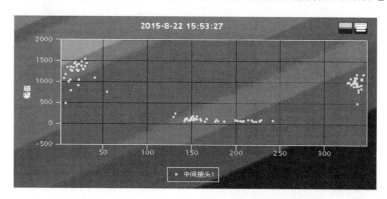

图 9-28　××线 1 号中间接头 C 相单次放电图谱

通过放电幅值、频次趋势图的分析及放电图谱的分析，确定了××线路 1 号中间接头附近有较大的局部放电信号，该信号具备明显放电特征。

（2）便携式局部放电检测装置检测结果：××供电公司于 8 月 25 日上午对××线路进行了耐压试验，采用上海某公司提供的便携式局部放电检测装置作为试验辅助设备，对 1 号中间接头 C 相进行再次核实检测，以进一步确定接头的故障情况。

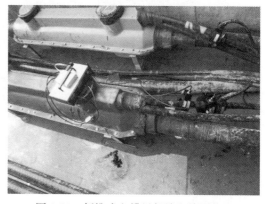

图 9-29　便携式电缆局部放电检测装置

试验于 8 月 25 日上午 8 点 30 分时左右开始，如图 9-30 所示，为了确保试验数据的准确性，采用两个通道同时对 C 相接头进行局部放电测量。待各设备工作正常后，于 9 点左右开始升压，电压升至 28kV 的时候，便携式局部放电检测装置测到了明显的局部放电信号，并产生报警，电压加到 50kV 时，局部放电量达到 1500pC 左右。

图 9-30 为试验中系统截图，上半部分左侧显示局部放电幅值随时间的变化曲线。从图中可以看出，当升压试验开始时，电缆接头的局放幅值有一个逐渐上升的趋势，且初始阶段上升较快。通道 1 在 9 时 2 分 23 秒时测量得到的幅值为 1503pC、频次为 89，通道 2 在同一时刻得到的幅值和频次分别为 2590pC 和 131，均远远超出了报警门限值。

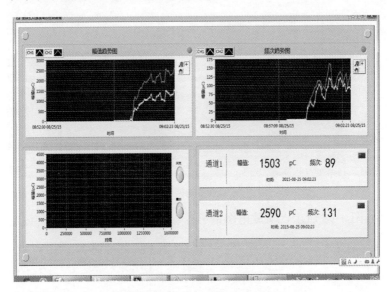

图 9-30　再次耐压试验过程中数据界面截图

通过便携式局放检测装置现场试验，进一步证明了高压电缆局部放电在线监测系统发出的报警是真实有效的。同时也证实了××线路 1 号中间接头 C 相电缆存在故障隐患。随后对电缆接头进行更换，如图 9-31 和图 9-32 所示。

图 9-31　更换电缆接头过程　　　　　图 9-32　破拆后的电缆接头

8 月 28 日，重新更换电缆接头后，再次对该电缆回路进行了耐压实验，电压一直升高至 110kV，局部放电监测系统所测该接头无放电信号，证明电缆接头故障已经消除。如图 9-33 所示。

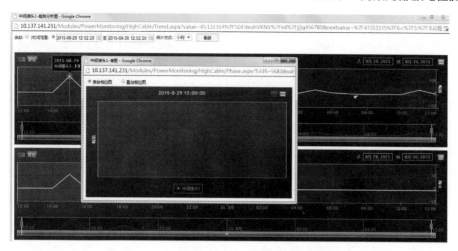

图 9-33　电缆投运后电缆中间接头放电现象消失

3. 经验体会

（1）高频局部放电带电检测可以在现场较有效地检测出 110kV 电缆终端局部放电，减少因安装工艺或电缆劣化导致的突发性事故的发生，值得进一步推广应用。

（2）对电缆中间接头安装局部放电在线监测装置，为电缆运行维护开辟了新的管理方法，丰富了电缆在线检测的种类。该项技术既可用于对老旧电缆附件状态的检测，也可用于对状态不良设备进行短期监视。

第十章　接地电流检测

第一节　铁芯接地电流检测技术概述

接地是指将电力系统或电气装置的某一部分经接地线连接到接地极的一种状态。接地是为保证电工设备正常工作和人身安全而采取的一种用电安全措施，通过金属导线与接地装置连接来实现，常用的有保护接地、工作接地、防雷接地、屏蔽接地、防静电接地等。接地装置将电工设备和其他生产设备上可能产生的漏电流、静电荷以及雷电电流等引入地下，从而避免人身触电和可能发生的火灾、爆炸等事故。对于大型高压电气设备，如变压器、电力电缆、避雷器等设备因其内部结构设计或运行要求，也可通过接地实现设备正常运行的要求，这几种接地形式从目的上来说是没有什么区别的，均是通过接地导体将设备部分部件钳制在地电位，防止设备产生悬浮电位形成对地放电，影响人身和设备安全，从而实现保护的目的。而通过接地装置流入大地的电流不仅仅受接地点接地方式、接地网、土壤成分等因素影响，更重要的是设备的运行状态对接地电流的大小、成分具有至关重要的影响，但是设备的运行状态一旦发生某些改变，例如铁芯多点接地，会导致设备接地电流发生明显变化，所以对于接地电流的测量可以直接或间接地反映设备运行状况。

变压器、电抗器等线圈类设备是电力系统中的核心设备，其基本工作原理是通过法拉第电磁感应定律以电磁感应的方式在电网中实现变电、补偿、滤波等功能。而这一类基于电磁感应的线圈类设备为增强各绕组等部件之间的电磁联系，往往会采用铁芯结构作为导磁回路。铁芯在电磁感应过程中起到引导、铰链磁通的作用，原则上应处于地电位。但是变压器（电抗器）在正常运行时，带电的绕组与油箱之间存在电场，而铁芯处于该电场中。由于电容分布不均，场强各异，如果铁芯不可靠接地，则将产生充放电现象，破坏固体绝缘和油的绝缘强度，所以铁芯必须有一点可靠接地。变压器正常运行时因无电流回路形成，该电流是很小的，根据变压器结构的不同，铁芯接地电流在几毫安至几十毫安。规程要求，变压器铁芯接地电流应在 100mA 以下。如果铁芯有两点或两点以上（多点）接地时，则接地点间就会形成闭合回路，它将铰链部分磁通，感生电动势，并形成环流，产生局部过热，甚至烧毁铁芯。这就是变压器铁芯多点接地故障。根据接地点的位置不同，流过铁芯接地线的电流各不相同，可达到几安培至几十安培。

目前，大中型变压器普遍采用铁芯和夹件分别引出接地的方式。通过检测铁芯接地线中的电流能有效地发现铁芯多点接地故障。并可根据铁芯接地电流的大小以及油色谱初步判断接地点位置。现行电力运行单位对于变压器铁芯接地电流的检测和管理中，普遍采用手持式钳形电流表，这些检测方法可以及时、便捷和较为准确的检测出变压器铁芯的接地电流，除此之外，一些专用的铁芯接地电流检测仪器和装置也越来越多地得到了推广和应用。随着变电设备的逐步智能化，铁芯接地电流在线监测装置得到了广泛的应用，这为运行维护人员提供了极大的方便，提高了工作效率。对于运行中的变压器进行铁芯接地电流的检测和监测，能够及时发现铁芯多点接地引起的接地电流变化，是防范铁芯多点接地故障的最有效、最直接的方法，在变压器带电检测和在线监测中被广泛应用。

第二节　铁芯接地电流检测技术基本原理

一、变压器铁芯接地基本知识

（一）铁芯

1. 铁芯的作用

铁芯是变压器的基本部件，是变压器的磁路和安装骨架。铁芯的磁导体是变压器的磁路。它把一次电路的电能转为磁能，又由自己的磁能转变为二次电路的电能，是能量转换的媒介。因此，铁芯由磁导率很高的电工钢片（硅钢片）制成。电工钢片又很薄（0.23~0.35mm），且有绝缘涡流损耗很小的特点。磁导体是铁芯的主体，所以后面所称的铁芯实指磁导体。铁芯的重量在变压器各部件中重量最大，在干式变压器中占总重量的60%左右。在油浸式变压器中，由于有变压器油和油箱，重量的比例稍有下降，约为40%。变压器的铁芯（磁导体）是框形闭合结构。其中套线圈的部分称为心柱，不套线圈只起闭合磁路作用的部分称为铁轭。现代铁芯的心柱和铁轭均在一个平面内，即为平面式铁芯。

铁芯由导磁体和夹紧装置组成，它有两个作用：

（1）构成变压器的磁路，它是一次和二次电路电能转换的媒介。

（2）通过铁芯的夹紧装置使导磁体成为一个完整的结构，构成变压器的骨架。

2. 铁芯及部件的整体结构

（1）铁芯组成：铁芯除了由电工硅钢片制成的铁芯本体外，还包括其他的附属零件，使铁芯组成一个整体，主要分为三部分：①铁芯主体，作为磁导体，由电工硅钢片叠积而成；②紧固件，包括夹件、拉板（拉螺杆）、拉带、聚酯帮扎带（玻璃帮扎带）、垫脚、上梁、侧梁和垫块等；③绝缘件，包括拉板绝缘（纸板）、夹件绝缘、垫脚及上梁绝缘、侧梁绝缘等。目前的铁芯柱大部分采用环氧玻璃钢带帮扎固定。根据铁芯直径大小和变压器具体技术要求，夹件部分可以采用拉板式、夹板式、槽钢型式和直板型式。

（2）铁芯叠片：目前普遍采用的叠片方式主要有全斜接缝和交错式叠片。

对于冷轧取向硅钢片只有采取全斜接缝结构，才能减小空载损耗和空载电流。为了保证芯柱和铁轭有足够的连接强度，为了减小接缝处磁通畸变的影响，相邻接缝之间必须有足够的搭接面积。

（3）铁芯的夹紧结构：铁芯的夹紧装置是使铁芯本体导磁体成为整体的紧固结构。目前普遍采用的是无孔绑扎、拉板的夹紧结构。芯柱采用半干性玻璃粘带绑扎；铁轭的夹紧结构主要是由垂直的腹板和上、下肢板组成的焊接夹件，为了减小漏磁在夹件肢板中产生涡流损耗而局部过热，上夹件的下肢板和下夹件的上肢板做成细条状。夹件上有固定上梁和垫脚的固定孔、拉带的固定板、支持引线木件的角板、吊拌以及固定侧梁、上梁、拉板的定位孔，夹件两端放置侧梁。

3. 铁芯材料的基本特性

变压器铁芯主要由厚度为 0.23～0.35mm 的冷轧晶粒取向的硅钢片叠装而成。芯柱通常呈圆形。由于技术上的原因，铁芯片宽度一般是分级的，级宽通常是 5mm 或 10mm 的倍数。在铁芯直径内不可能完全充满硅钢片，有一个小于 1 的填充系数。另外，为了防止铁芯里循环电流的产生，在硅钢片的表面要涂上一层绝缘漆膜，这层绝缘漆膜也会使铁芯有效截面减小。铁芯片的净截面与毛截面面积之比称为叠片系数，叠片系数取决于硅钢片及漆膜的厚度、硅钢片的平整度和夹紧力，其数值在 0.94～0.98。

早期应用于变压器的硅钢片都是热轧硅钢片，第二次世界大战后，冷轧硅钢片有了飞速发展并被广泛应用于变压器，此后又出现了晶粒取向的硅钢片，这种硅钢片在磁通的流动沿着轧制方向时，可大大降低铁耗。不久又发展为高导磁（HI-B）的取向硅钢片，它是利用激光照射以减少磁化曲线面积的原理来降低磁滞损失的，这种优质的硅钢片可使铁耗再进一步降低。另外，为了减少涡流损耗，硅钢片的厚度也从早期的 0.5mm 不断降低。但是，越是性能好的硅钢片，其单价也越高。

变压器铁芯材料必须符合如下要求：

（1）正常工作状况下，具备较高的磁感应强度。

（2）较低的空载损耗。

（3）较低的激磁电流。

（4）较低的磁滞伸缩和由此带来的噪声。

（5）有效的表面绝缘。

（6）良好的机械加工性能。

（7）同一型号的硅钢片能够保持一致的磁和机械方面的性能。

（二）铁芯接地的必要性

变压器在运行中，铁芯以及固定铁芯的金属结构、零件、部件等，均处在强电场中，在电场作用下，它具有较高的对地电位。如果铁芯不接地，它与接地的部件、油箱等之间就会有电位差存在，在电位差的作用下，会产生断续的放电现象。另外，在绕组的周围，具有较强的磁场，铁芯和零部件都处在非均匀的磁场中，它们与绕组的距离各不相同，所以各零部件被感应出来的电动势大小也各不相同，彼此之间因而也存在着电位差。铁芯和金属构件上会产生悬浮电位差，电位差虽然不大，但也能击穿很小的绝缘间隙，因而也会引起持续性的微量放电，这些现象都是不被允许的，而且要检查这些断续放电的部位，是非常困难的。因此，必须将铁芯以及固定铁芯、绕组等的金属零部件，可靠地接地，使它们与油箱同处于地电位。

铁芯是由许多层硅钢片叠积而成的，如果铁芯有两点或两点以上接地，则铁芯中磁通变化时就会在接地回路中有感应环流。接地点越多，环流回路也越多，电流也可能由接近于零上升到十几安。变压器的铁芯多点接地后，一方面会造成铁芯局部短路过热，严重时，会造成铁芯局部烧损，酿成更换铁芯硅钢片的重大故障；另一方面由于铁芯的正常接地线产生环流，引起变压器局部过热，也可能产生放电性故障。有关统计资料表明，因铁芯多点接地造成的事故在变压器总事故中占第三位。所以铁芯必须一点接地，可靠的一点接地叫作铁芯的正常接地。

所谓铁芯一点接地，只是指其磁导体而言，其夹紧件不受此限。铁芯片与夹件要绝缘的一个原因就是确保铁芯一点接地。

（三）铁芯接地形式

1. 一点接地

对于不同容量、不同电压等级的变压器，铁芯可通过以下几种方式实现单点接地：

（1）当上下夹件间有拉杆或拉板且不绝缘时，接地铜片连接到上夹件上，再由上夹件经吊芯螺杆接地；

（2）上下夹件不绝缘时，接地铜片从下夹件经地脚螺丝接地；

（3）当上下夹件间绝缘时，在上下铁轭的对称位置上各插一接地铜片连接夹件，由上夹件经铁芯片至下夹件再接地，要求接地片位置对称的目的是为了避免铁芯两点接地；

（4）当采用接地套管时，铁芯经接地片至上夹件与接地套管连接而接地。

对于大型变压器通常采用将铁芯的任一片硅钢片进行接地。铁芯的硅钢片与上下夹件之间是用绝缘件隔开的，采用 0.3mm 厚的铜片插入上铁轭的任意两硅钢片之间，而铜片另一端与夹件连接，再引到箱盖上与箱上的接地小套管连接，就构成了铁芯的一点接地。

对于大型变压器的接地而言，由于大型变压器每匝电压都很高，当发生两点接地时，接地回路感应的电压也就相当高，形成的电流会很大，将引起较严重的后果。为了对运行中的大容量变压器发生多点接地故障进行监视，检查铁芯是否存在多点接地，接地回路是否有电流通过，须将铁芯先经过绝缘小套管后再进行接地。这样可以断开接地小套管，测量铁芯是否还有接地点存在或将表计串入接地回路中。

对于全斜接缝结构变压器铁芯的接地，因为在全斜接缝结构的铁芯中，油道不用圆钢隔开，而是用非金属材料隔开（如采用环氧玻璃布板条隔开），以构成纵向散热油道。采用非金属材料隔开可以减小铁芯的损耗，但油道之间的硅钢片是互相绝缘的。对于这种结构的变压器在接地时，首先要用接地片将各相邻的经油道相互绝缘的硅钢片之间连接起来，然后再选一点与上夹件连通，最后将上夹件用导线通过接地小套管引出到外面接地。

对于中小型变压器，由于其器身和油箱之间距离较小，对于这类铁芯的一点接地做法与大型变压器铁芯略有不同，应在上下铁轭任两片硅钢片之间各插入一片铜片进行接地，并且两片铜片位置放的要对称，使之处于同电位，如插入位置不对称，可能产生电位差，造成部分硅钢片间形成局部短路，产生较大电流，引起铁芯过热。

2. 多点接地

变压器铁芯在多点接地的情况下接地线中的电流值决定于故障点与正常接地点的相对位置，即短路匝中包围磁通的多少及整个回路的阻抗。当铁芯出现多点接地时，在额定激磁电压下，与故障回路铰链的磁通在回路中会感应出一个电动势，反应在接地线上就是电流的增加，此时的模型如图 10-1 所示。

可以认为回路铰链的磁通最大为流过铁芯的总磁通的 1/2，这样回路感应出的电动

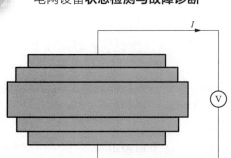

图 10-1　铁芯两点接地时的电压

势也就近似等于绕组的每匝电压的 1/2。对于我国目前最常采用的冷轧硅钢片而言，一般饱和磁密为 1.9～2.0T。目前设计中铁芯的最大磁通密度的选取范围为 1.55～1.75T。对中、小型变压器，一般为 1.55～1.65T；对大型变压器，一般为 1.7～1.75T。由此结合变压器的铁芯几何结构可以计算得出大容量的变压器每匝电压值约为 300V，故铁芯多点接地回路中感应出的电动势约 150V，忽略大地和接地点的电阻，整个回路的电阻主要是由变压器铁芯本体造成的，由于铁芯是由涂有漆膜的硅钢片叠装组成，硅钢片的电阻与漆膜的电阻相比很小，实际上其电阻主要是由漆膜造成的，经测量其电阻值约为几十欧姆，因此在铁芯多点接地回路中最大可能出现几安到几十安的电流。该故障电流会造成铁芯局部过热，严重时会造成铁芯局部温升增加、轻瓦斯动作，甚至会造成重瓦斯动作而跳闸的故障。长期运行会导致铁芯局部烧熔，形成硅钢片间的短路故障，严重影响变压器的性能和正常工作。

（四）铁芯多点接地的原因

变压器铁芯多点接地故障按性质可分为两大类：不稳定接地与稳定接地。

不稳定接地是指接地点接地不牢，导致接地电阻变化较大。而这种情况多数是由于异物在电磁场作用下形成导电小桥造成接地故障，如变压器油泥、金属粉末等。

稳定接地即死接地，是指接地点接地过于牢固，导致接地电阻无变化，这种情况多数是由于变压器内部绝缘缺陷以及厂家设计以及安装不当等原因造成的接地故障，如铁芯穿芯螺杆等各方面原因引起的绝缘破坏。

由以上两点可以看出造成铁芯多点接地多是由于生产工序以及现场安装及运输过程中出现问题所引起的。其中变压器生产过程中虽然可以排除多点接地的故障，但不排除个别产品出厂后，到现场测试时出现故障。根据以往经验总结铁芯多点接地主要原因有以下几点：

（1）硅钢片保管不当造成多点接地，如长期受潮，使得硅钢表面出现严重腐蚀，氧化膜脱落，造成短路，引起多点接地。

（2）铁芯加工工艺不当引起多点接地故障，如毛刺超标、剪切中放置不平、夹有细小颗粒等都会导致叠片凹凸不平，破坏绝缘层造成片间短路，引起多点接地事故。

（3）运输维护不当，变压器长期超容量运行，导致绝缘片老化以及巡视监测不及时，铁芯局部受热严重，长期造成绝缘片破坏，引起多点接地故障。

（4）铁芯碰壳、碰夹件。安装完毕后，由于疏忽，未将油箱顶盖上运输用的稳（定位）钉翻转过来或拆除掉，导致铁芯与箱壳相碰；铁芯夹件肢板碰触铁芯柱；硅钢片翘曲触及夹件肢板；铁芯下夹件垫脚与铁轭间纸板脱落，垫脚与硅钢片相碰；温度计座套过长与夹件或铁轭、芯柱相碰等。

（5）穿芯螺栓钢座套过长与硅钢片短接。

（6）油箱内有异物，使硅钢片局部短路。

（7）铁芯绝缘受潮或损伤，如底沉积油泥及水分，绝缘电阻下降，夹件绝缘、垫铁绝缘、铁盒绝缘（纸板或木块）受潮或损坏等，导致铁芯高阻多点接地。

（8）潜油泵轴承磨损，金属粉末进入油箱中，堆积在底部，在电磁引力作用下形成桥路，使下铁轨与垫脚或箱底接通，造成多点接地。

二、铁芯接地电流测试基本原理

接地电流检测方法：大型变压器（电抗器）的铁芯接地往往通过将铁芯先经过绝缘小套管后再进行接地，对铁芯接地电流的测量即是测量接地线上的电流。对铁芯夹件接地电流的测试主要通过钳形电流表及电流钳完成。钳形电流表根据电流测量原理及结构的不同可分为互感式钳形电流表、电磁系钳形电流表和采用霍尔电流传感器的钳形电流表。

1. 互感式钳形电流表

常见的钳型电流表多为互感式钳型电流表，由电流互感器和整流式电流表组成，原理如图 10-2 所示。

互感式钳形电流表是利用电磁感应原理来测量电流的。电流互感器的铁芯呈钳口形，当紧握钳形电流表的把手时，其铁芯张开，将被测电流的导线放入钳口中。松开把手后铁芯闭合，通有被测电流的导线就成为电流互感器的一次侧，于是在二次侧就会产生感生电流，并送入整流系电流表进行测量。电流表的标

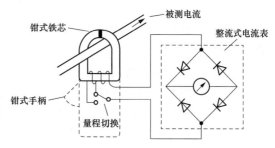

图 10-2　互感式钳形电流表原理图

度是按原边电流刻度的，所以仪表的读数就是被测导线中的电流值。互感式钳形电流表只能测交流电流。

2. 电磁系钳形电流表

电磁系钳形电流表主要由电磁系测量机构组成。处在铁芯钳口中的导线相当于电磁系测量机构中的线圈，当被测电流通过导线时，在铁芯中产生磁场，使可动铁片磁化，产生电磁推力，带动指针偏转，指示出被测电流的大小。由于电磁系仪表可动部分的偏转方向与电流极性无关，因此可以交直两用。由于这种钳形电流表属于电磁系仪表，指针转动力矩与被测电流的平方成正比，所以标度尺刻度是不均匀的，并且容易受到外磁场影响。

3. 霍尔电流传感器式钳形电流表

就霍尔传感器的电路形式而言，人们最容易想到的是将霍尔元件的输出电压用运算放大器直接信号放大，得到所需的信号电压，由此电压值来标定原边被测电流大小，这种形式的霍尔传感器通常称为开环霍尔电流传感器。开环霍尔传感器的优点是电路形式简单、成本相对较低；其缺点是精度、线性度较差，响应时间较慢，温度漂移较大。为了克服开环传感器存在的不足，20 世纪 80 年代末期，国外出现了闭环霍尔电流传感器。

磁平衡式（闭环）电流传感器（CSM 系列）的原理图如图 10-3 所示。

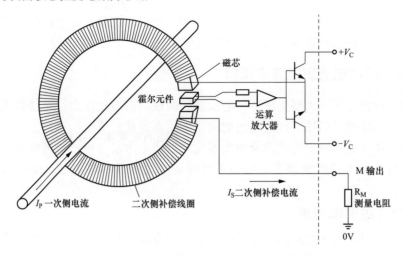

图 10-3 闭环霍尔传感器式前行电流表原理图

磁平衡式电流传感器也称补偿式传感器，即原边电流 I_P 在聚磁环处所产生的磁场通过一个次级线圈电流所产生的磁场进行补偿，其补偿电流 I_S 精确的反映原边电流 I_P，从而使霍尔器件处于检测零磁通的工作状态。

具体工作过程为：当主回路有一电流通过时，在导线上产生的磁场被磁环聚集并感应到霍尔器件上，所产生的信号输出用于驱动功率管并使其导通，从而获得一个补偿电流 I_S。这一电流再通过多匝绕组产生磁场，该磁场与被测电流产生的磁场正好相反，因而补偿了原来的磁场，使霍尔器件的输出逐渐减小。当与 I_P 与匝数相乘所产生的磁场相等时，I_S 不再增加，这时的霍尔器件起到指示零磁通的作用。当一、二次侧补偿电流产生的磁场在磁芯中达到平衡时：

$$N \times I_P = n \times I_S \tag{10-1}$$

式中：N 为原边线圈的匝数；I_P 为一次侧电流；N 为二次侧线圈的匝数；I_S 为二次侧补偿电流。

由次看出，当已知传感器一次侧和二次侧线圈匝数时，通过在 M 点测量二次侧补偿电流 I_S 的大小，即可推算出一次侧电流 I_P 的值，从而实现了一次侧电流的隔离测量。

当平衡受到破坏，即 I_P 变化时，霍尔器件有信号输出，即重复上述过程重新达到平衡。被测电流的任何变化都会破坏这一平衡。一旦磁场失去平衡，霍尔器件就有信号输出。经功率放大后，立即就有相应的电流流过次级绕组以对失衡的磁场进行补偿。从磁场失衡到再次平衡，所需的时间理论上不到 $1\mu s$，这是一个动态平衡的过程。因此从宏观上看，次级的补偿电流安匝数在任何时间都与初级被测电流的安匝数相等。

此种钳形电流表测量方式无测量插入损耗，线性度好，可测量直流电流、交流电流及脉冲电流，且原边电流与副边输出信号高度隔离，不引入干扰。

第三节 铁芯接地电流检测及诊断方法

一、现行铁芯接地电流检测方法

现行针对变压器类设备的铁芯接地电流测试方法主要有常规钳形电流表直接测试、

专用铁芯接地电流检测仪、变压器铁芯接地电流在线检测及限流装置和钳形电流表插值法等。运行单位应根据不同需求，综合考虑测试精度、便捷性、及时性、可靠性和成本制定相应的铁芯接地电流带电检测和在线监测管理对策。

1. 普通钳形电流表直接测试

普通钳形电流表由于其体积小、使用方便、造价低而经常被用于铁芯接地电流的测量，但是由于其抗干扰能力较差，并且精度往往不能满足要求，导致测试结果分散性大，不够准确。使用钳形电流表时，应注意钳形电流表的电压等级。测量时戴绝缘手套，站在绝缘垫上，不得触及其他设备，以防短路或接地。观察表计时，要特别注意头部与带电部分的安全距离。

运行中的变压器周围存在的漏磁场，对铁芯接地电流的测量有很大的影响，仅使用普通电流钳表测量，而缺乏有效的抗干扰措施，测量结果具有很大的随机性，无法准确反映和发现变压器早期缺陷，也可能误判断造成不必要的停电，不能满足精益化和标准化管理的要求。

我国电力行业标准《电力设备预防性试验规程》（DL/T 596—2015）和《状态检修试验规程》（Q/GDW 1168—2013）中，对电力变压器要求规定："运行中铁芯接地电流一般不大于 0.1A"。一般单相大型电力变压器正常运行情况下铁芯接地电流通常为几十毫安，三相变压器由于三相电压相位基本对称，三相电流叠加后基本为零，考虑到其实际运行中的不完全对称性，正常运行的三相变压器铁芯接地电流仅有 $1\sim2\text{mA}$ 左右。然而在现场检测过程中，受到周围空间电磁场的影响，使用普通钳形电流表检测到的铁芯接地电流往往在几十到几千毫安之间，见表 10-1，干扰电流远大于真实的铁芯接地电流，无法为铁芯的运行情况提供判断依据。

表 10-1　　　　　　　　　　普通钳形电流表测得铁芯接地电流值　　　　　　　　　　mA

变压器	B站1号 主变压器	L站1号 主变压器	S站1号 主变压器	S站2号 主变压器	X站3号 主变压器
铁芯接地 电流测试值	56	432	33	12	396

其中 L 站 1 号主变压器和×站 4 号主变压器超标，停电后试验证明铁芯绝缘良好，没有发生多点接地等现象，造成了不必要的停电。

2. 专用铁芯接地电流检测仪

目前部分生产厂家针对变压器铁芯接地电流研制了专用铁芯接地电流检测仪，其检测基本原理与普通钳形电流表相同，但具有更高级的功能，例如可对接地电流的波形显示和存储，可将波形数据导入计算机，对离散的采样值进行傅氏变换，得出电流的基波幅值，再进行各种分析和处理。然而采用傅氏变换的方法并不能完全滤除非整次谐波分量，尤其是对于低频分量的抑制作用很差，无法通过数值处理滤除干扰。因此，专用铁芯接地电流检测仪的研究重点仅放在了高级分析功能的开发，并未对测试中受到干扰的机理和根本原因进行研究和解释，也没有实现测量中的抗干扰功能。

3. 铁芯接地电流在线监测装置

目前，电力部门惯用的检测手段是用钳形电流表测铁芯外引接地套管的接地下引线电流。这样不仅耗费人力物力，而且使一些电压等级低的无人值班站做不到一周测量一次，为变电站电气设备的运行留下了安全隐患。并且，这种方法步骤多，操作复杂，不能在线分析，难以区分微弱的接地故障电流与强电磁环境干扰，检测的精度和时效性都存在问题。通过在线监测可以对变压器铁芯内部绝缘情况进行实时掌控。绝缘程度降低并不单单体现在泄漏电流绝对值上，而是与变压器所处的天气、环境、安装施工情况、变压器负荷等外界因素均有关联，只有对监测数据进行深层次的挖掘、分析，发现绝缘发展的趋势，提前预测预警，才能真正体现"在线监测"的价值。

目前系统内已有少数变压器安装了铁芯接地电流在线监测及限流装置，该装置通过在铁芯接地串入检测电阻实时地、准确地监测铁芯接地电流能及时发现多点接地故障并报警，同时自动投切合适的限流电阻，避免故障的进一步恶化。由于此类装置的成本较高，因此目前的覆盖范围仍非常有限。

4. 检测仪器要求

不管采用何种方法对变压器铁芯接地电流进行测试，用于电力系统进行铁芯接地电流测量的设备，其性能指标应满足以下要求：

（1）抗干扰能力：具备较强的抗干扰能力，当空间磁场干扰小于 1A 时，保证测量结果达到测量精度要求。

（2）测量导线直径：一般要求不小于 30mm。

（3）电流量程：满足发生多点接地时的测量要求，例如 AC 10mA～5A。

（4）电流分辨率：满足对于三相变压器铁芯接地电流测量的分辨率要求，通常不应大于 1mA。

（5）测量精度：1%±0.003。

（6）使用时间：应具备电池等可移动式电源。

（7）温度范围：工作环境温度 -20～45℃。

二、铁芯多点接地诊断方法

Q/GDW 1168—2013《状态检修试验规程》中对电力变压器在运行中铁芯接地电流的要求为不大于 0.1A，铁芯接地电流检测要求见表 10-2。SF_6 气体绝缘变压器、220kV 及以上电压等级的油浸式电力变压器和电抗器铁芯接地电流带电检测的周期为 1 年，110kV 及以下电压等级的油浸式电力变压器和电抗器基准周期为 1 年。一般单相大型电力变压器正常运行情况下铁芯接地电流通常为几十毫安，三相变压器由于三相电压相位基本对称，三相电流叠加后基本为零，考虑到其实际运行中的不完全对称性，正常运行的三相变压器铁芯接地电流仅有 1～2mA。然而在现场检测过程中，受到周围空间电磁场的影响，使用普通钳形电流表检测到的铁芯接地电流往往在几十到几千毫安之间。

表 10-2　　　　　　　　　　　　铁芯接地电流检测要求

设备类型		基准周期	要求
油浸式电力变压器和电抗器	220kV 及以上	1 年	≤100mA
	110kV 及以下	2 年	
SF_6 气体绝缘变压器	所有等级	1 年	

一旦发生铁芯多点接地，铁芯接地电流将会有明显的上升，并结合铁芯夹件绝缘电阻、油色谱分析等检测项目开展综合诊断。

三、铁芯多点接地处理方法

1. 临时应急处理

运行中发现变压器铁芯多点接地故障后，为保证设备的安全，均需停电进行吊罩检查和处理。但对于系统暂不允许停役检查的，可采用在外引铁芯接地回路上串接电阻的临时应急措施，以限制铁芯接地回路的环流，将铁芯接地电流限制在可接受的范围内，防止故障的进一步恶化。

例如某 220kV 主变压器，带电检测中发现铁芯接地电流超标，铁芯接地电流达到 800mA，同时总体含量达到 $200\mu L/L$。由于系统用电紧张，暂不具备停役吊罩处理的条件，采用了串接电阻的临时措施。在串接电阻前，分别对铁芯接地回路的环流和开路电压进行了测量，分别为 7.2A 和 25.5V，为使环流限制在 100mA 以下，串接了 1500Ω 的电阻。串接电阻后色谱数据基本保持稳定。随着时间的推移，总烃数据开始下降。可知，串接电阻后，故障已得到有效控制。

2. 吊芯检查

对变压器铁芯可接地部分进行重点检查，采用吊开变压器箱壳进行检查是最常用的办法。同时为了减少变压器内部在空气中的暴露时间，一般进行如下检查：

（1）部分测量各夹件或穿芯螺杆对铁芯的绝缘达到逐步缩小故障查找范围。

（2）仔细检查各间隙、槽部重点部位是否存在螺帽、硅钢片缺失及金属颗粒等杂物。

（3）清除铁芯或绝缘垫片上的铁锈以及油泥，对铁芯底部进行清理。

（4）敲击夹件，同时用摇表监测，检查是否存在动态接地点。

上述 220kV 变压器于 1 年后开展大修时，用直接检查法查找铁芯多点接地故障处。钟罩吊开之后，先用 1000V 绝缘电阻表测量铁芯绝缘电阻，其阻值仍为零。由于铁芯夹件绝缘电阻良好，说明故障点就在下节油箱与铁芯之间。因为该台变压器为槽式油箱结构，在现场不可能把铁芯从油箱中吊出，所以只能沿油箱长、短轴各个方向仔细查找故障点。由于油箱与夹件过小，只好采用小镜片反光照射及手摸、拉刮等方法来查找故障点。经过反复查找，在变压器下节油箱中的隐蔽处发现有一金属小钢线挂在铁芯与下节油箱之间，金属小钢线有烧焦的痕迹。取出该金属小钢线后，再测绝缘，铁芯对地绝缘电阻达到 $7500M\Omega$，可见，接地故障已削除。

3. 电容放电冲击法

由于变压器内部不易在空气中暴露时间过长，以及现场情况制约一时无法找到接地点情况下，特别是由于铁锈焊渣等悬浮物和油泥等物质造成的多点接地，更是难以查找。在变压器停止运行的情况下，对于此类故障可采用放电冲击方式进行故障排除。电容放电冲击法示意图如图 10-4 所示。操作时先将开关 K 接至铁芯正常接地点，利用兆欧表对电容进行充电 60s，然后将刀闸开关 K 导向放电回路，电容对铁芯接地故障点放电，然后测试铁芯绝缘电阻，如果电阻值恢复正常则故障排除，同时由于变压器铁芯底部绝缘层较薄，所以冲击电流不宜过大。

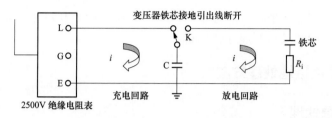

图 10-4 电容放电冲击法示意图

第四节 典 型 案 例 分 析

某 220kV 主变压器铁芯多点接地案例分析：

1. 案例概述

2013 年 12 月 18 日，按照带电检测规程要求，浙江电网某地市公司运维人员对某 220kV 主变压器开展变压器带电检测工作，发现该主变压器铁芯、夹件接地电流异常，其中铁芯电流 2610mA，夹件电流 2610mA，已严重超过试验规程的注意值（不大于 100mA），并呈现了铁芯、夹件接地电流大小相等方向相反的现象，初步分析判断为铁芯、夹件存在多点接地且相互连通。

2. 设备信息

该 220kV 主变压器型号为 SSZ-240000/220，出厂日期为 2012 年 1 月，于 2012 年 10 月正式投运。

该设备投产后运行情况正常，主变压器绝缘油色谱化验分析数据、铁芯夹件接地电流测试数据未见明显异常，且历次数据稳定。油色谱跟踪数据见表 10-3，铁芯夹件接地电流带电检测数据见表 10-4。该主变压器于 2012 年 10 月安装了油色谱在线监测装置，在线监测数据趋势稳定，跟踪数据见图 10-5，运行巡视未发现其他异常情况。2017 年 1 月进行了主变压器 C 级检修、例行试验，试验结果除铁芯、夹件绝缘电阻为零外，其余试验数据均正常。

表 10-3　　　　　　　　　　　　历次油色谱分析数据

试验日期	H_2	CH_4	C_2H_6	C_2H_4	C_2H_2	总烃	CO	CO_2
2012 年 10 月 29 日	6	0.5	0.1	0.4	0	1	31	123
2013 年 9 月 13 日	21.3	2	0.3	0.6	0	2.8	190	572
2013 年 12 月 4 日	17.48	2.17	0.32	0.56	0	3.05	171.9	155.58
2014 年 1 月 3 日	17.7	2.68	0.45	1.23	0	4.36	211	680
2014 年 3 月 14 日	18.8	3.4	0.7	1.5	0	5.7	230	582
2014 年 9 月 12 日	17	4.8	0.5	1.7	0	7	356	1215
2014 年 12 月 25 日	31	6.1	0.7	1.7	0	8.5	494	1192
2015 年 3 月 18 日	19	5.5	0.9	1.9	0	8.3	419	1106
2015 年 6 月 23 日	20	6.7	1.1	2.0	0	9.8	428	1790

试验日期	H_2	CH_4	C_2H_6	C_2H_4	C_2H_2	总烃	CO	CO_2
2015 年 9 月 6 日	20	7.7	1.0	1.8	0	10.5	690	1026
2016 年 3 月 17 日	20	8.5	0.8	1.2	0	10.5	462	1172
2016 年 6 月 16 日	13	6.7	1.0	1.4	0	9.1	531	1305
2016 年 9 月 22 日	9	7.9	0.9	1.6	0	10.4	839	1730
2016 年 10 月 11 日	13	8.0	1.5	1.5	0	11.1	840	2738
2016 年 11 月 11 日	23	8.0	1.2	1.5	0	10.7	738	1906
2016 年 12 月 16 日	17	9.9	1.6	1.9	0	13.4	1066	2343
2017 年 1 月 16 日	16	7.3	1.0	1.6	0	9.8	618	1309
2017 年 2 月 23 日	17	6.1	0.6	1.0	0	7.7	332	761
2017 年 3 月 13 日	15	7.3	1.1	1.6	0	10.0	527	1457

表 10-4 历次铁芯夹件接地电流测试数据

序号	测试日期	铁芯接地电流（mA）	夹件接地电流（mA）
1	2012 年 12 月 25 日	2.3	0.5
2	2013 年 12 月 18 日	2610	2610
3	2014 年 4 月 12 日	145.6	145.6
4	2015 年 4 月 17 日	133.9	133.9
5	2015 年 11 月 12 日	139.9	139.9
6	2016 年 4 月 12 日	83.6	83.6
7	2016 年 10 月 15 日	138.6	138.6
8	2016 年 11 月 10 日	135.8	135.8
9	2016 年 12 月 14 日	2.5	2.5
10	2016 年 12 月 28 日	1.5	0.5
11	2017 年 1 月 4 日	1.0	2.6
12	2017 年 1 月 5 日	0.8	2.8
13	2017 年 1 月 6 日	0.8	2.6
14	2017 年 1 月 7 日	0.9	2.8
15	2017 年 1 月 8 日	0.8	2.7
16	2017 年 1 月 9 日	0.8	2.7
17	2017 年 1 月 10 日	1.0	2.6
18	2017 年 1 月 11 日	0.8	2.7
19	2017 年 1 月 12 日	0.8	2.9
20	2017 年 1 月 15 日	0.8	2.6
21	2017 年 1 月 16 日	0.6	2.5
22	2017 年 1 月 20 日	144.1	144.1
23	2017 年 2 月 15 日	161.3	161.3
24	2017 年 3 月 1 日	0.7	2.7

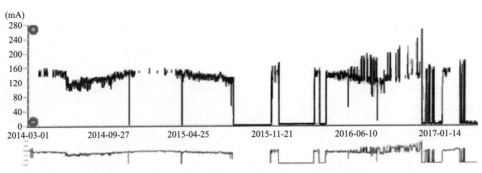

图 10-5　该主变压器铁芯接地电流在线监测数据

3. 初步原因分析

根据带电接地电流检测数据分析，该主变压器铁芯、夹件在器身内连通，并在某个与变压器器身触碰，造成铁芯、夹件多点接地，并体现出以下特点：铁芯、夹件接地电流存在间隙性的正常情况，除此之外在装设了限流电阻的情况下电流基本稳定在 130～160mA，说明多点接地可能不是金属性接地，随着运行情况的变化，如负荷、油流等，出现多点接地消失的情况。从带电检测综合评估分析来看，特别是色谱分析无异常，表明并未涉及电气绝缘主回路问题，在限制接地电流的情况下，变压器可暂时运行。因此对该主变暂时采取了如下措施：

（1）及时加装限流电阻，限流后的电流电阻基本在 130～160mA 之间波动。在铁芯回路上加装限流电阻后，其夹件的接地电流也随之下降，且电流大小相同方向相反，证实铁芯、夹件的连通。

（2）加装接地电流在线监测装置，便于实时监测接地电流变化情况，掌握设备状态。

结合该主变压器各类检测、分析数据分析认为该主变压器铁芯接地电流超标的主要原因为：

（1）根据变压器内部设计结构，并结合当前各类数据分析，可以排除变压器主绝缘回路问题，引起变压器铁芯、夹件接地电流超标的主要可疑点有：本体上部器身定位螺栓与外壳触碰、有载分接开关支架绝缘受损与夹件触碰、铁芯夹件小套管引出线绝缘破损触碰、器身底部长方形垫脚条绝缘移位触碰外壳、铁芯片串片与夹件外壳触碰、下节油箱定位处绝缘破损等。

（2）重点怀疑器身底部铁芯垫脚绝缘问题。

（3）变压器底部铁芯垫脚绝缘采用 3mm 绝缘纸板＋耐油橡胶板的设计，纸板在下、橡胶板在上，而橡胶板材料为半导体材料，不能完全绝缘。当垫脚绝缘破损或移位时造成橡胶垫与夹件、铁芯、器身触碰时，将导致夹件与铁芯导通、夹件对地绝缘电阻降低的情况。

（4）根据厂方反馈，2012 年该主变压器在基建安装时发现夹件绝缘电阻低，进行了放油内检，结果发现其中 1 个底部器身垫脚下面的橡胶板出现移位，与器身接触，导致绝缘降低，通过在橡胶板底部插入绝缘纸板后绝缘电阻恢复正常。

鉴于上述原因，决定对该主变压器进行停电检查，进箱进行检查处理。

4. 停电检查处理

（1）逐项检查情况：该主变压器于 2017 年 4 月 18 日开始停电，4 月 22 日进行了进箱内检，根据先前制订的进箱检查处理方案，在现场逐项开展了检查。

检查变压器顶部运输定位装置，共计 2 个，绝缘材料完好，与变压器器身间距正常，未发现异常。检查铁芯、夹件小瓷套及引出线情况，引线绝缘层包扎完好，绝缘材料无破损。

检查变压器铁芯叠装情况，可见部分不存在铁芯片串片造成与夹件触碰的情况。检查底部铁芯垫脚绝缘的时候，共计发现 4 块垫块的橡胶板存在不同程度的位移情况，如图 10-6 所示。按照变压器横轴方向布置从线圈 A、B、C 排序方式，定义为"1"～"9"号铁芯垫脚，"1""2""8""9"号垫脚有移位现象，靠近变压器 C 相线圈侧的"8""9"号垫脚位移情况尤为严重。而位于中间位置的"3"和"7"号垫脚经检查橡胶板位置正常，两侧均未发现位移情况。

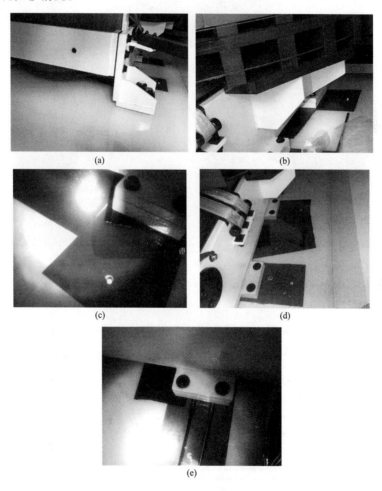

图 10-6　绝缘纸板移位情况

（a）"1"号垫脚位移情况；（b）"8"号垫脚橡胶板位移情况；（c）"8"号垫块对侧橡胶板位移情况；
（d）"9"号垫块橡胶板位移情况；（e）"9"号垫块对侧橡胶板位移情况

检查下节油箱定位处绝缘情况，打开定位螺栓，绝缘筒良好，如图 10-7 所示。但当打开定位螺栓进行铁芯、夹件绝缘电阻测试时听到了放电声，绝缘电阻测试仪电压瞬间降为零，说明发生了对地击穿的情况，通过几次持续的加压测试和放电声音辨识，终于发现了放电部位，靠近变压器高压侧 C 相上铁轭部位存在一金属异物，如图 10-8 所示。在绝缘测试时发出明显的放电声音，由于内部空间受限，无法拍摄到金属异物所在位置的照片，厂方技术人员将金属异物（吊钩）取出后，铁芯绝缘电阻测试时无放电声，且铁芯绝缘电阻立即恢复为大于 10000MΩ，但夹件绝缘电阻维持在 3MΩ 左右。吊钩如图 10-8 所示，长约 16cm，最大宽度达到 10cm。

图 10-7 下节油箱定位处绝缘情况

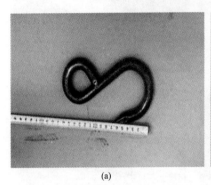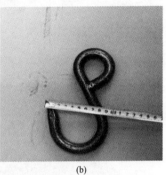

(a)   (b)

图 10-8 上铁轭发现的金属异物
(a) 异物长；(b) 异物宽

（2）底部铁芯垫脚绝缘处理：针对上述检查发现的底部 4 块铁芯垫脚绝缘存在橡胶板位移情况，导致橡胶板跑出下部的绝缘纸板，橡胶板上部与夹件接触，下部与变压器下节油箱触碰，因其导电性，造成夹件接地，绝缘电阻下降。现场采用了橡胶板上、下部各插入两块 3mm 绝缘纸板，将橡胶板与夹件、下节油箱完全隔离，并采用绝缘撑条进行紧固，防止橡胶板再次发生运行中的移动。每处理 1 块垫脚都须进行绝缘电阻测试，直至 4 块垫脚处理完毕后，夹件对地绝缘电阻恢复至 3300MΩ，具体测试数据见表 10-5。

表 10-5　　　　　　　　处理过程铁芯、夹件绝缘电阻测试数据　　　　　　　　　MΩ

序号	测试工况	铁芯对地绝缘电阻			夹件对地绝缘电阻			铁芯与夹件间绝缘电阻		
		500V	1000V	2500V	500V	1000V	2500V	500V	1000V	2500V
1	进箱检查前	0.015	0	—	0.011	0	—	0.011	0	—
2	拧开下节油箱定位	0（放电）	—	—	—	—	—	—	—	—
3	取出上部异物	10000	—	10000	3	—	1	1000	—	1000
4	处理 9 号垫块	9000	—	10000	9.9	—	2.3	20000	—	10000
5	处理 8 号垫块	10000	—	10000	19	—	2.8	20000	—	10000
6	处理 1、2 号垫块	10000	10000	10000	5000	—	3000	—	—	—
7	全部处理后	—	—	15000	—	—	3300	—	—	16000

5. 最终原因分析

根据上述检查情况，结合运行过程中铁芯、夹件接地电流情况分析，造成该主变压器接地电流异常的原因分析为：

（1）位于变压器高压侧 C 相上铁轭处的金属吊钩，因长度、体积较大，其所处的位置刚好造成铁芯、上夹件搭接，从而造成铁芯、夹件导通，最终形成运行中铁芯、夹件为同一回路，表现为运行接地电流大小相等、方向相反。

（2）底部铁芯垫块绝缘存在 4 块橡胶板位移情况，造成下夹件与下节油箱导通，因油箱可靠接地，从而使夹件与在器身内部存在高阻接地点，在一定程度上造成多点接地，表现为运行中接地电流超过规程注意值。

（3）因底部垫块绝缘的橡胶板为半导体材料，具有一定的导电性，当其与油箱接触时，形成的为非金属性接地，因此接地电流为 2600mA 左右，比金属性多点接地的表征电流值要小。同时环流能量小，还未达到影响绝缘油烃类气体产生的程度，表现为有色谱分析数据未发生变化。

（4）变压器器身内遗留的吊钩，变压器厂家确认为装配车间内用于吊装有载分接开关的吊具。

6. 结论

这是一起典型的变压器铁芯多点接地缺陷案例。在这起案例中，通过对主变铁芯夹件接地电流的检测、跟踪测试，及时发现了变压器的铁芯多点接地缺陷，并及时加装了限流电阻防止缺陷的扩大，并结合主变铁芯设计结构、运行工况和综合试验数据分析及时开展了停电内检，发现并消除了缺陷。这一案例表明对铁芯接地电流的检测能及时有效的发现部分变压器铁芯的多点接地缺陷，可见这是一种行之有效的检测方法。

第十一章 相对介质损耗因数和电容量比值检测

第一节 相对介质损耗因数及电容量检测技术概述

一、相对介质损耗因数及电容量检测技术发展历程

介质损耗和电容量测量是电容型设备一项重要的试验，能够有效反映设备绝缘大部分受潮、整体绝缘缺陷等缺陷，因此得到广泛的应用，并被写入各类试验规程。但是，介质损耗和电容量的测量需要将设备停电并施加一定的电压才能进行，要受到设备停电周期的限制，因此，国内外一直在研究如何在不停电的情况下准确测量介损和电容量。

早在 20 世纪 90 年代，电容型设备介质损耗和电容量的带电测试方法就已经被提出，并开发出了测试仪器。早期采用绝对法进行测量，从电容型设备的母线电压互感器二次端子获取电压信号，同时从被试设备末屏接地线或者末端接地线上获取电流信号，经过计算得到该设备介质损耗因数和电容量的对值。但是，历经多年的不断研究一直无法准确测量介损值，带电测试值与停电试验值存在差距，其主要原因是受电压互感器角差及二次负荷的影响，在实际应用中受到很大的限制。

早期开展的介质损耗因数和电容量带电测试采用绝对法测量，即从该电气设备上母线电压互感器二次端子获取电压信号，同时从被试设备末屏接地线或者末端接地线上获取电流信号，经过计算得到该设备的介质损耗因数和电容量的绝对值，但是绝对法测量受电压互感器角差及二次负荷的影响，导致测试结果准确度较差，实际应用受到很大的限制，该测量方法基本被淘汰。

随后，提出了相对介质损耗因数及电容量比值的带电测试法，称之为相对测量法。即选择一台与被试设备并联的其他电容型设备作为参考设备，同时从两台设备末屏接地线或者末端接地线上获取电流信号，通过分析两个电流信号的角差及幅值比，从而得到相对介质损耗因数及电容量比值。由于结果为两台设备的电流信号的角差值及幅值比值，因此作用在设备上的干扰因素同时被排除，测试结果准确度较高，同时也不受绝对测量法中互感器角差及二次负荷的影响，是目前广泛使用的一种测量方法。

目前，国外对电容型设备介质损耗因数在线检测技术的研究主要集中在对检测方法的改善上。如澳大利亚研制的用于电流互感器及变压器套管介质损耗角在线检测装置，是利用脉冲计数法进行测试的。该装置采用了高速计数器对被测信号与标准正弦信号之间的相位差进行测量，并实时显示数字化测量结果，测量分辨率达到 0.1mrad，已得到实际应用；南非的研究人员采用比较的方法，以介质损耗角很小的高压电容器上的电压作为标准电压，将被试品上的电流转换成电压后与此"标准"电压信号进行相位比较，从而得出电气设备的介质损耗因数。日本用相位比较法对电力电缆 $\tan\delta$ 在线检测的方法，从原理上同样也可以适用于电容型试品的在线检测。

随着传感技术和数字信号处理技术的不断进步，介损及电容量带电检测显示出与停电试验很强的对应性，国网浙江省电力公司等多个国内电网企业已将其作为例行试验项目定期开展，并尝试逐步取代停电试验，该项技术得到了大面积推广应用。

近年来，通过该方法发现了多起设备缺陷，掌握了大量检测案例，积累了宝贵的应用经验，介质损耗及电容量带电检测已经作为一项例行试验写入国家电网公司企业标准《输变电设备状态检修试验规程》（Q/GDW 1168—2013）。但是，由于没有统一的规范，检测仪器的生产厂家、技术性能和检测原理千差万别，电网企业对于该项技术的应用方式也各不相同，影响了现场检测效率。因此，2013 年国家电网公司编制并下发了《电容型设备介质损耗因数和电容量带电测试技术现场应用导则》（Q/GDW 1895—2013），用以规范现场检测流程，提高检测数据应用水平。

二、相对介质损耗因数及电容量检测技术应用情况

相对介质损耗因数及电容量比值带电检测技术可广泛应用于电容型设备（如：电容型电流互感器、电容式电压互感器、电容型套管、耦合电容器等）绝缘情况的带电检测，有效性较高。目前，相对介质损耗因数及电容量比值带电检测方法在国网河北省电力公司、国网福建省电力公司等地已作为常规项目定期开展，并通过该方法及时发现了多例缺陷设备，积累了由于绝缘受潮、绝缘老化、局部放电等缺陷导致相对介质损耗因数及电容量比值异常的缺陷案例，通过案例分析，验证了测量方法的准确性和有效性。伴随目前多家测试仪器厂家研发仪器日趋成熟，以及测试人员理论和技能水平的逐步提高，相对介质损耗因数及电容量比值带电检测技术具备了进一步扩大推广应用的必要条件。

第二节　相对介质损耗因数及电容量比值检测及诊断方法

一、检测方法

1. 检测仪器

在进行相对介质损耗因素和电容量比值检测应在不影响电容型设备正常运行条件下进行，检测仪器应具备绝对测量法和相对测量法两种测量模式，同时取样单元串接在电容型设备接地线上，应具备必要的保护措施（如二极管和放电间隙），以防止意外（如测量引线断开）导致设备末屏（或低压端）开路，并能够承受过电压的冲击。

电容型设备相对介质损耗因数和电容量比值带电测试系统的性能指标需满足表 11-1要求。

表 11-1　　　　相对介质损耗因数和电容量比值带电测试系统性能指标

检测参数	测量范围	测量误差要求
电流信号	1～1000mA	±（标准读数×0.5%+0.1mA）
电压信号	3～300V	±（标准读数×0.5%+0.1V）
相对介质损耗因数	−1～1	±（标准读数绝对值×0.5%+0.001）
电容量比值	100～50000pF	±（标准读数×0.5%+1pF）

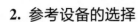

2. 参考设备的选择

选择合适的参考设备对于电容型设备带电检测至关重要，在进行参考设备的选择时可遵循以下原则：

（1）采用相对值比较法进行测试时，基准设备一般选择与被试设备处于同一母线或直接相连母线上的其他同相或同类型设备，作为参考设备的停电例行试验数据应较为稳定。

（2）双母线分裂运行的情况下，两段母线下所连接的设备应分别选择各自的参考设备进行带电检测工作。

（3）选定的参考设备一般不再改变，以便于进行对比分析。

3. 检测周期

对于安装相对介质损耗和电容量比值带电检测装置的设备，应按照《状态检修试验规程》（Q/GDW 1168—2013）中规定试验周期或在必要时开展该项带电检测。其中规定：对于电流互感器、电容型套管和耦合电容器，该项测试为例行试验，110kV 电流互感器的基准测试周期为 2 年，220kV 及以上电压等级的电流互感器、110kV 及以上电压等级的电容型套管以及耦合电容器的基准测试周期为 1 年；对于电容式电压互感器，该项测试为诊断性试验。

4. 现场带电检测流程及注意事项

（1）工作前准备：试验前应详细准备被试设备和参考设备历次停电试验和带电检测数据、历史缺陷、家族性缺陷、不良工况等状态信息。

（2）测试前准备：

1）被试设备已安装取样单元，满足带电测试要求。

2）雨、雪、大雾等恶劣天气条件下避免户外检测，雷电时严禁带电测试。

3）被测设备表面应清洁、干燥。

4）采用相对测量法时，应注意相邻间隔对测试结果的影响，记录被试设备相邻间隔是否带电。

5）选择合适的参考设备，并准备好参考设备、被测设备的停电例行试验记录和带电检测试验记录。

6）使用万用表检查测试引线，确认其导通良好，避免设备末屏或者低压端开路。

（3）接线与测试：

1）将带电检测仪器可靠接地，先接接地端再接仪器端，并在其两个信号输入端连接好测量电缆。

2）打开取样单元，用测量电缆连接参考设备取样单元和仪器 In 端口，被试设备取样单元和仪器 Ix 端口。按照取样单元盒上标示的方法，正确连接取样单元、测试引线和主机，防止在试验过程中形成末屏或低压端开路。

3）打开电源开关，设置好测试仪器的各项参数。

4）正式测试开始之前应进行预测试，当测试数据较为稳定时，停止测量，并记录、存储测试数据；如需要，可重复多次测量，从中选取一个较稳定数据作为测试结果。

5）测试数据异常时，首先应排除测试仪器及接线方式上的问题，确认被测信号是否来自同相、同电压的两个设备，并应选择其他参考设备进行比对测试。

（4）记录并拆除接线：

1）测试完毕后，参考设备侧人员和被试设备侧人员合上取样单元内的隔离开关及连接压板。仪器操作人员记录并存储测试数据、温度、空气湿度等信息。

2）关闭仪器，断开电源，完成测量。

3）拆除测试电缆，应先拆设备端，后拆仪器端。

4）恢复取样单元，并检查确保设备末屏或低压端已经可靠接地。

5）拆除仪器接地线，应先拆仪器端，再拆接地端。

（5）其他注意事项：

1）采用同相比较法时，应注意相邻间隔带电状况对测量的影响，并记录被试设备相邻间隔带电与否。

2）采用相对值比较法，带电检测单根测试线长度应保证在 15m 以内。

3）对于同一变电站电容型设备带电检测工作宜安排在每年的相同或环境条件相似的月份，以减少现场环境温度和空气相对湿度的较大差异带来数据误差。

二、诊断方法

电容型设备介质损耗因数和电容量比值带电检测属于微小信号测量，受现场干扰等多种因素的制约，其准确性和分散性与停电例行试验相比都较大，因此不能简单通过阈值判断设备状态，容易造成误判，应充分考虑历史数据和停电试验数据进行纵向比较和横向比较，对设备状态做出综合判断。

1. 纵向比较

对于在同一参考设备下的带电测试结果，应符合《电力设备带电检测技术规范（试行）》的相关要求，见表 11-2。

表 11-2　《电力设备带电检测技术规范（试行）》中关于电容型设备带电检测的标准

被试设备	测试项目	要求
电容型套管、电容型电流互感器、电容式电压互感器、耦合电容器	相对介质损耗因数	正常：变化量≤0.003 异常：变化量＞0.003 且≤0.005 缺陷：变化量＞0.005
	电容量比值	正常：初值差≤5% 异常：初值差＞5% 且≤20% 缺陷：初值差＞20%

2. 横向比较

（1）处于同一单元的三相电容型设备，其带电测试结果的变化趋势不应有明显差异。

（2）必要时，可依照式（11-1）和式（11-2），根据参考设备停电例行试验结果，把相对测量法得到的相对介质损耗因数和电容量比值换算成绝对量，并参照《输变电设备状态检修试验规程》（Q/GDW 168—2008）中关于电容型设备停电例行试验标准（见表 11-3）判断其绝缘状况。

$$\tan\delta_{X0} = \tan(\delta_X - \delta_N) + \tan\delta_{N0} \tag{11-1}$$

$$C_{X0} = \frac{C_X}{C_N}C_{N0} \tag{11-2}$$

式中：$\tan\delta_{X0}$为换算后的被试设备介质损耗因数绝对量；$\tan\delta_{N0}$为参考设备最近一次停电例行试验测得的介质损耗因数；$\tan(\delta_X-\delta_N)$为带电测试获得的相对介质损耗因数；C_{X0}为换算后的被试设备电容量绝对量；C_{N0}为参考设备最近一次停电例行试验测得的电容量；C_X/C_N为带电测试获得的相对电容量比值。

表 11-3 《输变电设备状态检修试验规程》中关于电容型设备停电试验的标准

设备类型	电容量要求	介质损耗要求
电容型电流互感器 （固体绝缘或油纸绝缘）	初值差不超过±5％（警示值）	110kV 及以下电压等级：≤0.01； 220kV 及 330kV 电压等级：≤0.08； 500kV 及以上电压等级：≤0.07； 聚四氟乙烯缠绕绝缘：≤0.005
电容式电压互感器	初值差不超过±2％（警示值）	≤0.005（油纸绝缘）（注意值）； ≤0.0025（膜纸复合）（注意值）
变压器电容型套管	初值差不超过±5％（警示值）	500kV 及以上电压等级≤0.006（注意值）； 其他电压等级（注意值）： 油浸纸：≤0.007； 聚四氟乙烯缠绕绝缘：≤0.005； 树脂浸纸：≤0.007； 树脂粘纸（胶纸绝缘）：≤0.015
耦合电容器	初值差不超过±5％（警示值）	膜纸复合≤0.0025； 油浸纸≤0.005（注意值）

（3）对于电容式电压互感器，受其电磁单元结构及参数等因素影响，测得的介质损耗差值可能较大，可通过历次试验结果进行综合比较，根据其变化趋势做出判断。

（4）数据分析还应综合考虑设备历史运行状况、同类型设备参考数据，同时参考其他带电测试试验结果，如油色谱试验、红外测温以及高频局部放电测试等技术手段进行综合分析。

第三节 典型案例分析

某 220kV 电流互感器电容屏受潮案例分析：

1. 案例概况

2016 年 1 月 27 日，在对某 220kV 变电站 207 单元 C 相电流互感器进行介质及电容量带电测试时，发现其相对介质损耗因数较历次测试数据增大明显，高于同一单元 B、C 两相，综合油色谱分析数据，判断认为该电流互感器存在缺陷，解体发现其中间电容屏出现不同程度的受潮，形成大量气泡，引起局部放电造成绝缘劣化。

该电流互感器基本参数。

型号：LB-220W；

额定电压：220kV；

额定电流比：2×1200/5A；

生产日期：2012 年 5 月。

2. 带电测试与分析

2016 年 1 月 27 日，对某 220kV 变电站进行例行电容型设备带电测试时发现，207 单元 A 相电流互感器相对介质损耗因数较 B、C 相横向比较，其变化趋势明显不同。

将本次测试数据与该设备初值数据进行纵向比较（将临近 209 单元电流互感器作为参考设备），C 相的相对介质损耗因数变化量为 0.0187，超过规定值，而另外 B、C 相变化很小、未超过规定值。本次及历年带电测试数据见表 11-4。

表 11-4　　　　　207 单元电流互感器带电测试相对介质损耗及电容量数据

试验时间	参考设备	测试数据		
		A	B	C
2012 年 10 月 25 日（初值）	209	0.0207/1.0193	0.002/0.9987	−0.0002/0.9977
2016 年 1 月 27 日	209	0.002/0.9989	0.002/0.9988	−0.0003/0.9976

（1）纵向分析：209 单元 A 相电流互感器 2016 年带电测试介损值较 2012 年增长为 0.0187，变化量＞0.003，达到异常标准。电容量未见异常。

（2）横向分析：B、C 相的带电测试数据较稳定，但 A 相电流互感器相对介损值有较明显的增长，与 B、C 相变化趋势明显不同。

考虑到影响带电测试数据的因素较多，于是对该电流互感器补充进行了红外测温和带电油色谱分析试验作为参考。红外测温结果显示无明显异常。油色谱试验数据显示 A 相设备试验色谱分析氢气含量 $5122.83\mu L/L$、总烃 $466.91\mu L/L$，见表 11-5，均严重超过注意值，经计算三比值为编码为 010，故障类型判断为低能量密度的局部放电。

表 11-5　　　　207 单元 A 相电流互感器油色谱试验数据（2016 年 1 月 28 日）　　　　$\mu L/L$

H_2	CO	CO_2	CH_4	C_2H_6	C_2H_4	C_2H_2	总烃	编码
5122.83	9.89	56.71	444.17	22.34	0.15	0.25	466.91	100

初步判定 207 单元 A 相电流互感器存在严重缺陷。

3. 综合分析

随后，对 207 单元 A 相电流互感器进行停电更换，并对更换下来的电流互感器进行诊断试验。

4. 返厂解体检查试验

（1）耐压局部放电试验：对故障流变分别进行了局部放电试验、工频耐压试验和雷电波冲击耐压试验。其中，工频耐压试验加电压至 460kV，保持 5min；一次绕组雷电冲击全波正负极性各 3 次，全波电压 1050kV（峰值），试验过程中未见明显异常。

局部放电试验加电压至 252kV，分别测试了 174kV、252kV 下的局部放电量，结果显示故障流变在 174kV 下局放量就已经超过了 1000pC，表明流变内部存在严重的局部放电缺陷。

（2）高电压介质损耗试验：采用 10kV 到 200kV 升压再降压的方式对故障流变进行高电压介质损耗测试，测试结果如图 11-1 所示，故障流变随着电压的升高而异常增大，均超过了标准规定的 0.3% 的要求，在高电压下介质损耗达到了 2%。

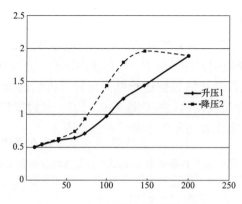

图 11-1　高电压介质损耗测试结果

由试验数据可以得出，故障流变介质损耗在不同电压下严重偏移，流变疑似存在受潮老化的缺陷，设备解体中将采用分屏介损测量试验来具体分析。

（3）解体试验分析：

1）解体检查。2016 年 2 月 3 日，对该流变进行了解体检查试验，检查发现流变中间电容屏有大量微小气泡附着在绝缘纸上，大量分布在 U 形一次绕组第 4～7 屏的下半部分，主绝缘外层皱纹纸有脱落现象，如图 11-2 所示。

图 11-2　绝缘纸附着微小气泡

2）分屏介质损耗及电容量测试。依次对流变各相邻层主屏之间的电容量和介质损耗值进行分屏单独测量。测试结果见表 11-6，测试电压 3kV，采用正接法进行测试。

表 11-6　　　　　　　　　　　　分屏介质损耗及电容量

屏位	3kV 下介质损耗（%）	电容量
0 主-1 主	0.258	5.769nF
1 主-2 主	0.226	6.364nF
2 主-3 主	0.232	6.529nF
3 主-4 主	0.352	6.487nF
4 主-5 主	0.611	6.622nF
5 主-6 主	0.352	5.935nF
6 主-7 主	0.247	6.877nF
7 主-8 主	0.255	7.072nF
8 主-9 主	0.365	6.834nF

可以看出两支故障流变电容屏电容量分布不均匀，其中 330 流变第 0～1 主屏间的电容与平均电容量差值达到 11%。

此外，该流变各层电容屏不同程度地出现了介质损耗超标的情况。其中 4～5 主屏的介质损耗达到了 0.61%，超过了标准的注意值。

结合解体时的外观检查，由分屏介质损耗测试结果可以看出，该流变 4～5 屏间绝缘存在不同程度的缺陷。

3）频域介电谱含水量测试。为了验证故障流变是否存在受潮及屏间含水量的多少，抽选了该流变的 3 组电容屏进行了频域介电谱测试，并通过频域介电普测试进行了含水量评估，如图 11-3 所示。

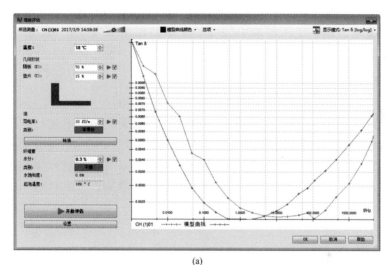

(a)

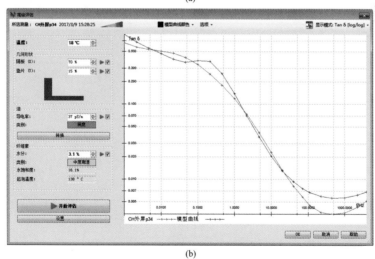

(b)

图 11-3 频域介电谱测试结果

（a）0～1 屏频域介电谱结果；（b）3～4 屏频域介电谱结果

频域介电谱测试结果显示：0～1 电容屏间含水量为 0.3%，测试结果曲线在低频段 PDC 阶段受外界干扰，但曲线走势与模型一致，测试结果为干燥。3～4 电容屏间含水量为 3.1%，测试结果曲线与模型一致。频域介电谱含水量测试结果表明：该流变 3～4 电容屏间的含水量较大，绝缘层受潮严重，导致屏间介质损耗较大；而介质损耗量合格的 0~1 电容屏内部绝缘层较干燥。

5. 事件原因分析

根据厂家提供的生产工艺记录文件，该故障产品在干燥时均位于干燥罐顶层。分析认为，在该流变干燥过程中，干燥罐顶层可能存在凝露现象，位于干燥罐顶层的产品器身干燥前水分相对过高，造成器身干燥不彻底，是造成两台流变部分电容屏水分含量过高的主要原因。

由于器身的部分干燥不彻底，在高电场作用下，这部分水分发生电解，生成氢气，形成小气泡，并附着在电容屏间的绝缘纸上。由于气体与油的电导率有很大的差异，在高压电场的作用下，油中会产生气隙放电现象，局部放电的方式为低能量高密度，产生较多的氢气，放电加剧，变压器油中烃分子在热的作用下发生裂解，产生大量 H_2 和 CH_4，气泡数量逐步增多，局部放电进一步加强，生成少量乙烯和乙炔，产气量达到一定程度时致使该流变相对介质损耗值超标，油色谱超标。

6. 结论

这是一起典型的电流互感器受潮缺陷案例。在这起案例中，通过对电流互感器相对介质损耗和电容量比值的检测、跟踪测试，及时发现了该流变的电容屏受潮缺陷，避免了一起电流互感器损坏故障。这一案例表明通过对电流互感器相对介质损耗和电容量的带电检测能及时有效地发现电流互感器等电容型设备的缺陷，可见这是一种行之有效的检测方法。

第十二章　泄漏电流检测

第一节　检测技术概述

一、避雷器的泄漏电流检测技术简介

避雷器是一种用来保护电力系统中的各种电力设备的装置，它可以使与其并联的各种电气设备免受异常高电压的冲击影响，保障整个电力系统安全供电，因此它的正常工作对电气设备乃至整个电力系统都起着非常重要的作用。避雷器是由阀片构成的，老式的避雷器阀片制作原料是碳化硅，阀片之间留有间隙，并不是紧密相连的，在20世纪70年代，出现了一种以氧化锌来为阀片原料，氧化锌避雷器阀片之间是紧密相连的没有间隙的避雷器。

早期人们主要是采用定期停电进行氧化锌避雷器的预防性试验。停电试验主要有两种方法：一种是测量氧化锌避雷器的绝缘电阻和底座绝缘是否低于规定值以检查其内部是否进水绝缘受潮、瓷质裂纹或硅橡胶损伤；另一种是测量氧化锌避雷器直流 1mA 下参考电压 U_{1mA} 和 $75\%U_{1mA}$ 下的泄漏电流，可以准确而有效地发现避雷器贯穿性的受潮、脏污劣化或瓷质绝缘的裂纹及局部松散断裂等绝缘缺陷。但是这两种方法都存在缺陷和不足，首先试验时需要停电，给生产生活都带来不便，并且停电时氧化锌避雷器的性能状况与运行时存在差异，不能真实反应实际运行情况；其次在停电试验期间需投入较大人力物力，费时费力；最后由于试验周期长，不能及时发现诊断在间隔期间出现的故障。于是，现在更多的是采用带电检测或者在线监测避雷器状态。

氧化锌阀片在运行电压下呈绝缘状态，通过的电流很小，一般为 $10\sim15\mu A$。由于阀片有电容，在交流电压下总电流可达数百微安。当其老化或者受潮时，泄漏电流中的阻性电流会增加。针对这一特点，避雷器泄漏电流带电或在线监测已成为判断氧化锌避雷器的运行状况的一项重要手段。但基于成本比例的关系，避雷器在线监测未广泛开展。氧化锌避雷器泄漏电流带电测试在状态检修工作中显示出它的巨大优势，已成为氧化锌避雷器性能状态监测的重要手段。

二、检测技术应用情况

近年来，氧化锌避雷器泄漏电流带电检测技术已广泛应用于电力系统，通过泄漏电流带电检测，及时发现了多起避雷器内部受潮或绝缘支架性能不良等缺陷，避免了避雷器运行故障。2010年，国家电网公司制定的《电力设备带电检测技术规范（试行）》要求对于10kV及以上电压等级避雷器开展运行中持续电流的检测，通过全电流、阻性电流的初值差判断避雷器运行状况。国家电网公司《输变电设备状态检修试验规程》（Q/GDW 1168—2013）中也将避雷器阻性电流、全电流带电检测列为金属氧化物避雷器例行试验项目。同时，为了进一步提高避雷器泄漏电流检测数据的真实性，各科研院校及测试仪器厂家正致力于提升抗干扰能力、检测安全性等方面的研究，伴随避雷器泄漏电流带电检测技术的日趋成熟，以及测试人员理论和技能水平的逐步提高，避雷器泄漏电流带电检测技术将得到进一步的推广应用。

第二节 检测技术基本原理

一、泄漏电流的基本知识

在系统运行电压的情况下，氧化锌避雷器的总泄漏电流由瓷套泄漏电流、绝缘杆泄漏电流和阀片柱泄漏电流三个部分组成。一般而言，在正常情况下，瓷套泄漏电流和绝缘杆泄漏电流比流过阀片柱的泄漏电流要小得多，只有在污秽或内部受潮引起的瓷套泄漏电流或绝缘杆泄漏电流增大时，总泄漏电流才可能发生突变。因此，在天气好时，测量的总泄漏电流一般都视为流过阀片柱的泄漏电流。

氧化锌避雷器可用如图 12-1 所示的等值电路表示，它由电容部分和非线性金属氧化电阻并联组成。

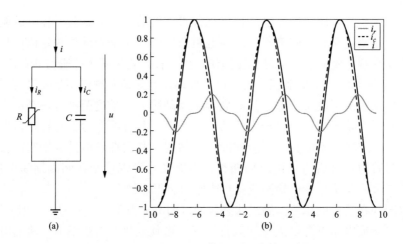

图 12-1 氧化锌避雷器等值电路及泄漏电流波形

（a）等值电路图；（b）泄漏电流波形图

假设电网电压不含谐波分量，即 $u = U_m \sin\omega t$，根据欧姆定理可知：

$$i_R = \frac{U}{R} = \frac{U_m}{R}\sin\omega t$$
$$i_C = C\frac{\mathrm{d}u}{\mathrm{d}t}\omega C U_m\cos\omega t \tag{12-1}$$

因氧化锌阀片具有非线性电压-电流特性，因此电阻 R 是个变量，导致 i_R 是非线性的，含有各次谐波，将其分解得到

$$i_R = \sum_{n=2k-1}^{\infty} I_n\sin(n\omega t + \varphi_n) \tag{12-2}$$

式中：I_n 为避雷器泄漏电流阻性电流的 n 次谐波峰值。图 12-1 为实验室模拟的避雷器泄

漏电流波形，现对其各部分含量变化对避雷器性能的影响分析如下：

1. 阻性电流基波分量

根据阻性电流对应的功率 P_R 计算公式为：

$$P_R = \int_0^T u i_R \mathrm{d}t \tag{12-3}$$

发现式中只有基波项积分结果不为零，其余各项积分均为零。因此产生有功功率导致氧化锌阀片发热的主要是阻性电流中的基波分量，从而总泄漏电流中的阻性电流基波分量是判断氧化锌阀片绝缘性能是否良好的重要依据。

2. 阻性电流谐波分量

氧化锌阀片的老化将会使其非线性特性变差，其主要表现是在系统正常运行电压下阻性电流高次谐波分量显著增大，而阻性电流的基波分量相对增加较小，因此避雷器阻性泄漏电流中高次谐波分量是判断氧化锌阀片老化状况的依据。

而实际系统运行电压条件下，不可避免地存在系统谐波和电磁干扰，此时泄漏电流中的谐波成分将包括因谐波电压而引起的谐波分量。

二、泄漏电流检测仪组成及基本原理

避雷器泄漏电流带电检测方法常采用总泄漏电流法、三次谐波法（零序电流法）、容性电流补偿法、基波法、波形分析法等。总泄漏电流法测量流过避雷器的全电流。三次谐波法（零序电流法）是基于氧化锌避雷器的总阻性电流与阻性电流三次谐波在大小上存在比例关系，通过检测氧化锌避雷器三相总泄漏电流中阻性电流三次谐波分量来判断其总阻性电流的变化。电容电流补偿法是利用外加容性电流抵消泄漏电流中与母线电压相位差 $\pi/2$ 的容性分量，从而得到阻性电流分量。基波法是同步地采集氧化锌避雷器上的电压和总泄漏电流信号，然后将电压电流信号分别进行快速傅里叶变换（FFT），得到基波电流和基波电压的幅值及相角，再将基波电流投影到基波电压上就可以得出阻性基波电流。下面分别介绍各种方法的技术特点。

（一）测试原理

1. 总泄漏电流法

该方法又称全电流法，主要是通过检测氧化锌避雷器的总泄漏电流，从而对氧化锌避雷器的工作状态进行判断，这种检测方法原理简单而且很容易实现。在实际工作情况下，氧化锌避雷器的容性电流分量基本上恒定，当由于氧化锌避雷器的劣化或老化程度增加而导致阻性电流分量增加时，氧化锌避雷器的总泄漏电流也会略微有所增加，因此总泄漏电流法能够从某种程度上反映出氧化锌避雷器的绝缘状态。

2. 三次谐波法

互为三相的氧化锌避雷器的基波阻性电流分量相位依次相差 $120°$，而且容性电流分量相位也依次相差 $120°$，所以互为三相的氧化锌避雷器的总泄漏电流之和为阻性电流分量的三次谐波分量，这正是三次谐波法的原理。阻性电流的三次谐波分量可以反映出氧化锌避雷器的老化情况。但是，由于这种方法是根据三相避雷器总泄漏电流之和获得的阻性电流分量，所以很难判断出导致阻性电流分量变化的氧化锌避雷器是哪一相。而且，激励电压的三次谐波对这种阻性电流分量提取方法的影响很明显。

但由于实际电网电压的不平衡性，波形以及三相 MOA 的差异都有可能影响到电流的读数。瓷套表面潮湿时，表面泄漏电流也将直接影响读数，从而引起错误判断；另外，即使电流出现变化，也不能分辨出是哪一相 MOA 出现异常。

3. 容性电流补偿法

通过外电路对氧化锌避雷器的总泄漏电流施加与激励电压呈 90°相位差的容性电流，并且通过调整外施容性电流的大小补偿掉氧化锌避雷器中的容性电流分量，从而获得氧化锌避雷器的阻性电流分量。该补偿信号还与阻性电流通过一个乘法器相乘，并用乘法器的输出调整补偿量，直到补偿信号与阻性电流相差为 90°时乘法器输出为零，此时输出的阻性电流与容性电流相差为 90°（其原理图见图 12-2）。

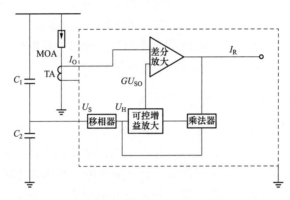

图 12-2　容性电流补偿法原理图

容性电流补偿法测试方法十分简便，提取原理简单，能够直接求取阻性电流，已经在工程实践中取得了很好的效果，但该方法只有当氧化锌避雷器总泄漏电流中阻性电流的相位与容性电流的相位成 $\pi/2$ 的时候才能够得到避雷器运行状况的真实结果。但是在测试现场测试时，受相间杂散电容的影响和电压谐波等因素的影响比较大。测量存在误差。此外补偿法需要从电压互感器上采集电压信号，可能存在相移，电网电压存在较大谐波时，也会影响其测量的精度。

4. 基波法

基波法实现的前提和测量原理是假设氧化锌避雷器在基波电压作用下的阻性电流分量只存在基波分量，只有阻性基波电流做功产生热量，并且认为阻性基波电流不受电网电压谐波的影响。采用 FFT 变换的方法分别获得氧化锌避雷器的总泄漏电流和激励电压的基波分量的幅值和相位，然后将总泄漏电流的基波分量向激励电压的基波分量方向进行投影而得到基波阻性电流分量。

5. 波形分析法

波形分析法可以计算包括基波在内的各次谐波电流的容性阻性分量。目前用得较多的是对 1、3、5、7 次谐波进行分析处理。运用 FFT 变换对同步检测到的电压和电流信号进行谐波分析，获得电压和阻性电流各次谐波的幅值和相角，然后计算各次谐波的有功无功分量，也可以把需要的各个分量再次合成一个波形，并求得波形的有效值和峰值等参数。这种方法弥补了基波法完全忽略阻性电流高次谐波的不足，不仅能发现氧化锌避雷器因受潮而引起的阻性基波电流增加，也能发现因氧化锌避雷器中阀片老化而导致的阻性高次谐波电流的增加。

在基波法的基础上运用傅里叶变换对同步检测到的电压和电流信号进行波形分析，获得电压和阻性电流各次谐波的幅值和相角，计算得出阻性电流基波分量及各次谐波分量，弥补了基波法完全忽略阻性电流高次谐波的影响。同时该方法能够得到电压信号的谐波成分，从而可以考虑电压谐波造成的影响，综合判断更能得出正确的结论。

表 12-1　　　　　　　　　避雷器泄漏电流带电检测方法的优缺点

测试方法	优点	缺点
总泄漏电流法	不需要电压参考量 测试方法简单，易实现在线监测	不易发现早期老化缺陷
三次谐波法	不需要电压参考量 测量方便、操作简便	电网谐波影响较大。不适用于电气化铁路沿线的变电站或有整流源的场所
容性电流补偿法	需要测取电压参考量 原理清楚，方法简便	受相间干扰及电网谐波影响较大
基波法	需要测取电压参考量 原理清楚，操作简便	受相间干扰影响 不能有效地反映 MOA 电阻片的老化情况
波形分析法	需要测取电压参考量 原理清楚，可有效测量阻性电流基波和高次谐波分量，可以较为准确的判断 MOA 的运行状况及性能下降原因	受相间干扰影响

（二）仪器组成

目前用于避雷器阻性电流测试的仪器主要分为两类，一类为同时需要用运行相电压的桥式补偿电路或类似的电子仪器，另一类为无须用运行电压，采用三次谐波电流原理制成的仪器。由于目前避雷器泄漏电流带电检测仪器厂家普遍采用测取电压信号的测试方法，本节基于波形分析法对泄漏电流检测仪组成及基本原理进行简要说明。

1. 测量原理

全电流波形和参考电压波形经过 A/D 转换器转换为数字化波形，CPU 对数字化波形进行 FFT 变换（快速傅里叶变换），获得参考电压和全电流的各次谐波的幅值和相角，然后分别对各次谐波计算容性和阻性分量，所有阻性分量谐波还可以重新合成阻性电流波形，供计算峰值或有效值。波形或数据可以在 LCD 显示器上显示出来，也能存储打印或者通过通信接口传输。通过对数据或波形的分析进而对氧化锌避雷器的性能做出判断。

2. 仪器组成

除了 A/D 转换器和 CPU 等数字处理电路，不同的仪器可能有不同的配置。例如全电流或参考电压是一个通道还是三个通道，参考电压采用有线传输还是无线传输，采用数字传输还是模拟传输，传输全电流波形还是参考电压波形，电流采样使用夹子还是钳形 TA，是否支持其他参考信号（如感应板、检修电源或者其他泄漏电流）等。

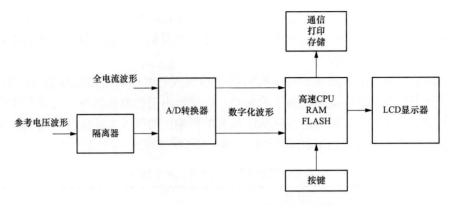

图 12-3　避雷器泄漏电流带电检测仪器测量原理图

以某国产泄漏电流检测仪为例：由仪器由主机、三相电流测试线线、三相电压隔离器、电压测试线等部件组成。仪器可以同时测量三相避雷器，能够补偿相间干扰，可以用单相或三相参考电压，支持感应板或检修电源做参考。电压隔离器采用无线数字传输，测量精度不受传输过程的影响。

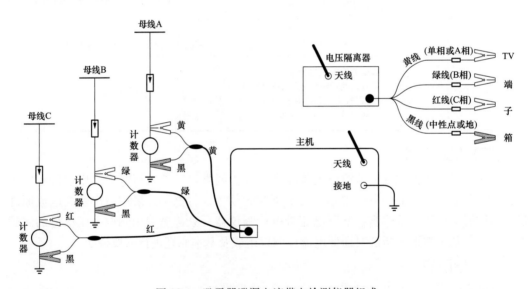

图 12-4　避雷器泄漏电流带电检测仪器组成

又如另一型号的泄漏电流检测仪则采用了发射三相电流的设计，特别是增加了容性设备末屏电流参考方式，使用起来比从 TV 端子箱取参考电压的方式更加安全。

3. 电流取样方式

不论采用何种测试方法，都需测量避雷器总泄漏电流信号。由于避雷器下端通常接有带泄漏电流表的计数器，可通过测试线将其短接，并通过仪器内部的高精度电流传感器获得电流信号。有极少数的低阻计数器，其两端电压只有几十毫伏，这种情况无法直接将泄漏电流完全引入仪器，此时则需使用高精度钳形电流传感器采样。

4. 电压取样方式

（1）TV 二次电压：电压信号取自待测 MOA 同相的 TV 二次电压，该方式可以提供

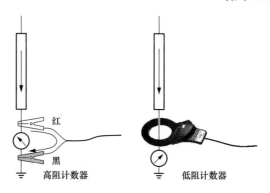

图 12-5 电流取样方式

最好的测试精度。0.5 级 TV 角差为 $20'$（$0.33°$）。从 MOA 评价来看，$1\sim2°$ 的误差可以接受，而仪器自身的角度误差通常可以控制在 $0.1°$ 以内，因此 TV 自身误差可以忽略。就其传输方式而言，目前主要有有线传输和无线传输方式两种。

（2）检修电源：避免了通过取电压互感器端子箱内二次参考电压的误碰、误接线存在的风险，可通过测取交流检修电源 220V 电压作为虚拟参考电压，再通过相角补偿求出参考电压。需要注意的是系统电压互感器端子箱是 Y/Δ-11 接线方式，检修箱内检修电源是 Δ/Y-11 接线方式，二者存在一定角差，因此为获取准确的测量结果需通过 TV 二次电压和检修电源的角差，方可执行。

（3）感应板：即将感应板放置在 MOA 底座上，与高压导体之间形成电容。仪器利用电容电流做参考对 MOA 总电流进行分解。其基本原理如下：

在电场 E 中，面积 S 的感应板上会聚集电荷 $q=\varepsilon_0 Se$，$\varepsilon_0=8.854\times10^{-12}\,\mathrm{F/m}$ 为真空介电常数。交流电场中 $e=E\sin(2\pi Ft)$，感应电流为：

$$i=\frac{\mathrm{d}q}{\mathrm{d}t}=2\pi f\varepsilon_0 E\cos(2\pi f)S \tag{12-4}$$

因此，感应电流有效值 $I=2\pi f\varepsilon_0 ES$，相位超前 E90°，而 $E=V/d$ 与母线电压成正比，与感应板到母线的距离成反比，与母线电压同相。如采用的感应板面积 $S=0.01\mathrm{m}^2$，在 $100\mathrm{kV/m}$ 电场下，基波 50Hz 感应电流为 $2.8\mu\mathrm{A}$。感应板取样方式原理图如图 12-6 所示。

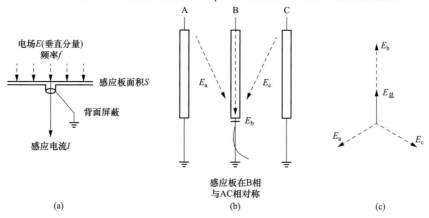

图 12-6 感应板取样方式原理图

（a）感应电流与电场矢量图；（b）感应板在 B 相与 AC 相对称下电场矢量图；（c）三相场强矢量图

由于感应板同时接收 ABC 电场。只有将感应板放到 B 相下面，且与 AC 相严格对称的位置上，AC 相电场才会抵消，只感应到 B 相母线电压。如果放到 AC 相下面也不会正确感应 AC 相母线电压。

由于感应板对位置比较敏感，该种测试方法受外界电场影响较大，如测试主变侧避雷器或仪器上方具有横拉母线时，测量结果误差较大。现场测试中不推荐采用此方法。

（4）容性设备末屏电流：使用容性设备末屏电流做参考可以提供很好的精度。容性设备自身的介损很小，tanδ＝0.2％对应的角度误差只有 0.1°，对 MOA 来讲相当于标准电容。虽然容性设备也存在相间干扰，但其电流数值高于 MOA 几十倍以上，相间干扰也只有 MOA 的几十分之一，可以忽略。容性设备末屏电流取样方式接线图如图 12-7 所示。

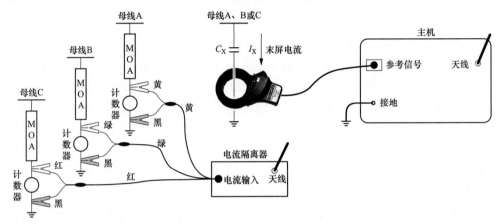

图 12-7　容性设备末屏电流取样方式接线图

（三）泄漏电流测试仪技术指标

1. 环境适应能力

（1）环境温度：−10～＋55℃；

（2）环境相对湿度：0％～85％；

（3）大气压力：80～110kPa。

2. 性能要求

避雷器泄漏电流带电测试仪器的性能指标需满足表 12-2 中的要求。

表 12-2　　　　　　　　　避雷器泄漏电流带电检测装置性能指标

检测参数	测量范围	测量误差要求
全电流	100μA～50mA	±（标准读数×5％＋5μA）
阻性电流	100μA～10mA	±（标准读数×5％＋5μA）

第三节　检测及诊断方法

一、泄漏电流检测方法

（一）检测条件

除非另有规定，检测均在当地大气条件下进行，且检测期间，大气环境条件应相对稳定。环境温度不宜低于＋5℃。检测宜在晴天进行，环境相对湿度不宜大于80％。同时需要满足待测设备处于运行状态、设备外表面清洁、设备上无其他外部作业等条件。

避雷器泄漏电流带电检测人员应熟悉泄漏电流检测技术的基本原理、诊断分析方法，了解泄漏电流检测仪的工作原理、技术参数和性能，掌握泄漏电流检测仪的操作方法，了解被测设备的结构特点、工作原理、运行状况和导致设备故障的基本因素。熟悉并能严格遵守电力生产和工作现场的相关安全管理规定，经过上岗培训并考试合格。

泄漏电流带电检测时应严格执行国家电网公司《电力安全工作规程（变电部分）》的相关要求。应在良好的天气下进行，如遇雷、雨、雪、雾不得进行该项工作，风力大于5级时，不宜进行该项工作。检测时应确保操作人员及试验仪器与电力设备的高压部分保持足够的安全距离，防止误碰误动其他设备。在使用传感器进行检测时，应戴绝缘手套，避免手部直接接触传感器金属部件。从电压互感器获取电压信号时，应有专人做监护并做好防止二次回路短路的措施。

1. 仪器要求

泄漏电流检测仪能够检测避雷器全电流、阻性电流基波及其谐波分量、有功功率、相角等值。

2. 主要技术指标

（1）全电流测量范围：1μA～50mA，准确度：±1％或±1μA，测量误差取两者最大值。

（2）阻性电流测量范围：1μA～10mA，准确度：±1％或±1μA，测量误差取两者最大值。

（3）仪器充电电源：100～250V，50Hz。

（4）仪器电池持续工作时间不小于6h。

3. 功能要求

（1）所有测量均符合规范的电工理论，仪器性能可以实验室验证和校准。

（2）全数字波形处理软件，配合高速微处理器，实现精确稳定地测量。

（3）带背光的大屏幕液晶显示器，白天夜间均能清晰观察，可观察全部数据，也可以观察主要数据。

（4）可显示参考电压、全电流、阻性电流基波、基波容性电流值、有功功率。

（5）检测仪器具备抗外部干扰的功能，并且可以手动设置由于相间干扰引起的偏移角，消除干扰。

（6）可选择测量方式。

（7）外接电源时，保证仪器使用的电源电压为220V，频率为50Hz。

（8）电压采集单元宜具备无线传输功能。

4. 注意事项

（1）测试期间仪器必须可靠接地。

（2）取全电流 I_X 时，计数器电流表指针要回零。带泄漏电流表的计数器，连接仪器后，电流表指针应该回零，说明电流完全进入仪器。有些计数器与在线电流表是分离的，电流表在上计数器在下，只将计数器断掉出现数据不正常，应将电流表和计数器一起断掉才可以。如果怀疑总电流过小，应该用万用表测量一下计数器两端电压，很低的就是低阻计数器。低阻计数器需用高精度钳形电流传感器采样。

（3）测取 PT 电压信号时，在接端子箱时，一定要看清要夹的部位。并且夹子一定要夹实。端子箱门要固定。要有专人看守端子箱。

（二）检测准备

检测前，应了解相关设备数量、型号、制造厂家、投运日期等信息以及运行情况，制定相应的技术措施。配备与检测工作相符的图纸、历次设备检测记录、标准作业卡。现场具备安全可靠的独立电源，禁止从运行设备上接取检测用电源。检查环境、人员、仪器、设备须满足检测条件。按相关安全生产管理规定办理工作许可手续。

1. 工作前准备

工作前应办理变电站第二种工作票，并编写避雷器泄漏电流带电检测作业指导书、现场安全控制卡和工序质量卡；试验前应详细掌握被试设备和参考设备历次停电试验和带电检测数据、历史缺陷、家族性缺陷、不良工况等状态信息；准备现场工作所使用的工器具和仪器仪表，必要时需要对带电检测仪器进行充电。

2. 测试前准备

带电检测应在天气良好条件下进行，确认空气相对温度应不大于 80％。环境温度不低于 5℃，否则应停止工作；选择合适的参考设备，并备有参考设备、被测设备的停电例行试验记录和带电检测试验记录；核对被试设备运行编号、相位，查看并记录设备铭牌。

3. 接线与测试

各类检测方法接线方式如图 12-8～图 12-11 所示。本节以常规需测取避雷器运行电压信号的泄漏电流带电检测仪器为例进行说明。

（1）首先将仪器可靠接地。

（2）确认仪器电量是否充足，必要时准备电源充电。

（3）测取全电流，首先将信号线与仪器连接，取信号端先接接地端，再接避雷器引下线，并观察泄漏电流表指针是否归零。如果没有安装泄漏电流在线监测表计，需要加装临时接地线，读取电流信号。

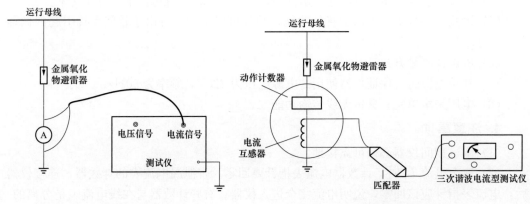

图 12-8　全电流法接线方式　　　　　图 12-9　零序法测试接线方式

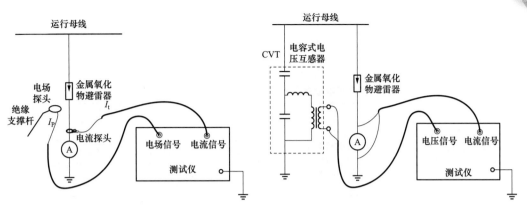

图 12-10 阻性电流三次谐波法　　　　图 12-11 容性电流补偿法、基波法及
　　　　　测试接线方式　　　　　　　　　　　　波形分析法接线方式

（4）取参考电压信号，单相参考电压接隔离器 B 通道，三相对应接 A、B、C，接线前测量信号线是否完好，避免二次端子短路（补偿法、基波法需要取参考电压信号，三次谐波法不需要取参考电压信号）。

（5）仪器设置：设置试验设备、试验参数、电压选取方式、电压互感器变比等参数。

（6）测试并记录数据。记录全电流，阻性电流基波峰值，阻性电流三次谐波平均值，运行电压数据，相邻间隔设备运行情况；并应注意瓷套表面状况的影响及相间干扰对测试结果的影响。

（7）测试完毕，先将仪器关闭，拆除试验线时，先拆信号侧，再拆接地端，最后拆除仪器接地线。

4. 检测步骤

（1）将仪器可靠接地，先接接地端，后接信号端。

（2）按照检测接线图正确连接测试引线和测试仪器。

（3）正确进行仪器设置，包括电压选取方式、电压互感器变比等参数。

（4）测试并记录数据，记录全电流、阻性电流、运行电压数据、相邻间隔设备运行情况。

（5）测试完毕，先关闭仪器。拆除试验线时，先拆信号侧，再拆接地端，最后拆除仪器接地线。

二、泄漏电流诊断方法

1. 判断方法

（1）横向比较法。同一厂家、同一批次的产品，MOA 各参数应大致相同，如果全电流或阻性电流差别较大，即使参数不超标，MOA 也有可能异常。

（2）纵向比较法。同一产品，在相同的环境条件下，不同时间测得的数据可以做纵向比较，发现全电流或阻性电流有明显增大的趋势时，应缩短检测周期或开展停电诊断试验，以确保安全。

（3）综合分析法。当怀疑避雷器泄漏电流存在异常时，应排除各种因素的干扰，并结合红外精确测温结果进行综合分析判断，必要时应开展停电诊断试验。

2. 规程要求值

根据国家电网公司《输变电设备状态检修试验规程》（Q/GDW 1168—2013）中明确提出避雷器运行中持续电流检测（带电）检测周期和检测要求见表 12-3。

表 12-3 　　　　　　　　　　　《输变电设备状态检修试验规程》要求值

例行试验项目	基准周期	要求	说明
运行中持续电流检测（带电）	110（66）kV 及以上：1 年	阻性电流初值差≤50%，且全电流≤20%	具备带电检测条件时，宜在每年雷雨季节前进行本项目。 通过与历史数据及同组间其他金属氧化物避雷器的测量结果相比较做出判断，彼此应无显著差异。当阻性电流增加 0.5 倍时应缩短试验周期并加强监测，增加 1 倍时应停电检查

3. 缺陷类型

在进行 MOA 测试结果分析时，应综合全电流、阻性电流基波分量、阻性电流谐波分量、UI 夹角等测量结果，判断 MOA 运行状况。

（1）阻性电流的基波成分增长较大，谐波的含量增长不明显时，一般表现为污秽严重或受潮。

（2）阻性电流谐波的含量增长较大，基波成分增长不明显时，一般表现为老化。

（3）仅当避雷器发生均匀劣化时，底部容性电流不发生变化。发生不均匀劣化时，底部容性电流增加。避雷器有一半发生劣化时，底部容性电流增加最多。

4. 影响测量结果的因素

在进行泄漏电流的分析判断时，要充分考虑外界环境因素对测试结果的影响，确保分析正确。

（1）瓷套外表面受潮污秽的影响。瓷套外表面潮湿污秽引起的泄漏电流，如果不加屏蔽会进入测量仪器。解决的方法是在 MOA 最下面的瓷套上加装接地的屏蔽环，将瓷套表面泄漏电流接地。

（2）温度对 MOA 泄漏电流的影响。由于 MOA 的氧化锌电阻片在小电流区域具有负的温度系数及 MOA 内部空间较小，散热条件较差，加之有功损耗产生的热量会使电阻片的温度高于环境温度。这些都会使 MOA 的阻性电流增大，电阻片在持续运行电压下从 $+20$℃～$+60$℃，阻性电流增加 79%，而实际运行中的 MOA 电阻片温度变化范围是比较大的，阻性电流的变化范围也很大。因此在进行检测数据的纵向比较时应充分考虑该因素。

（3）湿度对测试结果的影响。湿度比较大的情况下，一方面会使 MOA 瓷套的泄漏电流增大，同时也会使芯体电流明显增大，尤其是雨雪天气，MOA 芯体电流能增大 1 倍左右，瓷套电流会成几十倍增加。MOA 泄漏电流的增大是由于 MOA 存在自身电容和对地电容，MOA 的芯体对瓷套、法兰、导线都有电容，当湿度变化时，瓷套表面的物理状态发生变化，瓷套表面和 MOA 内部阀片的电位分布也发生变化，泄漏电流也随之变化。当测试时的环境温度高于或低于测试初始值的环境温度时，应将此时所测得阻性分量电流值进行温度换算后，才能与初始值相比较，温度换算的方法为：温度每升高 10℃，电流增大 3%～5%。

（4）相间干扰的影响。对于一字排列的三相 110～500kV 金属氧化物避雷器，在进行泄漏电流带电检测时，由于受相间干扰影响，A、C 相电流相位都要向 B 相方向偏移，一般偏移角度 2°～4°，这导致 A 相阻性电流增加，C 相变小甚至为负。原理图如图 12-12 所示。

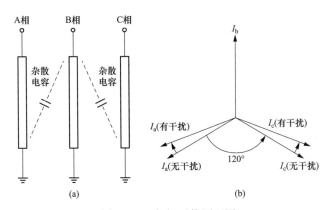

图 12-12　相间干扰原理图

（a）相间干扰杂散电容示意图；（b）相间干扰电流矢量示意图

相间干扰对测试结果有影响，但不影响测试结果的有效性。采用历史数据的纵向比较法，能较好地反映氧化锌避雷器运行情况。目前已研制出采用移相补偿原理的阻性，能基本上消除相间电容干扰的影响。

（5）谐波的影响。虽然 MOA 是非线性设备，但是在运行电压下其非线性并不明显。母线电压含有的谐波电压，也在全电流中产生谐波电流，这些原因导致无法准确检测 MOA 自身的谐波电流。

（6）参考电压方法选取的不同。MOA 测量仪一般具有 TV 二次电压法、检修电源法、感应板法、容性设备末屏电流法几种参考电压方式，各种方法不同带来系统性的电压误差，影响试验结果。

（7）测试点电磁场对测试结果的影响。测试点电磁场较强时，会影响到电压 U 与总电流 I_X 的夹角，从而会使测得的阻性电流峰值数据不真实，给测试人员正确判断 MOA 的质量状况带来不利影响。

第四节　典型案例分析

一、110kV GIS 避雷器泄漏电流异常缺陷

1. 案例经过

2017 年 4 月 26 日，运维人员在例行巡视时发现某线路避雷器 B 相泄漏电流较上一次巡视（4 月 12 日）有显著增长，由 0.59mA 增长至 0.69mA，决定缩短巡视周期跟踪。5 月 10 日对该组避雷器跟踪时发现，B 相避雷器泄露电流已经增长至 0.9mA，超过 1.4 倍告警值（投产的初始值是 0.6mA）。A、C 相避雷器电流无异常，避雷器气室 SF$_6$ 气体压力无异常，经查询无低气压报警及补气记录。该避雷器型号为 Y10WF5-102/266，2014 年 1 月出厂，三相避雷器内置同一个 GIS 罐体内，于 2014 年 6 月投产。

2. 检测分析方法

（1）阻性电流测试。5 月 11 日上午，试验人员对该避雷器进行阻性电流带电测试，发现 B 相避雷器阻性电流及全电流均明显增长，角度显著下降，判断 B 相避雷器性能已经劣化。诊断数据见表 12-4。

表 12-4   **某 110kV GIS 避雷器阻性电流带电测试结果**

试验日期：2017.5.11；气候：晴；温度：28℃；湿度：60%

相位	I_x(mA)	I_{xp}(mA)	I_r(mA)	I_{rp}(mA)	I_{r1p}(mA)	I_{r3p}(mA)	φ(°)	U(V)
A	0.542	0.777	0.054	0.098	0.073	0.005	84.49	59.55
B	0.861	1.173	0.315	0.545	0.436	0.074	68.91	59.44
C	0.550	0.794	0.056	0.100	0.075	0.004	84.41	59.48

从该组避雷器 2016 年带电测试数据（见表 12-5）来看，B 相避雷器和 A、C 相数据较为接近，未见明显异常，性能未见劣化。

表 12-5   **2016 年 3 月 23 日避雷器带电测试数据**

相位	I_x(mA)	I_{xp}(mA)	I_r(mA)	I_{rp}(mA)	I_{r1p}(mA)	I_{r3p}(mA)	φ(°)	U(V)
A	0.539	0.771	0.050	0.090	0.068	0.004	84.52	59.51
B	0.552	0.796	0.062	0.108	0.090	0.006	82.98	59.43
C	0.545	0.785	0.053	0.097	0.072	0.004	84.46	59.47

（2）解体外观检查。6 月 1 日，在厂房内对该避雷器筒体进行解体检查。解体图片如图 12-13 所示。

    （a）   （b）   （c）

图 12-13   GIS 避雷器解体图片

（a）避雷器整体拆卸图；（b）B 相避雷器；（c）B 相避雷器内部结构图

对三相避雷器分别进行直流试验，数据见表 12-6。

表 12-6   **直 流 试 验 结 果**

相位	MΩ/底座	U_{1mA}（kV）	I75%（μA）	外观检查
A	50000/10000	158.6	13.5	无异常
B	50000/50000	105.7	72	无异常
C	50000/15000	158.7	13.6	无异常

从停电试验数据上来看，B 相避雷器直流 1mA 动作电压明显低于 A、C 相，低于铭牌要求的≥148kV，75％电压下的泄漏电流也大大高于 A、C 相电流，且超过规程要求的不大于 50μA，保护性能已经严重劣化，和带电诊断试验结论相吻合。进一步拆解及试验：对异常 B 相避雷器和正常相 C 相避雷器进行进一步拆解分析。

解体后可见每相避雷器由 35 片氧化锌电阻阀片串联组成，对阀片进行外观检查，发现 B 相自上而下，第 8、9、17、18、25、26、27、28、29、30、31 号阀片表面均发现有黑色斑块，疑似灼烧放电痕迹；C 相避雷器阀片外观检查无异常，未见黑色斑块。B 相避雷器阀片斑块如图 12-14 所示。

图 12-14　B 相避雷器
阀片斑块

（3）绝缘电阻测试。对 B、C 相所有阀片进行绝缘电阻测试，测试结果见表 12-7。

表 12-7　　　　　　　　　　阀片绝缘电阻测试结果

阀片序号（自上而下）	B 相阀片外观	B 相阀片绝缘电阻（MΩ）	C 相阀片外观	C 相阀片绝缘电阻（MΩ）
1	无异常	230	无异常	＞2000
2	无异常	60	无异常	＞2000
3	无异常	30	无异常	＞2000
4	无异常	50	无异常	＞2000
5	无异常	90	无异常	＞2000
6	无异常	1800	无异常	＞2000
7	无异常	60	无异常	＞2000
8	单面有黑斑	60	无异常	＞2000
9	两面有黑斑	0.182	无异常	＞2000
10	无异常	800	无异常	＞2000
11	无异常	80	无异常	＞2000
12	无异常	50	无异常	＞2000
13	无异常	200	无异常	＞2000
14	无异常	1500	无异常	＞2000
15	无异常	1200	无异常	＞2000
16	无异常	60	无异常	＞2000
17	两面有黑斑	0.182	无异常	＞2000
18	两面有黑斑	0.072	无异常	＞2000
19	无异常	500	无异常	＞2000
20	无异常	200	无异常	＞2000
21	无异常	300	无异常	＞2000
22	无异常	500	无异常	＞2000

续表

阀片序号（自上而下）	B相阀片外观	B相阀片绝缘电阻（MΩ）	C相阀片外观	C相阀片绝缘电阻（MΩ）
23	无异常	50	无异常	＞2000
24	无异常	70	无异常	＞2000
25	单面有黑斑	0.116	无异常	＞2000
26	两面有黑斑	0.048	无异常	＞2000
27	两面有黑斑	0.006	无异常	＞2000
28	两面有黑斑	0.004	无异常	＞2000
29	两面有黑斑	0.017	无异常	＞2000
30	两面有黑斑	1000	无异常	＞2000
31	单面有黑斑	0.877	无异常	＞2000
32	无异常	70	无异常	＞2000
33	无异常	600	无异常	＞2000
34	无异常	1100	无异常	＞2000
35	无异常	1200	无异常	＞2000

注 B相第9、17、18、25、26、27、28、29、31号阀片用2500V绝缘电阻表测试，绝缘电阻为零，用1000V绝缘电阻表测试，绝缘电阻非常小，均小于1MΩ。

从B相避雷器阀片逐片测试绝缘电阻数据中可看出，除了30号阀片之外，凡是阀片上下两个面出现黑色斑块的（第9、17、18、26、27、28、29、31号阀片），在2500V绝缘电阻表测试下，绝缘电阻均为零，在1000V绝缘电阻表测试下，绝缘电阻也均小于1MΩ，单面有黑斑的25号阀片绝缘电阻也小于1MΩ，可以认为，在系统额定运行电压下，上述阀片基本已经处于导通状态，失去绝缘及保护能力；关于阀片表面黑色斑块的由来，4月12日巡视时，观察到三相避雷器泄漏表动作次数均为5次（交接试验时三相计数器就打到5格），而4月26日第二次巡视时，发现B相避雷器泄漏表动作次数上升为7次。经过查阅历史天气预报，发现变电所所在地区在4月12～26日期间正值雷雨季节，多次发生雷雨天气，判断期间该间隔B相曾遭受两次雷击，避雷器虽正确动作，但由于短时泄入多次雷电流，使部分阀片击穿，并留下上下贯通的黑色灼伤斑块。受损阀片（约8～9片）击穿后，失去保护性能，B相避雷器实际承受系统运行电压的有效阀片已经大大少于35片，使剩余的阀片每片承受的实际电压远超过之前承受的正常电压，形成累积雪崩效应，性能持续劣化，致使B相避雷器的泄漏电流持续上升，4月26日上升至0.69mA，5月10日更是上涨至0.9mA，达到1.4倍告警值，此时经过带电检测发现，阻性电流已经达到正常相的5倍，已无法起到其应有的保护作用，且对设备安全运行存在重大隐患。B相避雷器自运行以来，只经受了两次雷击过电流就发生大面积阀片击穿现象。从事后B相绝缘电阻试验来看，所有阀片的绝缘电阻均低于正常相，说明B相所有阀片均已受损。

为了进一步寻找B相避雷器劣化严重的原因，同时也为了判断该类型避雷器是否存在质量问题。6月15日，对更换下来的A/B相避雷器进行进一步分析试验（A相避雷器之前未解体）。

（4）阀片试验。将两只避雷器转移到阀片试区进行解体，取出内部氧化锌阀片并进行编号，其中A相避雷器阀片总计34片，B相35片，按照技术标准对阀片开展相关试验（测试结果见表12-8）。

表 12-8　　　　　　　　　　阀片直流参考电压、泄漏电流、残压试验

编号	$U_{1mA(DC)}$(kV)	$I_{75\%}$(μA)	残压(kV)	编号	$U_{1mA(DC)}$(kV)	$I_{75\%}$(μA)	残压(kV)
A1	4.66	1	7.83	B1	4.47	41	7.77
A2	4.66	1	7.89	B2	4.24	117	7.58
A3	4.57	3	7.79	B3	3.41	229	7.82
A4	4.76	3	8.08	B4	4.11	184	7.79
A5	4.7	1	7.92	B5	2.38	435	7.56
A6	4.58	11	7.72	B6	4.3	4	7.22
A7	4.75	3	7.88	B7	4.13	127	7.63
A8	4.72	4	7.89	B8	3.73	104	7.63
A9	4.76	1	7.99	B9	0	0	—
A10	4.71	3	7.86	B10	4.53	7	7.73
A11	4.76	2	7.99	B11	4.35	79	7.59
A12	4.71	4	7.91	B12	4.15	143	7.58
A13	4.59	7	7.84	B13	4.35	30	7.58
A14	4.67	3	7.86	B14	4.48	7	7.58
A15	4.28	5	8.00	B15	4.24	4	7.37
A16	4.76	4	8.00	B16	3.83	130	7.73
A17	4.78	8	8.02	B17	0	0	—
A18	4.71	4	7.88	B18	0	0	—
A19	4.6	6	7.77	B19	4.27	13	7.33
A20	4.44	7	7.44	B20	4.41	37	7.73
A21	4.78	3	8.00	B21	4.41	26	7.58
A22	4.73	5	7.95	B22	4.45	13	7.67
A23	4.78	5	8.00	B23	1.44	276	—
A24	4.61	3	7.73	B24	4.25	89	7.59
A25	4.7	3	7.94	B25	0	0	—
A26	4.67	10	7.94	B26	0	0	—
A27	4.61	2	7.75	B27	0	0	—
A28	4.68	5	7.89	B28	0	0	—
A29	4.79	6	8.05	B29	0	0	—
A30	4.2	3	7.16	B30	4.54	5	7.72
A31	4.71	4	7.88	B31	1.01	500	—
A32	4.75	4	7.92	B32	3.86	95	7.86
A33	4.69	2	7.89	B33	4.16	8	7.28
A34	4.66	3	7.86	B34	4.37	33	7.48
				B35	4.47	4	7.53

　　其中 B9、B17、B18、B25、B26、B27、B28、B29 号阀片由于绝缘过低没有直流参考电压和泄漏电流的数据。B9、B17、B18、B23、B25、B26、B27、B28、B29、B31 进行残压试验也无数据，试验过程中出现了 B23 阀片直接炸碎与 B18 阀片出现裂纹的情况（见图 12-15）。

　　按照技术标准，必须对 1‰ 的阀片进行 2ms 方波通流试验，只有合格后才能使用。2ms 方波通流试验后 B2 阀片出现了裂纹如图 12-16 所示。试验过程分 6 轮，在每一轮中阀片要通流 3 次，每次相隔一分钟，共计进行 18 次方波通流试验，每轮通流前要求阀片

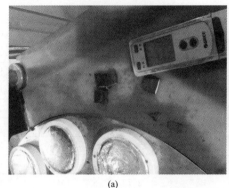

（a） （b）

图 12-15 残压试验时直接炸碎和出现裂纹的阀片（划圈处）

（a）直接炸碎；（b）出现裂纹

图 12-16 2ms 方波通流试验后
B2 阀片出现了裂纹

接炸碎（见图 12-17）。

完全冷却。本次试验从 A 相中随意抽取四片，B 相则从之前直流参考电压和残压试验中数据相对较好的阀片中选取两片。最后选定试验阀片为 A3、A11、A18、A30、B3、B20。经过 6 轮通流试验之后，未发现明显异常。只有 B20 阀片存在裂纹，该现象不排除是由于物理碰撞而形成的。

继续对抽取的 6 片阀片进行大电流冲击试验。试验时两片叠加一起进行，A5、A6 一组，A14、A15 一组，B1、B2 一组，冲击时电流峰值达到了 100kA，持续 4/10μs。试验结束后发现 A5、A6、A14、A15 并无异常，B1、B2 在冲击时直

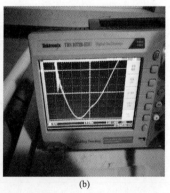

（a） （b）

12-17 B1、B2 冲击后直接炸碎，冲击波形显示炸碎瞬间有明显拐点

（a）实物图；（b）波形图

从返厂解体试验情况来看，B 相产品各阀片均不满足相关试验标准。综合试验数据和现场环境信息判断，该相避雷器部分阀片在出厂时疑似存在缺陷，现场连续遭受数次雷击，能量无法及时释放，导致绝缘较薄弱的阀片首先击穿，最终导致整体避雷器贯穿性的击穿。A 相避雷器所有阀片均满足试验要求，数据合格，产品质量无问题。结合两支避雷器的试验数据，可以判断 B 相避雷器缺陷应为个体性问题，排除批次性质量缺陷。

二、220kV 避雷器阻性电流异常缺陷

1. 案例经过

2013 年 6 月 26 日，天气晴，湿度 50％，温度 35℃。某 220kV 变电站进行避雷器阻性电流带电检测，发现 145 间隔 C 相避雷器阻性电流增长明显，初步判断该避雷器存在缺陷。外观检查未发现该避雷器破损和结构不良问题。对 145 间隔三只避雷器进行红外精确测温，发现 C 相避雷器第五节瓷裙处最高温度为 34.1℃，B、C 相避雷器及环境温度均为 26℃，温度相差 8.1℃，避雷器属于电压制热型设备，由于绝缘层热传导系数的影响，C 相避雷器内部温升已很高。C 相红外成像图谱如图 12-18 所示。

图 12-18　异常避雷器红外成像图谱

2. 检测分析方法

该 220kV 变电站 145 间隔 C 相避雷器为 2010 年 8 月 22 日生产的 HY10WZT-102/266 型产品，于 2010 年 12 月 12 日投入运行。145 间隔 C 相避雷器历次带电检测数据见表 12-9。

表 12-9　　　　　145 间隔 C 相避雷器历次带电检测数据表

设备间隔编号：220kV某变电站145间隔避雷器												
相别	A相				B相				C相			
型式	HY10WZT-102/266				HY10WZT-102/266				HY10WZT-102/266			
出厂编号	1008005				1008028				1008002			
生产日期	2010年8月22日				2010年8月22日				2010年8月22日			
测试日期	2011年5月18日		环境温度	20℃			环境湿度		45%			
试验数据	电压(kV)	I_X(mA)	I_{RP}(mA)	P(mW)	电压(kV)	I_X(mA)	I_{RP}(mA)	P(mW)	电压(kV)	I_X(mA)	I_{RP}(mA)	P(mW)
	67.27	0.315	0.042	1.903	67.307	0.309	0.027	1.292	67.008	0.288	0.02	0.787
测试日期	2012年3月14日		环境温度	6℃			环境湿度		25％			
试验数据	电压(kV)	I_X(mA)	I_{RP}(mA)	P(mW)	电压(kV)	I_X(mA)	I_{RP}(mA)	P(mW)	电压(kV)	I_X(mA)	I_{RP}(mA)	P(mW)
	67.137	0.31	0.034	1.518	67.213	0.307	0.024	1.115	66.862	0.354	0.041	1.753
测试日期	2013年6月26日		环境温度	35℃			环境湿度		50％			
试验数据	电压(kV)	I_X(mA)	I_{RP}(mA)	P(mW)	电压(kV)	I_X(mA)	I_{RP}(mA)	P(mW)	电压(kV)	I_X(mA)	I_{RP}(mA)	P(mW)
	66.819	0.320	0.055	2.380	67.065	0.316	0.045	1.946	66.939	1.132	1.757	60.848

从近三年的带电检测数据分析，145 间隔 C 相避雷器阻性电流峰值 I_{RP} 本次试验数据为 1.757mA，相比 2012 年的 0.041mA 增长 4 倍多，且全电流及有功损耗都有大幅度增长。依据《电力设备带电检测技术规范（试行）》规定的"测量运行电压下阻性电流或功

率损耗，测量值与初值比较无明显变化"，初步判断该避雷器状态异常，申请停电进行检查试验。145 间隔 C 相避雷器停电检测数据见表 12-10。

表 12-10　　　　　　　　　　145 间隔 C 相避雷器停电检测数据

试验日期	2010 年 11 月 23 日	温度	8℃	湿度	30%
U_{1mA}（kV）	154.8	误差%	0	75%U_{1mA}（μA）	12
试验日期	2013 年 6 月 26 日	温度	35℃	湿度	50%
U_{1mA}（kV）	94	误差%	−60.7%	75%U_{1mA}（μA）	215

从停电检测数据分析，145 间隔 C 相避雷器直流 1mA 下电压与初值误差达 −60.7%，75%U_{1mA} 下泄漏电流达 215μA，远超过《输变电设备状态检修试验规程》（DL/T 393—2010）规定值 50μA（注意值），试验数据结果判定为不合格。

另外，现场观察 145 间隔三相避雷器在线监测表，与读数不一致，A、B 两相 0.2~0.3mA，C 相 0.8mA，与带电检测结果一致。

综合考虑带电检测和停电试验数据，初步判断缺陷原因为 220kV 某变电站 145 间隔 C 相避雷器内部受潮或阀片劣化，考虑到该避雷器运行时间不到 3 年，阀片劣化可能性较小，当前正值雨季，初步认为避雷器内部受潮造成伏安特性不合格，导致在正常电网运行电压下的阻性泄漏电流增大，不宜继续运行。

为找出 220kV 某变电站 145 间隔 C 相避雷器缺陷原因，2013 年 7 月 5 日对该避雷器进行了解体检查。具体情况如下。

打开该避雷器上盖板时未发现密封不良，但在上盖板发现有明显的绿色锈斑，且与上盖板的接触面有黑褐色锈蚀，并在瓷套内壁发现水珠，芯体上有盖板掉落的铁锈，如图 12-19 所示。

取出该避雷器芯体，发现电阻片间的白色合金由于氧化产生白色粉末，芯体下部的金属导杆严重锈蚀。电阻片表面有水雾，其中一片电阻片表面陶瓷釉有破损。如图 12-20、图 12-21 所示。

图 12-19　上盖板有明显铜锈

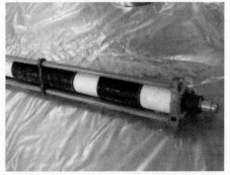

图 12-20　芯体有锈蚀

打开该避雷器下盖板，发现下盖板与避雷器腔体间未加装密封圈。如图 12-22 所示。

根据 145 间隔 C 相避雷器带电测试和停电试验数据，并结合对设备的解体检查情况，可以认定避雷器缺陷产生的原因：

（1）该避雷器在安装过程中由于工艺流程控制不严，未加装下盖板与避雷器腔体间的密封圈，使水汽进入避雷器密封腔内，导致避雷器芯体受潮劣化。

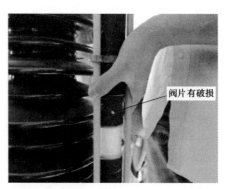

图 12-21　阀片有破损

图 12-22　未加装密封圈

（2）腔体内水汽受热上浮，导致上盖板铜板氧化出现铜绿。

（3）电阻片的受潮劣化，导致伏安特性不合格，避雷器阻性电流和全电流增大，电阻片发热。电阻片及其表面的陶瓷釉受热膨胀，薄弱点出现了破损。

（4）电阻片陶瓷釉破损导致该片绝缘性能下降，同时，电阻片间的均一性发生变化，形成避雷器运行电位分布的不均匀，从而出现该避雷器电阻片破损处对应点温度升高。

第五篇
机械量检测

第十三章　超声波局部放电检测

第一节　检测技术概述

一、技术发展

　　AE 检测技术一般应用于特种设备行业，用于材料缺陷检测和厚度测量。该技术最早始于 20 世纪 20 年代末期。AE 检测技术应用于电力设备局部放电检测最早始于 20 世纪 40 年代，但是由于当时电子技术还不够发达，传感器换能原件效率低，导致检测灵敏度无法达到相关要求。直到 20 世纪 80 年代以后，随着电力电子技术与信号处理技术的全面起飞，AE 法的灵敏度和抗干扰能力得到了很大提高，其在实际中的应用才重新得到重视。

　　20 世纪 90 年代，关于 AE 局部放电检测理论、在电力设备应用的研究已经卓有成效，对脉冲电流法测量得到的实在放电量与 AE 检测幅值之间的关系有了初步的了解。同时，有学者指出 AE 检测法可以检测到设备内部缺陷或故障，并且不同缺陷下 AE 信号在时域与频域上均是不同的，此外，对 AE 信号在电力设备内的传播规律也有了一定的认知。进入 21 世纪后，关于 AE 局部放电信号的检测取得了长足的发展，应用范围得到拓展。

二、技术特点

　　电脉冲法是局部放电研究的基础，但是电脉冲信号在现场检测时会受到很大的干扰，很难得到正确放电信号，另外在线测量结果与离线测量的等效性问题也是长期困扰电脉冲法在线检测设备局部放电的问题。目前在现场中，工程技术人员往往更关心运行设备的局部放电检测问题，特别是当放电量较大时，通过检测局部放电以确定设备绝缘的损坏程度。

1. 技术优点

　　（1）抗电磁干扰能力强。电力设备运行过程中存在较强的电磁干扰，而 AE 检测是非电检测方法，其检测频段可以有效避开电磁干扰，因此可用于电磁干扰非常严重的场合。

　　（2）便于实现放电定位。确定局部放电位置既可以为设备缺陷的诊断提供有效的数据参考，也可以减少检修时间。AE 信号在传播过程中具有很强的方向性，能量集中，因此在检测过程中易于得到定向而集中的波束，既便于目标定位及定向发射，又便于聚焦，以获得较大的能量。从而可以利用声波在设备中的传播特性进行局部放电源定位。

　　（3）可以对设备进行在役实时和连续监测。AE 传感器贴在接地的设备外壳上进行检测，对设备的运行和操作没有任何影响，传感器与检测设备之间采用光纤或电缆来连接，检测设备与高电压设备之间有很好的隔离，使设备和测量人员的安全可以得到保证，同时不存在在线结果与离线结果的等效性问题，因此利用 AE 法可以较容易地实现在线检测设备的局部放电。

（4）适应范围广泛。AE 局部放电检测可以广泛应用于各类一次设备。根据 AE 信号传播途径的不同，AE 局部放电检测可分为接触式检测和非接触式检测。接触式 AE 检测主要用于检测如 GIS、变压器等设备外壳表面的 AE 信号，而非接触式 AE 检测可用于检测开关柜、配电线路等设备。

2. 存在不足

（1）无法检测固体电介质内部绝缘缺陷。由于 AE 在固体电介质中的衰减较大，如在环氧树脂材料中衰减可达 102dB/m，因此 AE 检测技术对该类缺陷的检测灵敏度较低。

（2）易受机械振动干扰。虽然 AE 检测可以避开电磁干扰的影响，但由于 AE 与机械振动同为机械波，在其检测频带范围内可以检测到机械振动信号，因此当被测设备存在机械振动干扰情形时，如何准确从所测的 AE 信号中分离出局部放电信号是现场面临的一大难题。

（3）超声信号衰减较快，测点布置需较为密集。安装在变压器油箱表面的超声检测仪接受到的声信号的强度，主要取决于以下几个方面：放电源处的局部放电脉冲的大小，声波在变压器绕组和其他结构中的衰减特性。在现场的超声局部放电检测中，强度单位用 pC/mV 来表达。然而，如果局部放电发生的位置在变压器很深的绕组内部，局部放电检测的声强将大大降低。

3. 技术方向

对 AE 局部放电检测技术下一步研究与应用工作主要应围绕以下几个方面展开。

（1）AE 在复合介质中的传播路径：由于无法预先确定放电源的位置，因此在实际的变压器局部放电的 AE 测量和定位时，通常假定变压器内部为均匀介质，AE 的传播具有各相同性。尤其在超声定位中，一般将 AE 在变压器内部传播的速度认为是一个速度，即等值波速（通常取 AE 在油中的速度）。以上的传播路径分析方法忽略了一些影响因素，尽管这种忽略对局部放电的定位研究有利，但这种忽略了传播途径和衰减的研究为局部放电的定量研究带来很大的限制。现场应用经验表明，变压器外壳对 AE 传播的影响是不可忽略的，主要原因在于 AE 在钢内的传播速度要比在油内的传播速度快得多，在油钢界面上，当 AE 的入射角大于一定值时，从油到钢的传播过程中会有全反射现象。无法得到直接传播的 AE 信号，因此存在 AE 沿变压器外壳传播的情况，深入研究 AE 的传播规律将有助于利用 AE 法进行变压器局部放电定位、模式识别以及定量测量。

实际变压器内部结构非常复杂，因此变压器内部局部放电产生的 AE 向外传播要经过多层介质到达传感器所在位置。这些介质包括线圈、油道、绝缘纸板、变压器油进入外壳到达传感器。因此 AE 在变压器内部的传播途径非常复杂。按变压器的实际结构计算其传播途径几乎是不可能的。因此在研究 AE 的传播时，把变压器内部等效成层状介质。而这种等效与实际变压器中的传播特性的等效性问题依然有待进一步研究。

（2）声信号特征量的分析：单从声学的角度来分析，超声信号的特征量很多，但使用较多的比较基本的特征量有声压、声级、声能密度、声能能量、声强、相关函数等，但是由于目前局部放电测量中以电流脉冲法发展比较成熟而且已有了《局部放电测量》（IEC 60270—2000），对局部放电的特征描述中，视在放电量、放电能量和放电相位等这些参数更易于接收和更方便对电力设备进行绝缘评估，因此如何寻求这些声学特征量与局部放电信息之间的关系成为了亟待解决的问题。

传统的局部放电 AE 法研究中对 AE 的研究往往只是在时域和频域内进行研究。这样的分析实质上是将 AE 信号作为一个确定的线性系统来分析的。这样的分析在实际应用中能够解决一些实际问题。但是这样的分析还具有明显的不足。主要原因在于：实际上局部放电 AE 信号的产生过程是一个非线性过程。由于介质的扰动以及局部放电的随机性，造成所测量的声信号中存在大量的瞬态成分，所以其 AE 信号还具有非平稳特性。正是由于 AE 本身存在着非线性和非平稳特性，就应当利用一些非线性和非平稳的方法进行分析，以便更好地取得局部放电的特征信息。

（3）超声法定位技术：AE 局部放电定位的思想类似于被动声呐定位，是通过计算不同传感器之间的接收时间差来得到信号源的位置。尽管 AE 法局部放电定位在 GIS 中取得了一些成果，但在变压器设备中的定位效果仍不理想。究其原因主要是在测量中 AE 信号之间的时间差和声波速度难以确定。由于信号本身的原因造成在估计信号时间差时总存在一定误差，而且传播途径的复杂性也不可避免地为定位带来误差，甚至造成定位不能成功，对于多放电源的情况，目前定位仍存在着一定很大困难。

局部放电定位的常见算法是非线性算法（最小二乘法），但由于最小二乘法的起始搜索点只有一个，路径单一，在迭代的过程中容易陷入局部最优点，进入死循环，所以在变压器的某些区域难以得到满意的结果。后来又发展起出线性算法，如基于模式识别的定位算法和基于自相关函数的定位算法等。

三、应用情况

国内自 20 世纪 90 年代开始 AE 局部放电检测技术的研究与应用，目前已在电力系统带电检测中得到了大量的推广，也积累了大量的设备缺陷检测案例与经验。

在实际应用中，如 GIS、变压器等设备的 AE 局部放电检测既可以进行全站普测，也可以与特高频法、高频法等其他检测方式相配合，用于对疑似缺陷的精确定位；而开关柜类设备由于其体积较小，利用 AE 可对配电所、开闭站等进行快速的巡检，具有较高的检测效率。

目前，AE 局部放电检测范围涵盖变压器、GIS 组合电器、开关柜、电缆终端、架空输电线路等各个电压等级的各类一次设备。其中，变压器和 GIS 的 AE 局部放电检测通常采用接触式方法，检测时将 AE 传感器（通常为压电陶瓷材料）放置在设备外壳上，接收内部发生局部放电时产生的异常信号；开关柜的 AE 检测既可以采用非接触式传感器在柜体各接缝处进行检测，也可以采用接触式传感器检测由内部传播至柜体表面的 AE 信号；利用无损信号传导杆可以将 AE 局部放电检测法应用于检测电缆终端工艺不良等绝缘缺陷，该方法已经取得了一定的应用效果；在配网架空输电线路巡线时，可通过一个 AE 传感器接收线路上的绝缘缺陷所产生的放电信号，对线路的运行状况进行分析。在实际应用中，由于 AE 检测法具有出色的定位能力，其在变压器和 GIS 设备巡检过程中对内部缺陷点的确认和定位得到了较为广泛的应用，而开关柜的 AE 检测也广泛应用于配电设备的巡检中。

2000 年初，AE 局部放电检测技术开始引入国内。2006 年起，通过与新加坡新能源电网公司进行同业对标，以北京、上海、天津为代表的一批国内电网公司率先引进 AE

局部放电检测技术，开展现场检测应用，并成功发现了多起局部放电案例，为该技术的推广应用积累了宝贵经验。该技术在 2008 年北京奥运会、2010 年上海世博会、2016 年 G20 会议等大型活动保电工作以及特高压设备缺陷检测中均发挥了重要的作用。

国际电工委员会（IEC）TC42 下属工作组正在致力于相关标准 IEC 62478 的制定工作，国内相应的标准制定也正在进行中。国家电网公司在引入、推广 AE 局部放电检测技术方面做了大量卓有成效的工作。2010 年，在充分总结部分省市电力公司试点应用经验的基础上，结合状态检修工作的深入开展，国家电网公司颁布了《电力设备带电检测技术规范（试行）》和《电力设备带电检测仪器配置原则（试行）》，首次在国家电网公司范围内统一了 AE 局放检测的判据、周期和仪器配置标准，AE 局部放电检测技术在国家电网公司范围全面推广。2013 年 8 月至 2014 年 2 月国家电网公司组织开展了 AE 局部放电检测装置性能检测工作，对国内市场上数十款 AE 带电检测仪器进行了综合性能的检测工作，对规范和引导国内仪器开发和制造技术领域起到了积极推动作用。

第二节　检测技术基本原理

一、AE 产生原理

电力设备正常运行时，设备内部介质应力、电场应力、粒子力处于动态平衡的状态，不会引起振动。当设备内部出现局部放电时，放电源附近电荷快速释放、中和、迁移，其周围介质应力、电场应力、粒子力的平衡状态被打破，产生陡峭的电流脉冲，电流脉冲导致放电源周围区域瞬间受热膨胀，局部放电结束之后，膨胀区域迅速恢复至原来的体积，这种规律的体积张缩变化使得周围介质出现振动现象，从而产生 AE。AE 以放电源为球心，通过球面波的方式传播至四周。因此，电力设备内部局部放电是总是伴随着 AE 信号的产生。局部放电是由一系列脉冲产生的，故而产生的 AE 信号也是脉冲形式。但目前学术界对于局部放电产生 AE 的机理还存在一定的争议，一些学者认为空间电荷对 AE 的产生具有重要作用。这里仅以传统机理来分析 AE 的产生。以 GIS 中固体绝缘物内气泡为例来简要分析其机理，如图 13-1 所示。

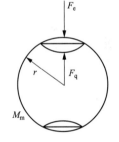

图 13-1　气泡放电的 AE 产生机理示意图

设 GIS 绝缘介质中含有一半径为 r 的气泡 q，气泡的质量为 M，当该绝缘介质处于 GIS 强电场中，因介电常数上的差异，气泡 q 将率先产生局部放电，并在气泡内产生一定量的电荷，因此气泡在两次局部放电之间的间隙段内受到了一定量的外加电场力 F_e。为了维持气泡平衡，气泡内部同时也将产生一定量的弹性作用力 F_q。因局部放电脉冲为 ns 级，而 AE 脉冲为 μs 级，在分析 AE 产生机理时可忽略局部放电的振荡过程，认为局部放电过程为单个脉冲。当气泡在局部放电时刻，其所受的外加电场力 F_e 突然消失，气泡 q 的平衡状态被打破，气泡在弹性力 F_q 的作用下，产生振动，形成 AE。由于局部放电一般是一连串的脉冲，因此由其产生的 AE 信号也是由一系列的脉冲所组成，AE 信号的基本相位特性也符合不同局部放电类型的基本特点，当然这也受到 AE 传播特性的影响。因此，电场力 F_e 与弹性力 F_q 为一对平衡力，因 F_e 正比于气泡内的电荷量，所以 F_q 也正比于电荷量，可认为 AE 幅值与气泡真实放电量成正比。

因此，AE 局部放电检测方法的特点是传感器与电力设备的电气回路无任何联系，不受电磁信号的干扰。但实际应用中，AE 放大器和信号处理单元仍会受到变电站内强电磁信号的干扰。

不同类型、不同频率的声波，在不同的温度下，通过不同媒质时的速率不同。纵波要比横波快约 1 倍，频率越高传播速度越快，在矿物油中声波传播速度随温度的升高而下降。在气体中声波传播速率相对较慢，在固体中声波传播要快得多。20℃时纵波在不同媒质中的传播速度（m/s）见表 13-1。

表 13-1　　　　　　　　　　　20℃时纵波在不同媒质中的传播速度　　　　　　　　单位：m/s

媒质	速度	媒质	速度	媒质	速度
空气	330	油纸	1420	铝	6400
SF_6	140	聚四氟乙烯	1350	钢	6000
矿物油	1400	聚乙烯	2000	铜	4700
磁料	5600～6200	聚苯乙烯	2320	铸铁	3500～5600
天然橡胶	1546	环氧树脂	2400～2900	不锈钢	5660～7390

声波在媒质中传播会产生衰减，造成衰减的原因有很多，如波的扩散、反射和热传导等。在气体和液体中，波的扩散是衰减的主要原因；在固体中，分子的撞击把声能转变为热能散失是衰减的主要原因。理论上，若媒介本身是均匀无损耗的，则声压与声源的距离成反比，声强与声源的距离的平方成反比。声波在复合媒质中传播时，在不同媒质的界面上，会产生反射，使穿透过的声波变弱。当声波从一种媒质传播到声特性阻抗不匹配的另一种媒质时，会有很大的界面衰减。两种媒质的声特性阻抗相差越大，造成的衰减就越大。声波在传播中的衰减，还与声波的频率有关，频率越高衰减越大。在空气中声波的衰减约正比于频率的 2 次方和 1 次方的差（即 $f^2 - f$）；在液体中声波的衰减约正比于频率的 2 次方（f^2）；而在固体中声波的衰减约正比于频率（f）。纵波在不同材料中传播时的衰减情况见表 13-2。

表 13-2　　　　　　　　　　　纵波在几种材料中传播时的衰减

材料	频率	温度（℃）	衰减（dB/m）
空气	50kHz	20～28	0.98
SF_6	40kHz	20～28	26.0
铝	10MHz	25	9.0
钢	10MHz	25	21.5
有机玻璃	2.5MHz	25	250.0
聚苯乙烯	2.5MHz	25	100.0
氯丁橡胶	2.5MHz	25	1000.0

二、AE 检测的原理及装置

AE 局部放电检测的原理示意图如图 13-2 所示。检测时，在设备腔体和外壁上安装 AE 传感器。使得 AE 信号被转换为模拟信号。并通过同轴电缆传输至数字检测主机。检测组织对传入的模拟信号进行采样和处理。最终将检测结果通过人机交互界面显示出来。此外，采用通道 AE 检测，可以实现对局部放电源的定位。通过提取 AE 信号到达传感器的时间差，利用其传播速率，即可实现对放电源的定位。两路或者多路超声检测信号的强度大小，即可实现对放电源的幅值定位。

　　AE 局部放电检测装置一般可分为硬件系统和软件系统两大部分。硬件系统用于检测 AE 信号，软件系统对所测得的数据进行分析和特征提取并做出诊断。硬件系统通常包括 AE 传感器与数据采集系统，如图 13-3 所示；

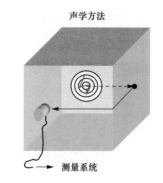

声学方法

图 13-2　AE 检测局部放电基本原理

$\lightning$ 局部放电　　◎ 声场(声波)　　□ 压电传感器

软件系统包括人机交互界面与数据分析处理模块等。此外，根据现场检测需要，还可配备信号传导杆、耳机、前置放大器等配件。当被测设备与检测仪之间距离较远（大于 3m）时，为防止信号衰减，需在靠近传感器的位置安装前置放大器。绝缘支撑杆主要用于电缆终端等设备局放检测，用以保障检测人员安全。部分 AE 检测仪可将 AE 信号转换成可听声信号，通过耳机可直观检测设备内部放电情况。

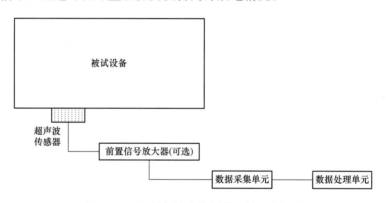

图 13-3　AE 局部放电检测装置的组成框图

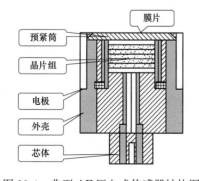

图 13-4　典型 AE 压电式传感器结构图

1. AE 传感器

　　目前，普遍应用的 AE 传感器的原理是利用压电材料的压电效应，实现机械能与电能相互转换的传感器。传感器中的压电元件通常采用锆钛酸铅、钛酸铅、钛酸钡等多晶体或者钛酸锂、碘酸锂等单晶体。其中，锆钛酸铅灵敏度高，是最常用的压电材料。在 AE 局部放电检测使用的压电传感器有单端式传感器和差分式传感器两种。典型 AE 压电式传感器结构图如图 13-4 所示。

　　AE 传感器通常可分为接触式传感器和非接触式传感器，如图 13-5 所示。接触式传感器一般通过超声耦合剂贴合在设备外壳上，检测外壳上传播的 AE 信号；非接触式传感器则是直接检测空气中的 AE 信号，其原理与接触式传感器基本一致。

 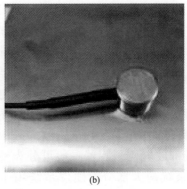

(a)   (b)

图 13-5　AE 传感器实物图

(a) 非接触式传感器；(b) 接触式传感器

近年来，随着光纤技术的发展，由于光纤材料为介电材料，传输光信号安全性高；由于其良好的温度稳定性，可用于高电压、强电磁场干扰等恶劣环境；同时光信号衰减小，便于长距离传输，适合电力设备运行状态下的连续在线监测。因此，局部放电的超声—光检测成为热门研究对象。如图 13-6 所示为基于熔锥耦合原理的超声—光传感器的结构示意图。

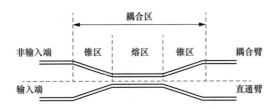

图 13-6　光纤熔锥耦合 AE 传感器结构图

2. AE 传感器特性

传感器的特性主要表现在频响宽度、谐振频率、幅度灵敏度、工作温度等方面。

（1）频响宽度。频响宽度即为传感器检测过程中采集的信号频率范围，不同传感器的频响宽度也有所不同，接触式传感器的频响宽度大于非接触式传感器。在实际检测中，典型的 GIS 用 AE 传感器的频响宽度一般为 20～80kHz，变压器用传感器的频响宽度一般为 80～200kHz，开关柜用传感器的频响宽度一般为 35～45kHz。

（2）谐振频率。谐振频率也称为中心频率，当加到传感器两端的信号频率与晶片的谐振频率相等时，传感器输出的能量最大，灵敏度也最高。不同的电力设备发生局部放电时，由于其放电机理、绝缘介质以及内部结构的不同，产生的 AE 信号的频率成分也不同，因此对应的传感器谐振频率也有一定的差别。

（3）幅度灵敏度。灵敏度是衡量传感器对于较小的信号的采集能力，随着频率逐渐偏移谐振频率，灵敏度也逐渐降低，因此选择适当的谐振频率是保证较高的灵敏度的前提。

（4）工作温度。工作温度是指传感器能够有效采集信号的温度范围。由于 AE 传感器所采用的压电材料的居里点一般较高，因此其工作温度比较低，这样可以较长时间工作而不会失效，但一般要避免在过高的温度下使用。

3. 信号处理与数据采集系统

信号处理与数据采集系统一般包括前端的模拟信号放大调理电路、高速 A/D 采样、数据处理电路以及数据传输模块。由于 AE 信号衰减速率较快，在前端对其进行就地放大是有必要的，且放大调理电路应尽可能靠近传感器。A/D 采样将模拟信号转换为数字信号，并送入数据处理电路进行分析和处理。数据传输模块用于将处理后的数据显示出来或传入耳机等供检测人员进行观察。

数据采集系统应具有足够的采样速率和信号传输速率。高速的采样速率保证传感器采集到的信号能够被完整地转换为数字信号，而不会发生混叠或失真；稳定的信号传输速率使得采样后的数字信号能够流畅地展现给检测人员，并且具有较快的刷新速率，使得检测过程中不致遗漏异常的信号。

第三节　检测及诊断方法

一、检测方法

1. 检测准备工作

检测准备流程包括收集资料、明确人员分工、准备仪器及辅助工器具、办理许可工作票、召开班前会等工作。

（1）收集设备相关资料，包含设备数量、型号、制造厂家安装日期、内部构造、历史试验数据与相关运行工况等信息；必要时，开展作业现场勘查。

（2）明确人员分工，安排工作负责人和工作班成员，指定一人负责仪器操作，其他人员负责传感器的移动固定、测试接线等工作。必要时，设置专责监护人。

（3）检查所需仪器及工器具，确认所携带的仪器仪表及辅助工器具合格、齐备。

（4）按相关安全生产管理规定办理工作许可手续。

（5）召开班前会，检查着装情况及精神面貌，安全交底和明确工作班成员具体分工。

2. 检测步骤

（1）检查仪器完整性，按照仪器说明书连接检测仪器各部件，将检测仪器正确接地后开机，一般常规检测所需仪器见表 13-3。

（2）开机后，运行检测软件，检查界面显示、模式切换是否正常稳定。

（3）进行仪器自检，确认 AE 传感器和检测通道工作正常。

（4）若具备该功能，设置变电站名称、设备名称、检测位置并做好标注。

（5）将检测仪器调至适当量程，传感器悬浮于空气中，测量空间背景噪声并记录，根据现场噪声水平设定信号检测阈值。

（6）将检测点选取于断路器断口处、隔离开关、接地开关、电流互感器、电压互感器、避雷器、导体连接部件以及水平布置盆式绝缘子上方部位，检测前应将传感器贴合的壳体外表面擦拭干净，检测点间隔应小于检测仪器的有效检测范围，测量时测点应选取于气室侧下方。

（7）在 AE 传感器检测面均匀涂抹专用检测耦合剂，施加适当压力紧贴于壳体外表面以尽量减小信号衰减，检测时传感器应与被试壳体保持相对静止，对于高处设备，如某些 GIS 母线气室，可用配套绝缘支撑杆支撑传感器紧贴壳体外表面进行检测，但须确保传感器与设备带电部位有足够的安全距离。

（8）在显示界面观察检测到的信号，观察时间不低于 15s，如果发现信号有效值/峰值无异常，50Hz/100Hz 频率相关性较低，则保存数据，继续下一点检测。

（9）如果发现信号异常，则在该气室进行多点检测，延长检测时间不少于 30s 并记录多组数据进行幅值对比和趋势分析，为准确进行相位相关性分析，可利用具有与运行设备相同相位关系的电源引出同步信号至检测仪器进行相位同步。亦可用耳机监听异常信号的声音特性，根据声音特性的持续性、频率高低等进行初步判断，并通过按压可能震动的部件，初步排除干扰。

（10）填写设备检测数据记录表，对于存在异常的气室，应附检测图片和缺陷分析。

表 13-3 局部放电 AE 检测的仪器仪表及工器具

序号	名称	数量	单位	备注
1	检测仪主机	1	台	用于局部放电电信号的采集、分析、诊断及显示，如用电池供电，应检查电池电量
2	声发射传感器	1	只	用于将局部放电激发的 AE 信号转换成电信号，针对不同被测设备，应核实传感器型号满足测试要求
3	同步线	1	根	用于接入工频电压参考信号，以便获取放电脉冲的相位特征信息
4	耦合剂	1	罐	用于涂抹在声发射传感器上，使声发射传感器与被测设备外壳有效接触，以提高检测灵敏度
5	接地线	1	根	用于仪器外壳的接地，保护检测人员及设备的安全
6	记录纸、笔	1	套	用于记录被测设备信息及检测数据
7	前置放大器	1	只	选配，当被测设备与检测仪之间距离较远时（大于 3m），为防止信号衰减，需在靠近传感器的位置安装前置放大器
8	绝缘支撑杆	1	根	选配，当开展电缆终端等设备局部放电检测时，为保障检测人员安全，需用绝缘支撑杆将声发射传感器固定在被测设备表面
9	耳机	1	只	选配，部分 AE 检测仪可将 AE 信号转换成可听声信号，通过耳机可直观监测设备内部放电情况
10	磁力吸座或绑带	若干	条	选配，需要长时间监测时，用这些工具将传感器固定在设备外壳上

具体检测过程如图 13-7 所示。

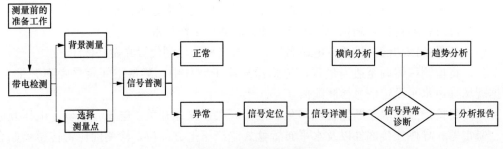

图 13-7 AE 信号检测流程

3. 注意事项

（1）注意检测仪器状态良好。

（2）不同的电力设备选择合适的传感器。

（3）合理使用超声硅脂，AE 信号大部分在 AE 频段范围，在不同介质（如金属与非金属、固体与气体）的交界面，信号会有明显的衰减。使用接触式 AE 检测仪器时，在传感器的检测面上涂抹适量的超声耦合剂后，检测时传感器可与壳体接触良好，无气泡或空隙，从而减少信号损失，提高灵敏度。

（4）检测时宜使用传感器固定装置，避免操作者的人为因素的影响。

（5）选择合适的检测时间，注意外部干扰源。现场干扰会降低局部放电检测的灵敏度，甚至会导致误报警和诊断错误。因此，局部放电检测装置应将干扰抑制在可以接受的水平。

（6）提高检出概率，建议使用信号时间分辨率与电源周波频率相当的 AE 信号的时域波形的检测设备，并记录连续多工频内的时域波形。

（7）检测时，应做好检测数据和环境情况的记录或存储，如数据、波形、工况、测点位置等。

（8）每年检测部位应为同一点，除非有异常信号，定位出最大点后，改为对最大点的部位检测。

（9）检测者宜熟悉待测设备的内部结构。

二、分析诊断方法

1. 分析诊断流程

一般来说，AE 局部放电检测的分析诊断流程如图 13-8 所示。

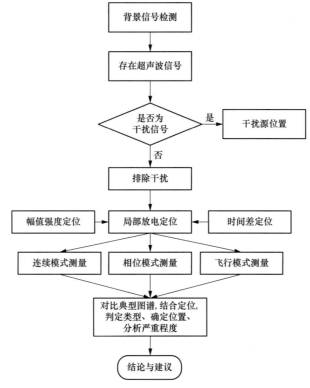

图 13-8　AE 信号分析诊断流程

（1）排除干扰：在开始测试前，尽可能排除干扰和振动源的存在，如避免敲打被测设备。

（2）采取干扰抑制措施后，如果异常信号仍然存在，记录当前测点的数据，进一步对信号进行定位。

（3）进行定位：采用幅值强度或时差法等进行局部放电定位。

（4）对测试数据进行连续模式、相位模式的测量，结合定位位置确定缺陷类型，如怀疑自由微粒缺陷，需利用飞行测量模式对微粒特性开展进一步的判断。

（5）保存数据，并给出检测结论与建议。

2. 干扰识别与抑制

AE 局部放电检测现场干扰排除的流程如图 13-9 所示。

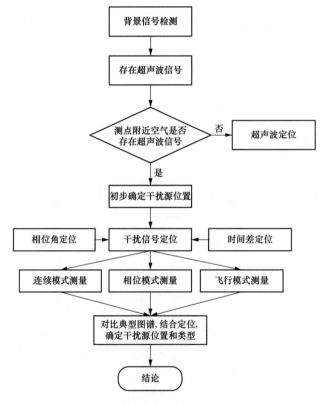

图 13-9　AE 局部放电检测干扰排除流程图

现场进行 AE 局部放电检测时，经常受到电磁干扰信号、环境噪声、设备自身 AE 信号的干扰，对现场 AE 检测准确度造成严重影响，在现场检测中应引起重点关注。

AE 检测仪具有抗电磁干扰能力强的特点，但并不意味着不受 EMI 信号的影响，尤其在使用外置放大器的检测仪器，在高处进行测量，EMI 信号通过前置放大器的接口端子耦合进入仪器，通过传导耦合的方式传至仪器敏感器，对仪器的测量信号产生影响。现场检测时，常常使用铝箔包裹外置放大器接口端子处，屏蔽 EMI 信号。

变电站内母线等裸露金属处的电晕放电亦会产生声信号，在电晕放电强烈时，容易对现场 AE 检测造成干扰。由于这些声信号与电气设备内部局部放电 AE 信号特征谱图一致，难以分析。现场检测时，可用紫外仪测量附近设备放电强度，初步判断干扰源位置，同时与异常信号进行比对，结合 AE 信号时间定位技术、相位定位技术进行进一步确认。

此外，设备正常工作状况下，电压互感器和电流互感器的内置绕组和铁芯会产生周期性的交变电磁场，引起磁致伸缩现象。由于磁致伸缩的作用，磁性物质尺寸在各方面发生变化，产生特有的 AE 信号，该信号一般具有强的单倍频和多倍频信号规律，波形具有定性对称性。故在现场 AE 局部放电检测中，若电压互感器气室和电流互感器气室的 AE 异常信号，应通过纵向、横向比较的方式，对照历史数据，综合分析。

3. 检测模式

常用的检测模式有连续检测模式、相位检测模式、脉冲检测模式。此外，还有部分仪器采用了时域波形检测模式、特征指数检测模式等。下面对不同检测模式及其检测的参数做了介绍。

（1）连续检测模式。连续检测模式是局部放电 AE 检测法应用最为广泛的一种检测模式。该模式主要用于快速获取被测设备信号特征，具有显示直观、响应速度快的特点。

连续检测模式可显示被测信号在一个工频周期内的有效值、周期峰值，以及被测信号与 50Hz、100Hz 的频率相关性（50Hz 频率成分、100Hz 频率成分）。通过不同参数值的大小组合可快速判断被测设备是否存在异常局部放电以及可能的放电类型。

该模式典型图谱如图 13-10 所示。

（2）相位检测模式。由于局部放电信号的产生与工频电场具有相关性，因此可以将工频电压作为参考量，通过观察被测信号的发生相位是否具有聚集效应来判断被测信号是否由设备内部放电引起。

当连续检测模式中频率成分 1 或频率成分 2 较大时，可进入相位检测模式。该模式主要用于进一步确认异常信号发生的具体相位，以便判断异常信号是否与工频电压存在相关性，进而判断异常信号是否为放电信号，以及潜在的放电类型。

相位检测模式的典型图谱如图 13-11 所示，其横轴为角度（0～360°），纵轴为信号幅值（mV）。

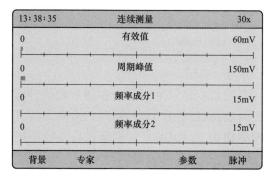
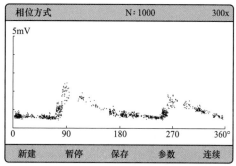

图 13-10　连续检测模式典型图谱　　　　图 13-11　相位检测模式典型图谱

（3）脉冲检测模式。当连续检测模式中有效值或周期峰值幅值偏大，但频率成分 1 及频率成分 2 较小时，可进入脉冲检测模式。该模式主要用于对自由微粒缺陷的进一步确认。

微粒每碰撞壳体一次，就发射一个宽带瞬态声脉冲，它在壳体内来回传播。这种颗粒的声信号是颗粒端部的局部放电和颗粒碰撞壳体的混合信号。脉冲模式可记录微粒每次碰撞壳体时的时间和产生的脉冲幅值，并以飞行图的形式显示出来。脉冲检测模式的典型图谱如图 13-12 所示。

（4）时域波形检测模式。时域波形检测模式用于对被测信号的原始波形进行诊断分析，以便直观地观察被测信号是否存在异常。时域波形检测模式的典型图谱如图 13-13 所示。

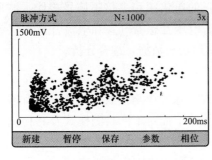

图 13-12　脉冲检测模式典型图谱　　　图 13-13　时域波形检测模式典型图谱

（5）特征指数检测模式。部分厂商提供的仪器提供有特征指数检测模式。在该检测模式下，特征图谱表征 AE 信号发生的时间间隔，其横坐标为时间间隔，纵坐标为信号发生次数。如果 AE 信号发生的间隔在 20ms（如电晕缺陷），那么在整数 1 的位置出现波峰，如图 13-14（a）所示；如果 AE 信号发生的间隔在 10ms（如悬浮缺陷），那么在整数 2 的位置出现波峰，如图 13-14（b）所示。

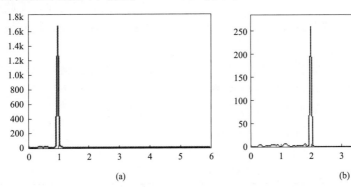

(a)　　　　　　　　　　　　(b)

图 13-14　特征指数检测模式典型图谱

（a）电晕类缺陷图谱；（b）局部放电类缺陷图谱

4. 缺陷类型判断方法

电力设备中，不同缺陷引起的放电现象存在明显差异，主要表现在信号幅值、脉冲上升沿、脉冲发生相位以及周期重复性等。在开展局部放电 AE 检测时，检测人员可重点根据连续检测模式、相位检测模式、脉冲检测模式、时域波形检测模式以及特征指数检测模式的图谱特征判断被测设备是否存在绝缘缺陷以及绝缘缺陷的类型。

具体的，在连续检测模式下，当检测到峰值或有效值较大，而 50Hz 频率成分和 100Hz 频率成分不大时，可初步判断待测设备中存在自由微粒缺陷，此时可使用脉冲检测模式进行确认。

当检测到峰值或有效值较大，且存在 50Hz 频率成分或 100Hz 频率成分时，可初步判断被测设备中存在电晕缺陷或局部放电缺陷。

典型缺陷对应的检测判据见表 13-4。

表 13-4 局部放电 AE 检测缺陷判据

参数		悬浮缺陷	电晕缺陷	自由颗粒缺陷
连续检测模式	有效值	高	较高	高
	周期峰值	高	较高	高
	50Hz 频率相关性	有	有	有
	100Hz 频率相关性	弱	弱	有
相位检测模式		有规律，一周期两簇信号，且幅值相当	有规律，一周期一簇大信号，一簇小信号	无规律
时域波形检测模式		有规律，存在周期性脉冲信号	有规律，存在周期性脉冲信号	有一定规律，存在周期不等的脉冲信号
脉冲检测模式		无规律	无规律	有规律，三角驼峰形状
特征指数检测模式		有规律，波峰位于整数特征值处，且特征指数1＞特征指数2	有规律，波峰位于整数特征值处，且特征指数2＞特征指数1	无规律，波峰位于整数特征值处，且特征指数2＞特征指数1

5. 典型缺陷的图谱分析

（1）背景噪声。在开展局部放电 AE 检测时，应先测量背景信号。通常背景信号由频率均匀分布的白噪声构成，各检测模式下典型图谱及特征见表 13-5。

表 13-5 背景噪声典型图谱

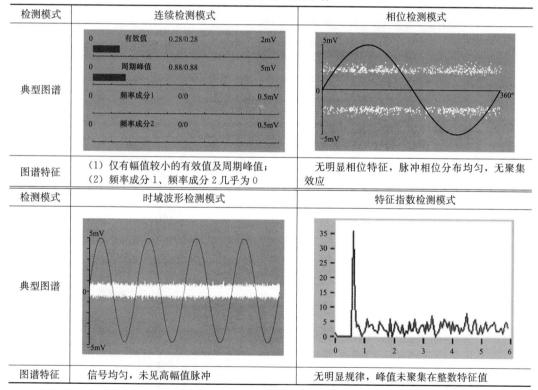

检测模式	连续检测模式	相位检测模式
典型图谱		
图谱特征	（1）仅有幅值较小的有效值及周期峰值；（2）频率成分1、频率成分2几乎为0	无明显相位特征，脉冲相位分布均匀，无聚集效应
检测模式	时域波形检测模式	特征指数检测模式
典型图谱		
图谱特征	信号均匀，未见高幅值脉冲	无明显规律，峰值未聚集在整数特征值

（2）悬浮缺陷。当被测设备存在绝缘缺陷时，在高压电场作用下会产生局部放电信号。局部放电信号的产生与施加在其两端的电压幅值具有明显关联性，在放电谱图中则表现出典型的 50Hz 相关性及 100Hz 相关性，即存在明显的相位聚集效应，且 100Hz 相关性大于 50Hz 相关性。此外，在特征指数检测模式下，放电次数累积图谱波峰位于整数特征值处，且特征值 1 大于特征值 2。

各检测模式下典型图谱及特征见表 13-6。

表 13-6　　　　　　　　　　　　　　　　　悬浮缺陷典型图谱

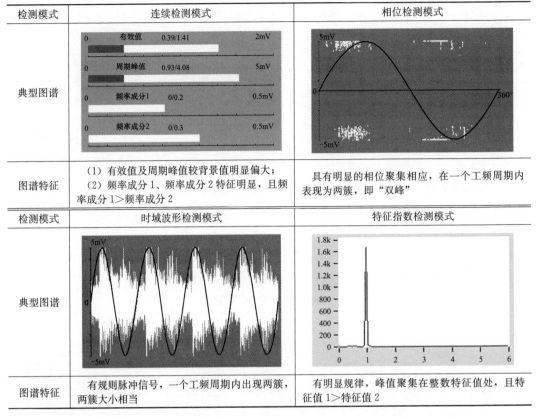

检测模式	连续检测模式	相位检测模式
典型图谱	0 有效值 0.39/1.41 2mV 0 周期峰值 0.93/4.08 5mV 0 频率成分1 0/0.2 0.5mV 0 频率成分2 0/0.3 0.5mV	5mV ～ 0 ～ 360° ～ -5mV
图谱特征	(1) 有效值及周期峰值较背景值明显偏大； (2) 频率成分1、频率成分2特征明显，且频率成分1＞频率成分2	具有明显的相位聚集相应，在一个工频周期内表现为两簇，即"双峰"
检测模式	时域波形检测模式	特征指数检测模式
典型图谱	5mV 0 -5mV	1.8k 1.6k 1.4k 1.2k 1.0k 800 600 400 200 0　0 1 2 3 4 5 6
图谱特征	有规则脉冲信号，一个工频周期内出现两簇，两簇大小相当	有明显规律，峰值聚集在整数特征值处，且特征值1＞特征值2

（3）电晕缺陷。当被测设备存在金属尖刺时，在高压电场作用下会产生电晕放电信号。电晕放电信号的产生与施加在其两端的电压幅值具有明显关联性，在放电谱图中则表现出典型的 50Hz 相关性及 100Hz 相关性，即存在明显的相位聚集效应。但是，由于电晕放电具有较明显极化效应，其正、负半周内的放电起始电压存在一定差异。因此，电晕放电的 50Hz 相关性往往较 100Hz 相关性要大。此外，在特征指数检测模式下，放电次数累积图谱波峰位于整数特征值处，且特征值1大于特征值2。

各检测模式下典型谱图及特征见表 13-7。

表 13-7　　　　　　　　　　　　　　　　　电 晕 缺 陷 典 型 谱 图

检测模式	连续检测模式	相位检测模式
典型图谱	0 有效值 0.34/0.65 2mV 0 周期峰值 0.88/1.42 5mV 0 频率成分1 0/0.17 0.5mV 0 频率成分2 0/0.13 0.5mV	15mV ～ 0 ～ 360° ～ -15mV
图谱特征	(1) 有效值及周期峰值较背景值明显偏大； (2) 频率成分1、频率成分2特征明显，且频率成分1＞频率成分2	具有明显的相位聚集相应，但在一个工频周期内表现为一簇，即"单峰"

检测模式	连续检测模式	相位检测模式
典型图谱	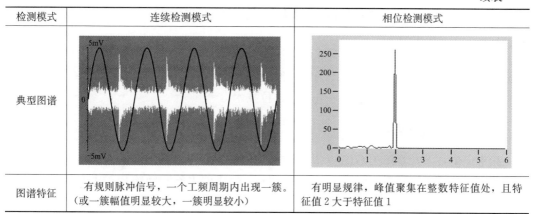	
图谱特征	有规则脉冲信号，一个工频周期内出现一簇。（或一簇幅值明显较大，一簇明显较小）	有明显规律，峰值聚集在整数特征值处，且特征值 2 大于特征值 1

（4）自由金属微粒缺陷。当被测设备内部存在自由金属微粒缺陷时。在高压电场作用下，金属微粒因携带电荷会受到电场力的作用，当电场力大于重力时，金属微粒即会在设备内部移动或跳动。但是，与局部放电缺陷、电晕缺陷不同，自由金属微粒产生的 AE 信号主要由运动过程中与设备外壳的碰撞引起，而与放电关联较小。由于金属微粒与外壳的碰撞取决于金属微粒的跳跃高度，其碰撞时间具有一定随机性，因此在开展局部放电 AE 检测时，该类缺陷的相位特征不是很明显，即 50Hz、100Hz 频率成分较小。但是，由于自由金属微粒通过直接碰撞产生 AE 信号，因此其信号有效值及周期峰值往往较大。

此外，在时域波形检测模式下，检测图谱中可见明显脉冲信号，但信号的周期性不明显。

各检测模式下典型图谱及特征见表 13-8。

表 13-8 自由金属微粒缺陷典型谱图

检测模式	连续检测模式	相位检测模式
典型图谱	有效值 0.39/1.68 / 周期峰值 0.75/2.92 / 频率成分1 0/0 / 频率成分2 0/0.01	15mV ... 360° ... −15mV
图谱特征	（1）有效值及周期峰值较背景值明显偏大；（2）频率成分1、频率成分2 特征不明显	无明显的相位聚集相应，但可发现脉冲幅值较大
检测模式	时域波形检测模式	特征指数检测模式
典型图谱	15mV ... 0 ... −15mV	
图谱特征	有明显脉冲信号，但该脉冲信号与工频电压的关联性小，其出现具有一定随机性	无明显规律，峰值未聚集在整数特征值

第四节　AE 定 位 技 术

利用 AE 信号进行电力设备局部放电源定位是一种行之有效的方法，常常与特高频定位相配合，已经积累了大量的现场定位经验。传统的 AE 定位技术分为频率定位技术、幅值定位技术、时差定位技术和声电联合定位技术。

一、频率定位技术

频率定位技术常常用于 GIS 设备，是利用 SF_6 气体对 AE 信号中高频信号的吸收作用，通过分析 AE 信号高频部分（50～100kHz）的比例来判断缺陷位于中心导体上还是外壳上。通常，现场检测中，将 AE 仪器的检测上限频率从 100kHz 减小到 50kHz，若 AE 信号幅值无明显降低，证明 AE 信号中的高频信号不受 SF_6 气体吸收作用的影响，初步判断局部放电源应位于 GIS 壳体上，反之，证明局部放电源应位于 GIS 中心导体上。频率定位技术不能对局部放电源进行精确定位。其技术流程图如图 13-15 所示。

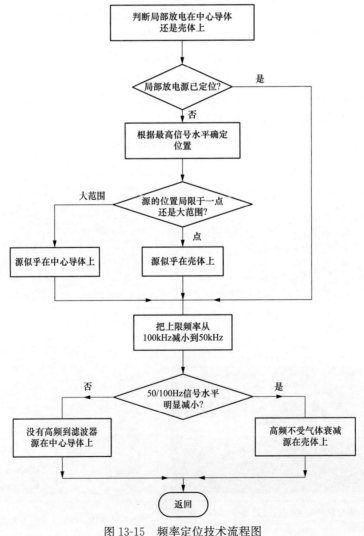

图 13-15　频率定位技术流程图

二、幅值定位技术

幅值定位技术是通过 AE 信号在传播过程中的衰减，对局部放电源进行大致定位。通常，AE 信号幅值最大处对应的便是局部放电源对应的位置。对电力设备而言，若信号幅值最高水平集中在一个点，则可初步判断局部放电源位于壳体，若信号幅值最高水平在一个大范围内集中出现，则证明局部放电源位于中心导体。

（1）在 GIS 轴向上，移动传感器测试气室不同部位，信号最大点对应的位置即为最靠近缺陷的位置；

（2）在壳体表面圆周上移动传感器，根据信号幅值是否出现明显变化，初步判断信号源在壳体或中心导体上。

以 GIS 超声幅值定位为例，当放电源位于 GIS 壳体时，超声传感器只在圆周上某个特定点测到的 AE 信号幅值最大，如图 13-16（a）所示；当放电源位于 GIS 中心导体上时，AE 传播到壳体圆周表面的距离相同，在圆周上较大范围测到的 AE 信号幅值基本相同，如图 13-16（b）所示。

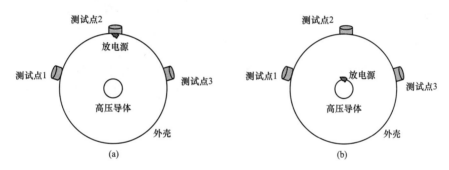

图 13-16　圆周上移动传感器定位示意图

（a）放电源位于壳体上；（b）放电源位于中心导体上

三、时差定位技术

AE 时差定位技术是根据 AE 的方向和时间差求取局部放电源的位置。定位流程与特高频定位法基本一致，都是通过多个传感器相对于基准传感器的时间差，建立时差方程组进行局放源定位，如图 13-17 所示。AE 探头采集到的信号传输至数字示波器可能存在一定的时延，在开始缺陷定位之前应首先对各通道的时延进行校准。系统校准完毕后对异常 AE 信号进行多次采集捕捉，根据信号波头起始时间计算出异常信号到达各个超声探头所需时间之差用于定位。

因时差定位技术原理简单清晰，抗电磁干扰能力强，成本降低且易于现场检测，在实际电力设备局部放电源的定位中获得广泛的应用。基于求取传感器之间的时差，延伸出了相位定位技术、相控阵定位技术等，这些定位技术的本质均是基于时差定位。

分别以 GIS 和变压器两类设备为例，介绍超声时差定位的步骤。

1. GIS 设备

进行超声时差联合定位时，应确保用于计算时延差的 AE 信号来自同一个内部放电源，可根据 AE 时域信号的多周期图谱进行判断。具体为：调节高速示波器的时间单位

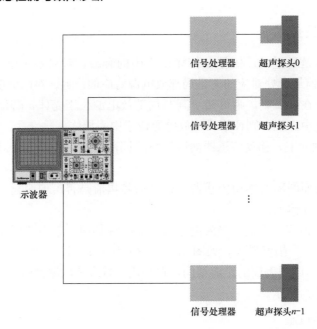

图 13-17　AE 信号时差定位系统结构简图

至 10ms/格或 5ms/格，并调节示波器的幅值单位至合适值。如果从多周期图谱中可观测到两个 AE 信号在每一周期内一一对应，说明其来自同一个放电源，如图 13-18 所示。

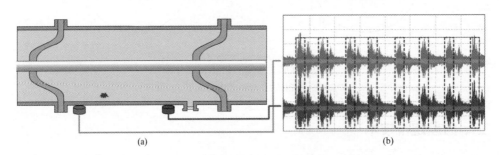

（a）　　　　　　　　　　　　　　　　　　（b）

图 13-18　GIS 超声时差定位原理示意图

（a）传感器布置；（b）多周期时域信号图

当确认信号来自同一个放电源后，调节高速示波器的时间单位，将多周期的 AE 时域信号展开至微秒级，观测 AE 信号的时间差，再根据 AE 信号在 GIS 媒质中的传播速度和方向，确定放电源的位置。

时差定位的示意图如图 13-19 所示，将传感器分别放置在 GIS 上两个相邻的测点位置，距离放电源最近的两个传感器之间的距离为 L，设放电源距离检测到超前信号传感器的距离为 x，v 为 AE 传播速度，两时域信号波头之间的时间差为 Δt，利用即可计算得到局部放电源的具体位置。

$$\Delta t = t_2 - t_1 = (L-x)/v - x/v$$
$$x = \frac{1}{2}(L - v\Delta t) \tag{13-1}$$

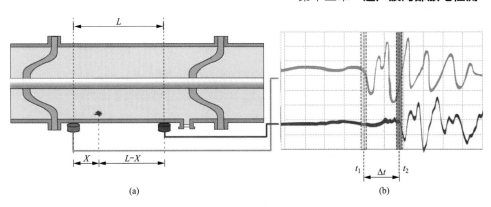

图 13-19　时差定位示意图（展开后）

（a）传感器布置；（b）微秒级时域信号图

2. 变压器设备

因变压器的结构较 GIS 复杂，因此超声空间几何定位的难度较大。为了准确超声定位变压器局放源，首先需要了解 AE 在变压器中的传播路径。

变压器内部发生局部放电时，不但在变压器的各个出线端产生一些高频脉冲电信号、向空中辐射高频电磁波，还会沿直线方向产生 AE。AE 在变压器内以球面波的方式向四周不同介质中传播（油纸、绕组和隔板等），通过在变压器外壳上贴上高灵敏度的超声传感器，接收局部放电产生的 AE 信号，同时读取 AE 传播到各个传感器的时间差，经过定位算法的计算就能够确定局部放电源的位置。

油箱内部放电源产生的 AE 穿过变压器油到达箱壁上的传感器有两条途径：一条是直接传播，即 AE 经由变压器的金属绕组、绝缘板、油层等不同介质到油箱内壁，并透过钢板到达传感器，这部分 AE 为纵向波；另一条是先以纵向波传到油箱内壁，然后沿内壁的钢板以横向波传播到传感器，此部分为复合波。传播途径如图 13-20 所示。一般油中声速约为 1.4km/s，钢中声速约为 5.5km/s，通常以最短路径计算的首波声速称为等值声速。AE 在钢板中的传播衰减很大，而油中纵向波沿直传路径传播时衰减相对较小，因此到达传感器的直达波的幅值通常比复合波大得多，如图 13-21 所示。这样便可很容易地分辨出直达波，因此 AE 检测中以该波为准读取时延的时间。

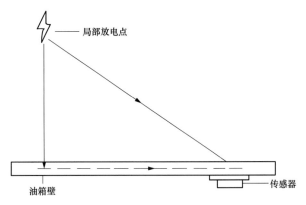

图 13-20　AE 信号的传播途径

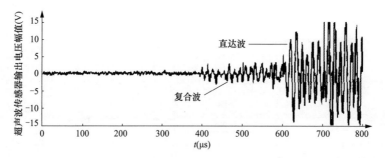

图 13-21　传感器接收到的直达波与复合波

当变压器内部发生局部放电时，AE 的脉冲信号可以通过多条路径传到各个传感器。从安装在变压器油箱壁上的多个 AE 传感器中选择其中一个为参考传感器，并以此为基准，测量同一局部放电超声信号直达波传播到其他传感器时相对于参考传感器的时延值 τ。假设第一个到达参考传感器的超声直达波的传播路径为直线，AE 油中传播速度 v 又是均匀的，那么各传感器与局部放电源的空间距离就是 $v\tau_i$，根据空间几何关系，便可得到由若干方程组成的非线性方程组。

$$\sqrt{(x_i-x)^2+(y_i-y)^2+(z_i-z)^2}-\sqrt{(x_0-x)^2+(y_0-y)^2+(z_0-z)^2}=v\tau_i$$

(13-2)

式中：$i=1,2,\cdots,n-1$；(x_i,y_i,z_i) 为第 i 只传感器的坐标；(x,y,z) 为局部放电源的坐标，为未知数；(x_0,y_0,z_0) 是参考传感器的空间坐标；τ_i 为第 i 只传感器相对参考传感器的时延；n 为 AE 传感器的个数。求解方程组，便可得到局部放电源的空间位置。

局部放电的超声信号通过安装在变压器油箱外壳的 AE 传感器来获取。建立定位模型如图 13-22 所示。以变压器油箱中 O 点为原点建立一个三维坐标系 (x,y,z)，放电源 P，n 个 AE 传感器 S_1 至 S_n，各传感器在该坐标系中的位置为 (x_i,y_i,z_i) $(i=1,2,\cdots,n)$，并假定放电源 P 的坐标为 (x,y,z)。选择传感器 S_k $(1 \leqslant k \leqslant n)$ 为基准传感器，根据图 13-22 所示的几何关系，分别求出 (P,S_i) 的距离与 (P,S_k) 距离之差 L_i $(i=1,2,\cdots,n$ 且 $i \neq k)$ 为：

$$L_i=[(x_i-x)^2+(y_i-y)^2+(z_i-z)^2]^{\frac{1}{2}}-[(x_k-x)^2+(y_k-y)^2+(z_k-z)^2]^{\frac{1}{2}}$$

(13-3)

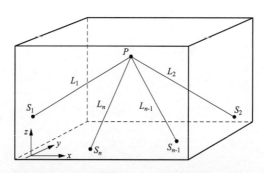

图 13-22　局部放电点和传感器位置的模型图

假设超声信号的传播路径为直线，油中 AE 传播速度 v 是均匀的，且近似于各传感器对应的等值声速。那么放电源从 P 传播到 S_i 与传播到 S_k 的时间差 τ_i 计算出 (P,S_i)

的距离与（P,S_k）的距离之差为：

$$L_i = v\tau_i \tag{13-4}$$

P 点坐标（x,y,z）及 v 必使下式值很小：

$$D(x,y,z,V) = \sum_{i=1}^{n}(L_i - L_i') = \sum_{i=1}^{n}\{[(x_i-x)^2+(y_i-y)^2+(z_i-z)^2]^{\frac{1}{2}} - [(x_k-x)^2+(y_k-y)^2+(z_k-z)^2]^{\frac{1}{2}} - V\tau_i\} \tag{13-5}$$

上式是一个非线性方程，使用传统方法很难直接对其进行求解，因此可将其转化为一个带约束条件的最优化问题：

$$\begin{cases} \min D(x,y,z,V) \\ 0 \leqslant x \leqslant x_s \\ 0 \leqslant y \leqslant y_s \\ 0 \leqslant z \leqslant z_s \\ 1200 \leqslant V \leqslant 1500 \end{cases} \tag{13-6}$$

式（13-6）中的最优解即是放电源 P 的位置。其中 x_s、y_s、z_s 分别为变压器的长宽高的值，v 为等值声速。

因此求解该带约束条件的最优化问题可以采用最小二乘法或者 PSO 算法等方法来实现。

第五节　典型案例分析

一、某 252kV GIS 现场 AE 干扰检测与定位案例

1. 案例简介

2015 年 8 月，在某 500kV 变电站 252kV HGIS 设备区域进行 AE 检测时发现，靠近接地隔离开关静触头的筒壁测点均存在 AE 异常信号，经时差定位确认该 AE 异常信号为 AIS 中 A 相接地隔离开关静触头的毛刺放电产生，为干扰信号。

2. 图谱检测与分析

在某 500kV 变电站 252kV HGIS 设备区域进行 AE 检测时发现，靠近接地隔离开关静触头的筒壁测点均存在 AE 异常信号。以某开关间隔为例，对其流变气室、流变与隔离开关连接段气室进行测量分析。测点位置分布图如图 13-23 所示。

图 13-23　开关间隔 A 相测点位置分布图

流变测点（以下简称测点 1）与连接段测点（简称测点 2）的 AE 信号连续、相位谱图如图 13-24 所示。由图可知，测点 1 处 AE 信号有效值为 0.16mV，周期峰值为 2.5mV，在连续模式下，50Hz/100Hz 相关性较大；测点 2AE 信号有效值为 0.19mV，周期峰值为 2.1mV，连续模式下，同样具有较大的 50Hz/100Hz 相关性。两处测点的相位图谱特征一致，具有同源性。

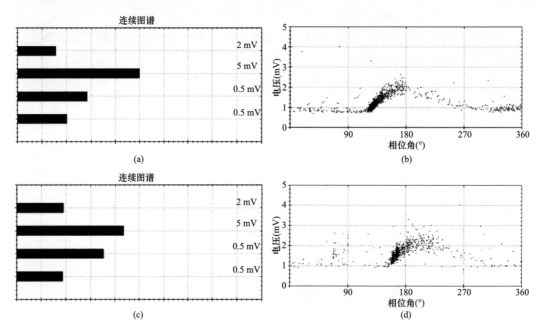

图 13-24　测点处 AE 连续、相位图谱

（a）测点 1 位置连续图谱；（b）测点 1 位置连续图谱；（c）测点 2 位置连续图谱；（d）测点 2 位置图谱

将 AE 探头置于 A 相接地隔离开关周边的空气背景中进行 AE 测量，同样测得 AE 异常信号。空气背景测点（以下简称测点 3）的 AE 新号图谱如图 13-25 所示。由图可知，测点 3 有效值为 0.19mV，周期峰值为 2.2mV，连续模式下，存在 50Hz/100Hz 相关性。

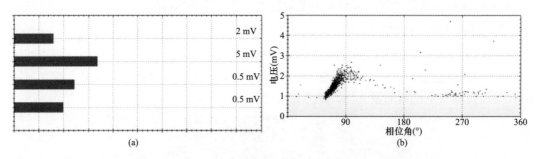

图 13-25　空气背景测点 AE 信号图谱

（a）连续图谱；（b）相位图

比较图 13-24、图 13-25 可知，实测流变处测点、连接段处测点与空气背景中的 AE 信号相位图谱特征一致，初步认为三处信号为同源信号。根据图 13-26 提供的典型 GIS 毛刺放电信号的 AE 相位图谱可知，三处测点的相位谱图与典型毛刺图谱特征类似，呈毛刺放电特征。

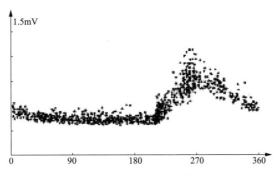

图 13-26　典型毛刺放电相位图谱

3. 定位分析

为确定 AE 传感器所测信号的来源，采用相位角和时差两种方法来确定信号源位置。对三个测点进行相位定位。各测点与线路接地隔离开关静触头间距离见表 13-9。

表 13-9　　　　　　　　测点与线路接地隔离开关静触头间距离

测点位置	距离（m）
测点 1	4.428
测点 2	4.931
测点 3	2.910

定位结果如图 13-27 所示。由图可知，测点 3 相位角超前测点 1 相位角 65°，测点 1 相位角超前测点 2 相位角 28°。由此可知，AE 干扰信号由线路 A 相接地隔离开关发出，信号通过空气传至流变与连接段测点，流变测点先接收到信号。

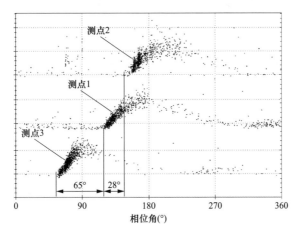

图 13-27　相位角定位图

现场进行 AE 信号定位时，相位定位采用：

$$\Delta\delta = 1.8x10^4\,\frac{\Delta x}{v} \tag{13-7}$$

式中：$\Delta\delta$ 为相角差；Δx 为距离差；v 为声速，即 340m/s。

首先进行相位换算，空气背景信号相位角领先流变测点相位角 80.36°，流变测点相位角领先连接段测点相位角 26.63°。计算结果与实测结果基本一致，说明信号是先经空气再传播进 GIS 筒壁之上。

为进一步确定 AE 异常信号来源，对连接段测点与空气背景测点进行示波器时差定位。定位结果如图 13-28 所示，其中 CH1 为连接段测点信号，CH2 为空气背景测点信号。由图可知，CH2 信号领先 CH1 约 5.7ms。通过时差定位下列公式进行计算：

$$\Delta x = v \Delta t \tag{13-8}$$

式中：Δx 为距离差；Δt 为时间差；v 为声速。

结果可知，两测点间距离为 1.952m，与两侧点的实测距离差 2.021m 接近。故确定干扰源位于 A 相接地隔离开关静触头处，干扰信号经空气传播至 GIS 筒壁。

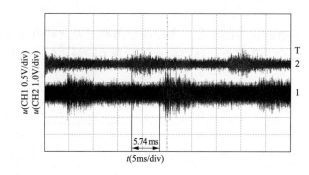

图 13-28　时差定位图

综上所述，现场实测 AE 异常信号为干扰信号，信号类型呈毛刺放电，由测量筒壁附近 A 相接地隔离开关静触头处传出。

二、某 1000kV 高抗现场 AE 检测与诊断案例

1. 案例简介

某 1000kV 特高压高抗为 2013 年 9 月 25 日投运设备。2015 高抗 A 相出现乙炔并存在数次突然增长，经油色谱、高频电流、AE、特高频带电检测发现该高抗内部存在局部放电缺陷，放电位置位于 A 柱靠近高压套管出线侧中部及 X 柱铁芯引下线存在两处放电源，解体发现 X 柱地屏明显烧灼与 A 柱地屏有少量放电黑迹，与带电检测分析结果基本吻合。因油色谱、高频电流、特高频带电检测在本书其他章节中详述，因此这里只介绍 AE 局放检测与定位在本案例中的应用情况。

2. 传感器布置

AE 局部放电检测时测点布置于与离地高度 1m 的变压器箱壁上（非加强筋），测点窄边的数量为 6 个，宽边数量为 8 个，检测仪器选用 TWPD-2F 局部放电分析仪。AE 局部放电定位时，在高抗宽面（安装散热器）同一垂直位置不同高度［1.5m（下）及 3m（上）］及窄面对角线位置布置超声局放探头。

3. AE 定位

AE 局部放电定位发现，在 A 柱与 X 柱高频局部放电信号变化时，AE 定位结果分别如图 13-30 和图 13-31 所示。

图 13-29　测试点 1 布置图

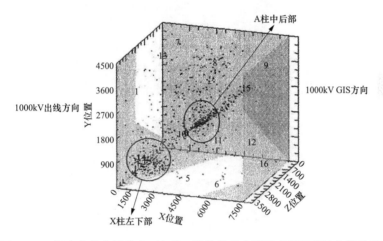

图 13-30　超声定位信号分布（A 柱、X 柱均存在明显高频局部放电信号时）

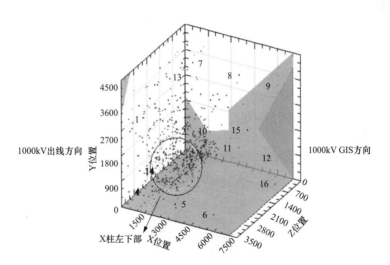

图 13-31　31 AE 定位信号分布（A 柱高频局放信号减弱时）

　　AE 定位结果在两柱均出现疑似放电的情况时，存在两处明显的信号聚集区域；当 A 柱高频放电信号减弱、X 柱高频放电信号持续时信号 A 柱 AE 信号的信号聚集区消失，说明了 AE 局部放电定位结果与高频放电信号之间存在较强的关联性。

4. 定位结果分析

AE 定位结果显示该高抗间歇性的故障点位于 A 柱靠近高压套管侧中部及 X 柱铁芯接地引下线对侧油箱壁靠近取油阀处；同时 AE 信号幅值、AE 定位结果与高频局部放电检测结果之间存在较为紧密的对应关系。

5. 解体分析

检查 X 柱地屏，发现表面有碳黑痕迹，X 柱地屏（由两张组成）铜带侧出现放电碳化现象，两张地屏各一条铜带（从上至下第 34 条，共 72 条）出现断裂，如图 13-32 所示。

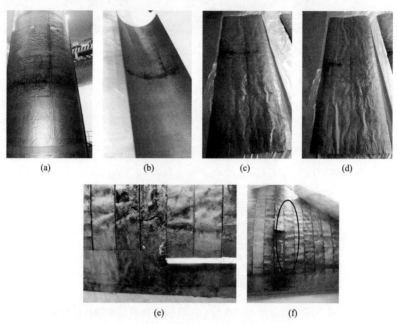

图 13-32　X 柱地屏明显放电痕迹

（a）X 柱地屏；（b）X 柱地屏炭迹；（c）X 柱地屏（搭接外层）放电痕迹；（d）X 柱地屏（搭接内层）放电痕迹；
（e）X 柱地屏（搭接外层）第 34 条铜带断裂；（f）X 柱地屏（搭接内层）第 34 条铜带断裂

检查 A 柱地屏，铜排存在皱褶，局部存在微量的黑色痕迹，其余无明显异常，如图 13-33 所示。

图 13-33　A 柱地屏

根据产品故障现象及解体检查结果可判断引起该台高抗油色谱异常的主要原因为 X 柱心柱地屏第 34、35 条（从上至下）铜带放电，印证了 AE 局部放电带电检测的定位结论。

第十四章　振动检测

第一节　变压器振动检测技术概述

振动是自然界中最常见，也是最基本的一种物理现象。建筑物、机器、设备、生物体等在内界或者外界的激励下都会产生振动。机械振动通常情况下都是有害的，常常会破坏机械的正常工作，甚至会降低机械的使用寿命并对机器造成不可逆的损坏。但是另一方面，振动是物体的固有特性，其特性与其收到的外在激励和物体本身的内部构造、组成成分、性质性能等因素密切相关。通过对物体振动信号的检测分析可以对其内部状态进行有效的诊断。

振动力学在其发展过程中逐渐由基础科学转化为基础科学和技术科学的结合，测试与分析技术和计算技术的进步推动了振动力学发展。学科之间的交叉为振动力学的发展注入了新的活力。振动力学已经成为一门以物理概念为基础，以数学方法、数值计算和测试技术为工具，以解决工程振动问题为主要目标的力学分支。

与机械设备一样，在电力系统领域，变压器、电抗器、开关类设备、避雷器、绝缘子等众多设备均有其特定的组成结构，这些设备在运行过程中也都有各自的振动特性，其内部状态的变化也往往伴随振动特性的改变。因此基于振动信号检测的分析方法对于电力系统中的各类型设备同样适用，基于振动检测的各设备状态检测技术也都有相应的研究。但是电力设备具有其复杂性，基于振动的检测手段也仍处于发展阶段。就目前而言，振动检测分析法在电力设备中运用较多、较为成熟的是基于振动分析的变压器特性和状态检测技术，主要包含针对变压器本体的振动检测和针对变压器配件尤其是有载分接开关的振动检测。因此本章主要针对变压器本体及其有载分接开关的振动检测技术进行介绍。

与单纯机械设备的振动特性不同的是，变压器是通过电磁耦合原理进行工作的，其振动特性并非单纯的机械振动，而是与其运行状态下的电场和磁场及其相互之间的耦合作用密切相关。

针对变压器开展机械振动特性的分析研究始于 20 世纪 80 年代中期。早期的研究工作集中在以下四个方面：

（1）研究变压器箱体振动信号幅值与负载电流之间的关系；

（2）利用负荷电流、温度等参数结合振动信号对变压器进行建模；

（3）因为正常运行时受温度的影响较小，只考虑负荷电流以及绕组振动信号的幅值对变压器建模，进而对变压器状态进行诊断；

（4）对振动信号的幅值参数有效值、频域幅值等的变化趋势进行研究，致力于分离振动信号中的噪声干扰等。

第二节　振动检测技术基本原理

一、机械振动

（一）机械振动的概念

振动是一种特殊形式的运动，它是指物体在其平衡位置附近所做的往复运动。如果振动物体是机械零件、部件、整个机器或机械结构，这种运动称为机械振动。

（二）机械振动的分类

一个实际的振动系统，在外界激励作用下，会呈现一定的振动响应（包括位移、速度及加速度等参数的变化）。这种激励就是系统的输入，响应就是系统的输出。二者由系统的振动特性联系着，振动分析就是研究这三者间的相互关系。

为了便于分析研究问题，有必要对振动作如下的分类。

1. 按系统的输入（振动原因）分

（1）自由振动。自由振动是指系统受初始激励或原有的外界激励取消后，只依靠系统本身的弹性恢复力维持的振动。

（2）强迫振动。强迫振动是指系统受外界持续激励作用下所产生的振动。

（3）自激振动。自激振动是指激励是由系统振动本身控制的，在适当的反馈作用下，系统会自动地激起的定幅振动。

2. 按系统的输出（振动规律）分

（1）简谐振动。简谐振动是指能用一项正弦和余弦函数表达其运动规律的周期性振动。

（2）非简谐振动。非简谐振动是指不能用一项正弦或余弦函数表达其运动规律的周期性振动。

（3）瞬态振动。瞬态振动是指振动量为时间的非周期函数，通常只在一定的时间内存在。

（4）随机振动。随机振动是指振动量不是时间的确定性函数，而只能用概率统计的方法来研究的非周期性振动。

3. 按系统的自由度数分

（1）单自由度系统振动。单自由度系统振动是指系统在振动过程中任何瞬时的几何位置只需要一个独立坐标就能确定的振动。

（2）多自由度系统振动。多自由度系统振动是指系统在振动过程中任何瞬时的几何位置需要多个独立坐标才能确定的振动。

（3）弹性连续体的振动。弹性连续体的振动是指系统在振动过程中任何瞬时的几何位置需要无限多个独立坐标（位移函数）才能确定的振动，也称为无限自由度系统振动。

4. 按振动系统的结构参数的特性分

（1）线性振动。线性振动是指系统的惯性力、阻尼力及弹性恢复力分别与加速度、速度及位移呈线性关系，能用常系数线性微分方程描述的振动。

（2）非线性振动。非线性振动是指系数的阻尼力或弹性恢复力具有非线性性质，只能用非线性微分方程来描述。

5. 按振动位移的特征分

（1）纵向振动。纵向振动是指振动物体上的质点只做沿轴线方向的振动。

（2）扭转振动。扭转振动是指振动物体上的质点只做绕轴线转动的振动。

（3）横向振动。横向振动是指振动物体上的质点只做沿垂直轴线方向的振动。

纵向振动与横向振动又可称为直线振动。

（三）振动信号处理技术

用传感器测得的振动信号对设备机械状态进行诊断，是机械振动故障诊断中最常用、最有效的方法。设备在运行过程中产生的振动及其特征信息是反映设备及其运行状态变化的主要信号，通过各种动态测试仪器获取、记录和分析这些动态信号，是进行设备状态监测和故障诊断的主要途径。其中的关键技术是通过对振动信号的分析处理提取设备故障特征信息。振动信号处理技术大致可以分为基于时域的方法、基于频域的方法和基于时频域的方法。

1. 时域分析

经过动态测试仪器采集、记录并显示机械设备在运行过程中各种随时间变化的动态信息，如振动、噪声、温度、压力等，就可以得到待测对象的时间历程，即时域信号。时域信号包含的信息量大，具有直观、易于理解等特点，是机械故障诊断的原始依据。时域分析可从时域统计分析、相关性分析等角度开展分析。

2. 频域分析

频域分析是机械故障诊断中使用最多的信号处理方法之一。这是因为伴随着机械设备故障的出现、发展，通常会引起其振动信号频率成分方面的变化。例如，齿轮表面疲劳剥落或者齿轮啮合出现误差都会引起周期性的冲击信号，相应在频域就会出现不同的频率成分。因此根据这些频率成分的组成和大小，可以对机械故障进行识别和评价。频域分析又可分为频谱分析、倒频谱分析、包络分析、阶比谱分析和全息谱分析等方法。

3. 时频域分析

机械设备在运行过程中的多发故障，如剥落、裂纹、松动、冲击、摩擦、油膜涡动、旋转失速以及油膜振荡等，当故障产生或发展时将引起动态信号出现非平稳性。因此，非平稳性可以表示某些机械故障的存在。种种情况表明，从工程中获取的动态信号，它们的平稳性是相对的、局部的，而非平稳性则是绝对的、广泛的。由于非平稳信号的统计量（如相关函数和功率谱等）是时变函数，只了解这些信号在频域或者时域的特性是不够的，还需要得到信号的频谱随时间的变化情况。为此，需要利用时间和频率的联合函数来表示这些信号，这种表示方法称为信号的时频表示。时频域分析又可分为短时傅里叶变换法、Wigner-Ville分布法、小波变换法、经验模态分解法等。

二、变压器的机械振动特性

大型电力变压器的绕组通常由饼式线圈组成，绕组振动是通电线圈在漏磁场的影响下受到电磁力作用而产生的，由于存在众多不确定因素，例如线圈之间的绝缘材料的力学特性具有非线性，漏磁场分布与绕组安匝分布有关等，绕组振动实际上是一个十分复杂的机电耦合过程。变压器的振动源主要是铁芯和绕组。铁芯的振动主要是由铁磁材料的磁致伸缩现象造成，绕组的振动主要源于绕组上的电磁力。振动通过两种路径传递到油箱，一种是固体传递途径，例如铁芯的振动通过其垫脚传至油箱；另一种是液体传递途径，例如绕组振动通过绝缘油传至油箱。当然铁芯和绕组产生的振动传递到油箱的途径是非常复杂的。铁芯振动信号的基频为100Hz，但也存在50Hz的高次谐波；绕组产生的振动以100Hz为主。另外，变压器其他部件的振动也会对油箱表面的测量结果造成影响，如有载分接开关的操作及冷却系统（风扇和油泵）等。

（一）绕组振动分析

1. 电磁力分析

变压器本体由铁芯和线圈组成，线圈有两个或者两个以上的绕组，其中接电源的绕组称初级线圈（也称原线圈），其余的绕组称次级线圈（也称副线圈）。尽管绕组结构各异，求解变压器内部漏磁场分布的方法基本相同，以双绕组结构为例对漏磁场分布及线圈受力情况进行求解。漏磁场计算是基于以下基本假定：

（1）将变压器的漏磁场作为二维轴对称磁场。

（2）不考虑除铁芯外其他铁磁材料对漏磁场的影响。

（3）忽略激磁电流，即认为各相原、副线圈的总安匝数平衡。

（4）铁芯的磁导率与空气的磁导率相比为无限大。

（5）电流在导体的横截面内均匀分布，即不考虑导体中的涡流效应。

（6）忽略其他零部件的影响。

在上述基本假定下，变压器的一个铁芯窗可等效为均匀铁磁材料中开有一个截面为矩形的窗，矩形截面的载流源、副线圈位于其中，如图14-1所示。忽略励磁电流的影响，图中两线圈的安匝应当相同。为了便于研究，将原、副线圈看成是两个具有矩形截面安匝平衡的载流导体。根据电磁场理论，矩形窗中的磁场应为其中的自由电流和孔的边界上出现的磁化电流共同在铁芯窗中产生的磁场，而磁化电流对铁芯窗中磁场的影响又可以用实体电流的镜像电流等效。由于铁芯窗的边界为矩形，镜像电流会来回反射，所以此处的镜像电流为无限多组。铁芯窗内的磁场就是由载流导体和这无限多组镜像电流共同在其中产生的磁场。

在变压器出厂试验中，通常利用短路试验来模拟绕组在不同负载电流下的工况。在短路试验中，高压绕组和低压绕组的安匝数相等，在计算漏磁场时可以不考虑电流中的励磁成分。变压器工

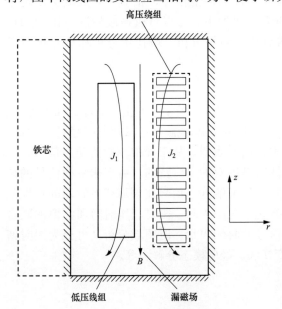

图14-1　理想的双绕组变压器模型

作频率为工频 50Hz，相对而言，这属于低频范畴，因此可以采用准静态场的一些分析方法，且不考虑一些时变的成分。此外，由于绕组是由多层的铜芯捆绑而成，可以忽略导体中的涡流效应。

空气和导体中的电磁场分布可以用麦克斯韦方程来表示，同时引入矢量磁势（A）。在空气中，电磁场的分布可以用拉普拉斯方程来表示：

$$\nabla^2 A = 0 \tag{14-1}$$

在带电导体中，电磁场的分布可以使用泊松方程来表示：

$$\nabla^2 A = \mu J \tag{14-2}$$

式中：μ 为磁导率，J 为电流密度。磁感应强度和矢量磁位的关系如式（14-3）所示：

$$B = \nabla \times A \tag{14-3}$$

根据洛伦兹定律，带电导体在磁场中将受到电磁力的作用。数值上，单位体积电磁力（F）等于电流密度（J）和磁感应强度（B）的外积。

$$F = J \times B \tag{14-4}$$

通过有限元软件 ANSYS 建立等效的模型，假设导体中的电流可以表示为：

$$i(t) = \sqrt{2} I \sin(\omega t + \varphi) \tag{14-5}$$

式中：I 为电流有效值；ω 为电流角频率；φ 为电流相位角。

若不考虑受迫振动对绕组几何尺寸的影响，则第 j 个线圈上的电磁力幅值在数值上等于该线圈在通过直流电流 I 时产生的静态电磁力。最终线圈上的电磁力（f_j）可以认为是一个与时间有关的函数，且频率为电流频率的两倍。线圈上的电磁力如式（14-6）所示。可以证明线圈上的电磁力与电流平方成正比。在实际应用中，电磁力可分解为轴向和径向的两个分量。在模型中只考虑轴向电磁力对振动的影响。

$$f_j(t) = F_j [1 - \cos(2\omega t + 2\varphi)] \tag{14-6}$$

2. 绕组振动数学模型

变压器绕组振动是由各个线圈受到电磁力作用而产生的，由于存在众多不确定因素，例如线圈之间的绝缘材料具有非线性，线圈的运动存在阻尼，漏磁场分布与绕组安匝分布有关等，绕组振动实际上是一个非常复杂的机电耦合过程。国内外对绕组振动的研究不多，许多文献只有实验数据，或者仅分析了理论模型，或者只对数据进行简单的分析。目前比较常用的绕组振动模型是采用一个质量-弹簧-阻尼系统，该模型能够比较好地表示绕组的固有振动特性。大多数研究绕组振动的文献都只停留在分析绕组的结构特性，仅研究了绕组的固有频率特性，而将作用在各个线圈上的激励力简单化。实际变压器线圈的振动是在电磁力作用下产生的强迫振动，而线圈上的电磁力随着漏磁场的变化而变化。考虑到变压器工作在工频交流电下，作用在线圈上的电磁力的频率是不变的，因此要获得变压器线圈的振动特征，就必须先研究电磁力的分布情况。

根据线圈的绕结方式，大体可分成层式和饼式。大型变压器广泛采用饼式线圈，因此以分析饼式线圈为例。如图 14-2 所示为一个饼式线圈的大致结构图。可以认为一个饼式线圈主要由铜导体、绝缘垫块、绝缘纸组成。

在理想情况下，变压器线圈可以等效成一个多自由度系统，如图 14-3 所示。在工频的电磁场中，各个线饼受到电磁力的交流分量的幅值可以表示为（$f_1, f_2, \cdots, f_n$），该矩阵在下文中用 F 表示。文主要研究变压器绕组在电磁力作用下的强迫振动或称稳态振动。

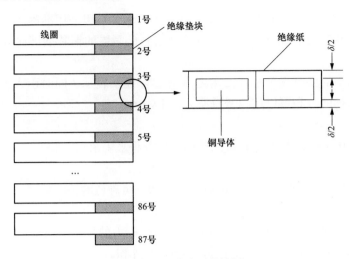

图 14-2　饼式线圈结构图

各个线圈被绝缘垫块隔开，并被夹件压紧固定在铁扼之间。根据绕组的结构特点，很多文献把单层线圈等效为一个集中的质量块，把绝缘垫片等效为一个弹性元件，铁芯的刚度可以视为无穷大，等效的振动模型如图 14-3 所示。其中 A、B 表示上下铁轭的固定端，该处的位移为零。$k_1, k_2, \cdots, k_n$ 表示各个线饼间绝缘垫块的等效弹性系数，在分析中认为所有的弹性系数均是一致的。$c_1, c_2, \cdots, c_n$ 为变压器油对各个线饼的阻尼系数；$m_1, m_2, \cdots,$ m_n 为线饼的等效质量。n 个线饼的多自由度振动系统具有 n 个自由度，并且线饼的位移只有轴向分量，分别为 $z_1, z_2, \cdots, z_n$。

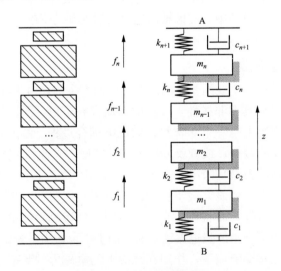

图 14-3　等效振动模型

该数学模型基于以下假设：忽略了线饼的弹性和振动过程中垫块弹性模量的变化，认为线饼在整个振动过程中刚度为无穷大；绝缘垫块及端圈只能承受压力，不能承受拉力，其质量与线饼质量相比可忽略不计；振动过程中绕组预紧力恒定；绝缘垫块及端圈在弹性限度内遵从胡克定律；不计匝绝缘对绕组振动的影响，忽略其质量、厚度及弹性变形；绕组振动过程中，若各垫块及端圈均受压（即不松动），则各垫块及端圈压缩量之和等于绕组预压缩量；绕组在动态平衡下振动，整个研究对象对外合力为零。

根据力学特性，线饼之间的绝缘垫块是一种非线性材料，随着压力的变化，其刚度会发生较大变化，目前有很多文章对绝缘垫块的力学特性做了较为深入的研究，认为垫块在一定压力范围内可以表示为：

$$k = \left[k_S k_V^2 + (k_S + k_V) \omega^2 R^2 \right] / (k_V^2 + \omega^2 R^2) \tag{14-7}$$

$$c = R k_V^2 / (k_V^2 + \omega^2 R^2) \tag{14-8}$$

式中：k_S 为绝缘垫快的静态弹性系数；k_V 为绝缘油产生的体弹性系数；R 为绝缘油造成的阻力系数；ω 为电磁力的角频率。

绝缘垫块和绝缘纸的静态弹性系数可用式（14-9）表示：

$$k_S = \frac{A}{h} \frac{d\sigma}{d\varepsilon}, \sigma = \begin{cases} a\varepsilon + b\varepsilon^3, & \varepsilon > 0 \\ 0, & \varepsilon \leqslant 0 \end{cases} \tag{14-9}$$

式中：σ、ε 为绝缘垫块的应力和应变；a、b 为计算常数；A 为绝缘垫块与线饼的接触面积；h 为绝缘垫块高度。

在计算中，绝缘垫块的参数为：$a=1.03 \times 10^8 Pa$ 和 $b=1.72 \times 10^{10} Pa$，绝缘纸的参数为 $a=2.34 \times 10^7 Pa$ 和 $b=5.17 \times 10^8 Pa$。

假设模型中各个线圈之间受到的压紧力是相同的，并忽略线圈质量对压紧力的影响。在振动过程中，垫块遵从胡克定律，并且弹性系数保持不变。在绕组振动实验中，为了验证振动随高度的分布特性，在不注油的条件下测量振动，于是参数可进一步简化为 $k=k_S$，$c=0$。最终模型可以简化成一个由质量弹簧组成的多自由度振动系统，有：

$$M\{\ddot{x}\} + K\{x\} = \{f(t)\} \tag{14-10}$$

式中：M、K 为质量和刚度矩阵；x 为线圈位移向量；$f(t)$ 为时变的电磁力向量。

当电磁力以固定的频率激励时，输出的稳态振动将保持在同样的频率，设式（14-10）的解为：

$$x = A\sin(pt + \varphi) \tag{14-11}$$

式中：$A = (A_1, A_2, \cdots, A_n)^T$。

可得：

$$(K - p^2 M)A = 0 \tag{14-12}$$

令 $B = K - p^2 M$，该式称为特征矩阵。要使 A 有不全为 0 的解，必须使系数行列式的值为 0，所以 $|K - p^2 M| = 0$ 可解出固有频率。一般的振动系统 n 个固有频率的值互不相等，将 n 个固有频率由小到大排列为：

$$0 \leqslant p_1 \leqslant p_2 \leqslant \cdots \leqslant p_n \tag{14-13}$$

将固有频率代入 $(K - p^2 M)A = 0$ 可解得 n 阶振型。

以各阶主振动矢量为列，按顺序列成一个 n 阶方阵，称此矩阵为主振型矩阵或模态矩阵即：

$$A_p = \begin{bmatrix} A^{(1)} & A^{(2)} & \cdots & A^{(n)} \end{bmatrix} \tag{14-14}$$

根据主振型的相互正交性得：

$$A_P^T M A_P = M_P = \begin{bmatrix} M_1 & & & \\ & M_2 & & \\ & & \ddots & \\ & & & M_n \end{bmatrix}, \quad A_P^T K A_P = K_P = \begin{bmatrix} K_1 & & & \\ & K_2 & & \\ & & \ddots & \\ & & & K_n \end{bmatrix}$$

在方程中加入正弦激励，则该系统可以表示为：

$$M \cdot \ddot{x} + Kx = F\sin\omega t \tag{14-15}$$

利用主坐标变化 $x = A_P x_P$ 得：

$$M_P \cdot \ddot{x}_P + K_P x_P = q_P \tag{14-16}$$

式中：$q_P = A_P^T f = A_P^T F\sin\omega t = Q_P \sin\omega t$。

可以将上式分接成一组 n 个独立的单自由度方程：

$$M_i \cdot \ddot{x}_{Pi} + K_i x_{Pi} = Q_{Pi}\sin\omega t \tag{14-17}$$

式（14-17）的解为：

$$x_{Pi} = B_{Pi}\sin\omega t = \frac{Q_{Pi}}{M_i(p_i^2 - \omega^2)}\sin\omega t \tag{14-18}$$

最后返回原坐标系 $x = A_P x_P$，记幅值矩阵 $X = [x_1 \quad x_2 \quad \cdots \quad x_n]$，在电磁力作用下，该多自由度系统的稳态响应可以表示为：

$$Z = X\sin\omega t \tag{14-19}$$

电磁力的直流分量对线饼的作用相当于施加一个恒定的力，该作用力相对于压紧力可以忽略不计。实际测得的振动正是由电磁力的交流分量引起的，该作用力构成矩阵 F，于是单层线圈的振动幅值分布 X 也可以计算得到。

（二）铁芯振动分析

变压器铁芯的振动主要是由硅钢片的磁致伸缩效应引起的，因此凡是能影响铁芯硅钢片磁致伸缩效应发生变化的因素都会引起铁芯振动的改变。下面首先分析变压器铁芯的磁致伸缩效应。

1. 磁致伸缩效应

所谓磁致伸缩效应，是指铁磁体在被外磁场磁化时，其体积和长度将发生变化的现象。磁致伸缩的大小与外磁场的大小、材料的温度有关。磁致伸缩大小可以用 $\varepsilon = -\Delta L/L$（$L$ 和 ΔL 分别表示材料的线性长度和发生磁致伸缩时长度的改变量）来表示。铁芯是变压器的磁路部分，它是由薄的硅钢片叠压而成的，这些硅钢片在被变压器磁场磁化时，就会产生磁致伸缩效应。变压器铁芯会因硅钢片的磁致伸缩效应而产生振动。下面是对变压器的磁致伸缩的分析。

交变的电流通过绕组形成的闭合回路，产生的磁通通过铁芯，利用法拉第电磁感应定律可得：

$$U_0\sin\omega t = N_1 A \frac{\mathrm{d}B}{\mathrm{d}t} \tag{14-20}$$

式中：B 为磁通密度；N_1 为绕组线圈匝数；A 为磁通垂直穿过铁芯的面积。于是可以得到：

$$B = \frac{-U_0}{N_1 A \int \sin\omega t} = B_0\cos\omega t \tag{14-21}$$

若 B 与 H 呈线性关系，即 μ 为常数，则有：

$$\mu = \frac{B}{H} = \frac{B_s}{H_c} \tag{14-22}$$

式中：B_s 为饱和磁通密度；H_c 为材料的矫顽力。

进一步有：

$$H = \frac{B}{\mu} = \frac{B}{B_s}H_c = \frac{B_0}{B_s}H_c\cos\omega t \qquad (14\text{-}23)$$

由磁致伸缩公式可得：

$$\frac{1}{L}\frac{\mathrm{d}L}{\mathrm{d}H} = \frac{2\varepsilon_s}{H_c^2}\mid H\mid \qquad (14\text{-}24)$$

式中：ε_s 为硅钢片的饱和磁通系数。

联合式（14-23）、式（14-24）可得：

$$\varepsilon = -\frac{\Delta L}{L} = -\frac{2\varepsilon_s}{H_c^2}\int_0^H \mid H\mid \mathrm{d}H = -\frac{\varepsilon_s}{H_c^2}H^2$$

$$= \frac{\varepsilon_s B_0^2}{B_s^2}\cos^2\omega t = \frac{\varepsilon_s U_0^2}{(N_1 A\omega B_s)^2}\cos^2\omega t \qquad (14\text{-}25)$$

铁芯的振动加速度为：

$$a_c = \frac{\mathrm{d}^2(\Delta L)}{\mathrm{d}t^2} = -\frac{2\varepsilon_s L U_0}{(N_1 A B_s)^2}\cos 2\omega t \qquad (14\text{-}26)$$

由式（14-26）可知，铁芯的振动加速度周期是电流周期的一半，即铁芯振动加速度是以 100Hz 为基频的。下面将分析铁芯振动谐波分量的产生原因。常用的磁性钢片的线性尺寸变化和磁通密度的关系（磁致伸缩）可以用如图 14-4 所示的图形来表示。由图可知，磁致伸缩和磁通密度的关系是非线性的，再加上沿铁芯内框和外框的磁路长短不同，所以铁芯的振动信号不是严格的以 100Hz 为基频的正弦波，混入了一些以其他频率为基频的高频信号。

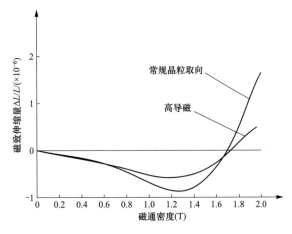

图 14-4　变压器硅钢片的磁致伸缩和磁通密度之间的关系

2. 铁芯故障振动分析

铁芯的磁致伸缩效应随温度而变化得很明显，也就是说当铁芯温度改变时，其磁致伸缩效应也会有很显著的变化，如图 14-5 所示。铁芯多点接地是变压器铁芯比较常见故障，当变压器铁芯发生多点接地时，铁芯的温度会快速升高。在磁场强度等影响因素不变时，铁芯温度的快速升高，将会导致铁芯磁致伸缩效应的加强，进而使铁芯的振动变大。而变压器正常运行时，可以近似认为运行电压是稳定的、铁芯的温度变化也不是很大，所以铁芯的磁致伸缩效应也几乎不变，因此由磁致伸缩引起的铁芯振动也基本不变。所以，当铁芯发生多点接地时，其温度的变化会直接反应在铁芯振动的改变上，也就是说通过监测变压器铁芯的振动信号，可以发现铁芯多点接地故障。

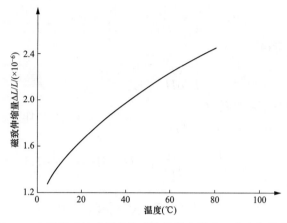

图 14-5　变压器磁性硅钢片的磁致伸缩和铁芯温度之间的关系

（三）振动传递特征

对于一个处于工作状态的变压器而言，其油箱表面的振动主要是由变压器内部的铁芯和绕组所产生的振动经过油和箱体的传递、混合而成的，振动信号在变压器器身的传递过程如图 14-6 所示。其中，绕组振动主要是来自电流流过线圈时产生的电动分布力 $\hat{F}_w(\bar{x}_w|t)$，$\bar{x}_w$ 为激励点位置，该电动分布力大小与流过该位置的电流平方成正比，因此绕组的振动以电流频率的倍频 100Hz 为主；而铁芯振动主要由铁芯的磁致伸缩以及硅钢片接缝和叠片中间的漏磁所产生的电磁分布力 $\hat{F}_c(\bar{x}_c|t)$ 贡献获得，$\bar{x}_c$ 为激励点位置，由于磁致伸缩中的非线性因素，铁芯振动信号的基频虽也为 100Hz，但是仍然存在除 100Hz 外幅值较高的 50Hz 的高次谐波。另外，变压器其他部件的振动也会对油箱表面的测量结果造成影响，如有载分接开关的操作及冷却系统等。关于有载分接开关与铁芯和绕组混合振动的分离算法在此不进行分析；而变压器的冷却系统，如风扇等，其产生的振动信号的频段主要为低频段，且一般不为 50Hz 的倍频，较容易检测与排除。因此，变压器本体的振动源及相关传递过程简化如图 14-6 所示。

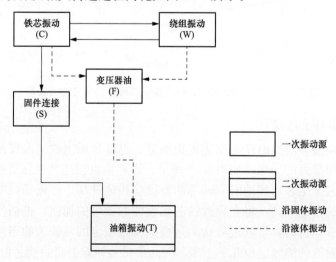

图 14-6　变压器中的振动传递过程

由图 14-6 可知，油箱壁位置 $\vec{x}_T$ 处的振动主要可由两部分构成：

$$v_T(\vec{x}_T \mid t) = v_w(\vec{x}_T \mid t) + v_c(\vec{x}_T \mid t) \tag{14-27}$$

式中：$v_w(\vec{x}_T \mid t)$ 为绕组振动传递至油箱壁位置 $\vec{x}_T$ 处的振动；$v_c(\vec{x}_T \mid t)$ 为铁芯振动传递至油箱壁位置 $\vec{x}_T$ 处的振动。

根据绕组振动传递路径可知，绕组振动是经过①绕组——铁芯——固件连接——外壳；②绕组——铁芯——绝缘油——外壳；③绕组——绝缘油——外壳这三条不同的传递路径至油箱壁位置 $\vec{x}_T$ 处的。因此，可将 $\vec{x}_T$ 处的 $v_w(\vec{x}_T \mid t)$ 写作：

$$v_w(\vec{x}_T \mid t) = v_{w1}(\vec{x}_T \mid t) + v_{w2}(\vec{x}_T \mid t) + v_{w3}(\vec{x}_T \mid t) \tag{14-28}$$

式中：$v_{w1}(\vec{x}_T \mid t)$，$v_{w2}(\vec{x}_T \mid t)$ 及 $v_{w3}(\vec{x}_T \mid t)$ 分别为绕组经过 3 条传递路径传递至 $\vec{x}_T$ 处的振动。对于某一结构体，其在 $\vec{x}_i$ 位置处的振动响应与点激励力 $F_k(\vec{x}_0 \mid t)$ 的关系为：

$$v(\vec{x}_i \mid t) = \sum_k h_k(\vec{x}_i, \vec{x}_0 \mid t) * F_k(\vec{x}_0 \mid t) \tag{14-29}$$

式中：$h_k(\vec{x}_i, \vec{x}_0 \mid t)$ 为激励点 $\vec{x}_0$ 与响应点 $\vec{x}_i$ 间的结构单位脉冲响应，而符号"$*$"表示卷积。因此，对于分布力作用下的油箱壁位置 $\vec{x}_T$ 处的 $v_{w1}(\vec{x}_T \mid t)$，$v_{w2}(\vec{x}_T \mid t)$ 以及 $v_{w3}(\vec{x}_T \mid t)$ 可分别表示为：

$$v_{w1}(\vec{x}_T \mid t) = \int_{V_w} h_{w1}(\vec{x}_T, \vec{x}_w \mid t) * F_w(\vec{x}_w \mid t)\mathrm{d}V$$

$$v_{w2}(\vec{x}_T \mid t) = \int_{V_w} h_{w2}(\vec{x}_T, \vec{x}_w \mid t) * F_w(\vec{x}_w \mid t)\mathrm{d}V$$

$$v_{w3}(\vec{x}_T \mid t) = \int_{V_w} h_{w3}(\vec{x}_T, \vec{x}_w \mid t) * F_w(\vec{x}_w \mid t)\mathrm{d}V \tag{14-30}$$

式中：$h_{w1}(\vec{x}_T, \vec{x}_w \mid t)$，$h_{w2}(\vec{x}_T, \vec{x}_w \mid t)$ 以及 $h_{w3}(\vec{x}_T, \vec{x}_w \mid t)$ 分别表示不同振动传动路径条件下，绕组受力点 $\vec{x}_w$ 与油箱壁响应点 $\vec{x}_T$ 间的结构单位脉冲响应，V_w 则表示绕组的体积。

铁芯振动的传递路径为：①铁芯——固件连接——外壳；②铁芯——绝缘油——外壳；③铁芯——绕组——绝缘油——外壳。因此，可将 $\vec{x}_T$ 处的铁芯振动响应 $v_c(\vec{x}_T \mid t)$ 写作：

$$v_c(\vec{x}_T \mid t) = v_{c1}(\vec{x}_T \mid t) + v_{c2}(\vec{x}_T \mid t) + v_{c3}(\vec{x}_T \mid t) \tag{14-31}$$

$$v_{c1}(\vec{x}_T \mid t) = \int_{V_c} h_{c1}(\vec{x}_T, \vec{x}_c \mid t) * F_c(\vec{x}_c \mid t)\mathrm{d}V$$

$$v_{c2}(\vec{x}_T \mid t) = \int_{V_c} h_{c2}(\vec{x}_T, \vec{x}_c \mid t) * F_c(\vec{x}_c \mid t)\mathrm{d}V \tag{14-32}$$

$$v_{c3}(\vec{x}_T \mid t) = \int_{V_c} h_{c3}(\vec{x}_T, \vec{x}_c \mid t) * F_c(\vec{x}_c \mid t)\mathrm{d}V$$

式中：$h_{c1}(\vec{x}_T, \vec{x}_c \mid t)$，$h_{c2}(\vec{x}_T, \vec{x}_c \mid t)$ 以及 $h_{c3}(\vec{x}_T, \vec{x}_c \mid t)$ 分别表示不同振动传动路径条件下，铁芯受力点 $\vec{x}_w$ 与油箱壁响应点 $\vec{x}_T$ 间的结构单位脉冲响应，V_c 则表示铁芯的体积。

绕组的电动分布力 $\hat{F}_w(\vec{x}_w \mid t)$ 主要是来由流过绕组线圈的电流 $\hat{i}(t)$ 产生，因此该分布力可知关于电流的非线性函数为 $G_w(\vec{x}_w, \hat{i}(t))$。铁芯中的电磁分布力 $\hat{F}_c(\vec{x}_c \mid t)$ 则与变压器的电压电流有关：

$$\hat{F}_c(\vec{x}_c \mid t) = G_{c1}(\vec{x}_c, \hat{u}(t)) + G_{c2}(\vec{x}_c, \hat{i}(t)) \tag{14-33}$$

由于电流对铁芯振动的影响较小，则可将 $\hat{F}_c(\vec{x}_c \mid t)$ 直接写为 $G_c(\vec{x}_c, \hat{u}(t))$。

将上述非线性函数 $G_w(\vec{x}_w, \hat{i}(t))$ 和 $G_c(\vec{x}_c, \hat{u}(t))$ 代入式（14-28）～式（14-31）中，可得：

$$v_w(\vec{x}_T \mid t) = \int_{V_w} (h_{w1}(\vec{x}_T, \vec{x}_w \mid t) + h_{w2}(\vec{x}_T, \vec{x}_w \mid t) + h_{w3}(\vec{x}_T, \vec{x}_w \mid t)) * G_w(\vec{x}_w, \hat{i}(t)) \mathrm{d}V$$

$$= \int_{V_w} h_w(\vec{x}_T, \vec{x}_w \mid t) * G_w(\vec{x}_w, \hat{i}(t)) \mathrm{d}V \qquad (14\text{-}34)$$

从而可将油箱壁位置 $\vec{x}_T$ 处的振动重新描述如下：

$$v_T(\vec{x}_T \mid t) = v_w(\vec{x}_T \mid t) + v_c(\vec{x}_T \mid t)$$

$$= \int_{V_w} h_w(\vec{x}_T, \vec{x}_w \mid t) * G_w(\vec{x}_w, \hat{i}(t)) \mathrm{d}V + \int_{V_c} h_c(\vec{x}_T, \vec{x}_c \mid t) * G_c(\vec{x}_c, \hat{u}(t)) \mathrm{d}V$$

$$(14\text{-}35)$$

由式（14-35）可知，由于受到传递路径、结构响应以及非线性等因素的影响，我们很难仅通过盲源分离的方法从油箱壁振动 $v_T(\vec{x}_T|t)$ 中对绕组或铁芯某一部位的振动进行分离提取。然而，若能将油箱壁 $v_T(\vec{x}_T|t)$ 振动中的由绕组所贡献的振动 $v_w(\vec{x}_T|t)$ 与铁芯所贡献的振动 $v_c(\vec{x}_T|t)$ 进行分离，可分别对 $v_w(\vec{x}_T|t)$ 和 $v_c(\vec{x}_T|t)$ 利用系统辨识、传递路径分析等方法进行分析与处理，从而可为进一步获得绕组、铁芯等机械结构状态信息提供可能性。

然而，需要注意的是，目前大多数针对变压器振动的分离的研究都主要是通过将不同油箱壁位置所获得的振动作为混合信号样本，并利用相关盲分离算法对其进行分离。但是实际上对于不同油箱壁位置 $\vec{x}_T$ 与 $\vec{x}_T'$，两者所对应的振动传递路径不同，油箱壁位置 $\vec{x}_T'$ 的振动：

$$v_T(\vec{x}_T' \mid t) = v_w(\vec{x}_T' \mid t) + v_c(\vec{x}_T' \mid t) \neq a v_w(\vec{x}_T \mid t) + b v_c(\vec{x}_T \mid t) \qquad (14\text{-}36)$$

式中的 a、b 均为实数。因此，对于不同油箱壁位置所测得的振动，其所对应的分离目标并不相同。

另外，变压器在正常运行时，其输入电压、电流值均会随时间发生变化，其中负载电流变化较大。对于变压器油箱位置 $\vec{x}_T$ 处的振动，当电压为 $\hat{u}_1$、电流 $\hat{i}_1$ 时，某时刻 t 时的样本为：

$$v_T(\vec{x}_T \mid t) = \int_{V_w} h_w(\vec{x}_T, \vec{x}_w \mid t) * G_w(\vec{x}_w, \hat{i}_1(t)) \mathrm{d}V + \int_{V_c} h_c(\vec{x}_T, \vec{x}_c \mid t) * G_c(\vec{x}_c, \hat{u}_1(t)) \mathrm{d}V$$

$$(14\text{-}37)$$

而对于另一时刻 t'，电压、电流分别为 $\hat{u}_1 + \Delta\hat{u}$ 及 $\hat{i}_1 + \Delta\hat{i}$ 时，$\vec{x}_T$ 处的振动样本为：

$$v_T(\vec{x}_T \mid t') = \int_{V_w} h_w(\vec{x}_T, \vec{x}_w \mid t') * G_w(\vec{x}_w, \hat{i}_1 + \Delta\hat{i}) \mathrm{d}V + \int_{V_c} h_c(\vec{x}_T, \vec{x}_c \mid t') * G_c(\vec{x}_c, \hat{u}_1 + \Delta\hat{u}) \mathrm{d}V$$

$$(14\text{-}38)$$

考虑到绕组振动中的非线性较小且主要为 100Hz 振动，当负载在一定范围内变化，其振动变化可视为线性，即 $G_w(\vec{x}_w, \hat{i}_1 + \Delta\hat{i}) \approx b_{21} G_w(\vec{x}_w, \hat{i}_1), b_{21} \in C$。鉴于磁致伸缩效应的强非线性特性，仅当 $\Delta\hat{u}(t) \approx 0$ 时，可将铁芯振动视为无变化或很小的线性变化 $G_c(\vec{x}_c, \hat{u}_1 + \Delta u) \approx b_{22} G_c(\vec{x}_c, \hat{u}_1), b_{22} \in C$，此时可以得到：

$$v_T(\vec{x}_T \mid t') = \int_{V_w} h_w(\vec{x}_T, \vec{x}_w \mid t') * b_{21} G_w(\vec{x}_w, \hat{i}_1) \mathrm{d}V + \int_{V_c} h_c(\vec{x}_T, \vec{x}_c \mid t') * b_{22} G_c(\vec{x}_c, \hat{u}_1) \mathrm{d}V$$

$$= b_{21} v_w(\vec{x}'_T \mid t) + b_{22} v_c(\vec{x}'_T \mid t) \tag{14-39}$$

因此，当电压变化很小（$\Delta \hat{u}(t) \approx 0$）时，在油箱壁 $\vec{x}_T$ 处采集的不同振动样本的离散信号形式可写为：

$$\begin{cases} v_{T,\vec{x}_T,1}(n) = v_{w,\vec{x}_T}(n) + v_{c,\vec{x}_T}(n) \\ v_{T,\vec{x}_T,2}(n) = b_{21} v_{w,\vec{x}_T}(n) + b_{22} v_{c,\vec{x}_T}(n) \end{cases} \tag{14-40}$$

从而将变压器中的振动混合模型转化为传统的盲源信号分离（Blind Source Separation，BSS）问题，并寻找合适的分离算法对 $v_{w,\vec{x}_T}(n)$ 及 $v_{c,\vec{x}_T}(n)$ 进行分离与提取。

根据上述讨论可对油箱壁振动建立模型，如图 14-7 所示。

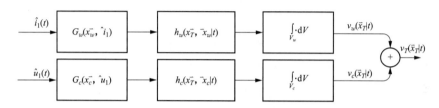

图 14-7　油箱壁振动模型

当成功提取出 $v_{w,\vec{x}_T}(n)$ 及 $v_{c,\vec{x}_T}(n)$ 后，仅绕组激励与仅铁芯激励条件下的振动模型与经典非线性模型中的 Hammerstein-Wiener 模型的结构十分相似。从而可对单激励条件下的变压器振动系统进行基于 Hammerstein-Wiener 模型的系统识别，如图 14-8 所示。

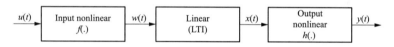

图 14-8　Hammerstein-Wiener 模型

基于 Hammerstein-Wiener 模型的系统识别主要包括：输入端及输出端的静态非线性函数识别，以及线性动态模块的识别。

第三节　振动检测技术检测方法

一、振动测试方法

1. 测点布置

在进行变压器振动测试时，振动检测点应尽量选取距离变压器绕组最近的油箱壁处，并且远离加强筋及散热装置。检测点对应绕组的上部、下部两点布置。对于体积较大的变压器可以采用上部、中部、下部三点布置。

三相变压器典型的振动检测点布置可按如图 14-9 所示方式进行，该测点布置方式也同样适用于单相变压器的振动测试。

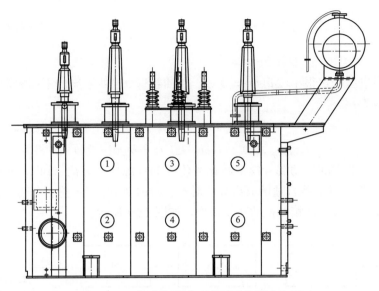

图 14-9 三相变压器典型的振动检测点布置

检测点高度推荐值为油箱高度的 1/4 和 3/4 处,在进行多次测量或进行历史数据比较时,每次检测的测试点位置应保持不变。

2. 固定方式

传感器采用永磁体等方式吸附于变压器油箱表面,磁体应有足够的吸附力使得传感器在测试过程中与油箱表面紧密接触。

3. 采样方式

采样方式可根据设备性能采用手动和自动两种方式。采样频率为 10kHz。每次采样时间最好不少于 50ms。采用手动方式时手动控制开始和结束,中间不间断采样;采用自动方式时每分钟进行一次全部通道的信号采集。

4. 测试仪器要求

进行振动测试的仪器由硬件系统和软件系统组成,其中硬件系统应包括传感器、信号调理模块、信号采集模块、中央处理器等;软件系统应包括变压器振动信号采集与处理模块和机械稳定性分析诊断模块等。测试系统应同时满足以下条件:

(1) 输入信号及通道数:设备应至少设置有 6 路振动加速度通道、1 路电压通道和 1 路电流通道。

(2) 振动信号采样参数:设备采样信号的采样频率应在 200kHz 以上,采样精度优于 ±2%,采样时间不少于 50ms,带宽应覆盖 2Hz~2kHz。

(3) 传感器(灵敏度)及量程:用于噪声测试的传感器直接影响测试的准确性和可靠性,其灵敏度应满足 100~500mV/g,为覆盖变压器机械振动范围,其量程应满足 5~50g。同时传感器检测带宽应不小于 10kHz。

(4) 通信方式:为便于对测试数据进行存储、分析,检测设备应具备通过 WiFi、以太网、USB 等通信方式进行数据保存、传输的功能。

二、振动检测分析方法

变压器机械稳定性振动带电检测法在不停电情况下对变压器进行检测,并综合分析,进而判断变压器内部机械稳定性状况。变压器机械稳定性振动带电检测法采用以下四种特征值分析：频率复杂度、振动平稳性、能量相似度和振动相关性，必要时还应结合变压器绕组的等值电容、短路阻抗、绕组频率响应分析、油中气体色谱分析、局部放电、绕组直流电阻进行综合判断。

1. 频率复杂度分析

在实际测量中发现，变压器的主要振动成分主要集中在 2000Hz 以内。所有谐波频率都是 50Hz 的整数倍，因此只取 50Hz 到 2000Hz 的 50Hz 整数倍的谐波分量进行分析。定义频率为 f 的谐波比重为：

$$p_f = \frac{E_f}{E_{f=100\text{Hz}} + E_{f=200\text{Hz}} + \cdots + E_{f=2000\text{Hz}}}, E_f = w_f^2 A_f^2 \qquad (14\text{-}41)$$

式中：$f=50$、100、$\cdots$、2000Hz；A_f 为频率为 f 的振动谐波幅值大小；w_f 为频率为 f 的权重系数。

通过对众多注意和异常变压器的分析，发现振动信号中包含的高频成分对变压器故障诊断起了至关重要的作用，为了突出高频振动对诊断结果的影响，权重系数定义为：

$$w_f = f/f_{\max} \qquad (14\text{-}42)$$

式中：$f_{\max}$ 为选择的最大的频率值。

变压器在正常运行时，变油箱壁振动不仅包含了绕组振动，而且还包含了铁芯振动，因此油箱壁振动谐波比重除了受负载电流影响外，还受到电压波动的影响。对于一台正常运行的变压器，油箱壁振动谐波比重会在一定范围内波动。

定义油箱壁振动频率成分的复杂度：

$$\text{FCA} = -\sum_f p_f \ln(p_f) \qquad (14\text{-}43)$$

式中：p_f 为油箱壁振动频率为 f 的谐波比重，$f=50$、100、$\cdots$、2000Hz。频率成分的复杂度 FCA 反映的是信号中频率成分的复杂性。频率成分复杂度越低，油箱壁振动能量越集中于少数几个频率成分。相反频率成分复杂度越高，能量越分散。谐波比重 p_f 是油箱壁振动某个频率成分的特征量，而 FCA 反映的是油箱壁振动所有频率成分的特性。

2. 振动平稳性分析

目前，很多对变压器振动的研究都是基于一个假设：振动信号是平稳信号。一些传统的信号处理方法都是在此基础之上提出的，比如傅里叶变换。然而，变压器的振动信号并不是严格意义上的平稳信号，特别是对于异常变压器而言。正常的变压器可以认为是一个确定性系统，也就是说对于相同的输入参数和起始条件会得到相同的振动。当变压器结构出现异常时，系统将变得不确定，同时还将出现随机振动。这就是提出利用平稳性算法来诊断变压器机械稳定性的原因。

动力学系统三要素分别是空间、连续或离散时间变量和系统随时间演变的规律。相空间中的点表示系统可能的状态。假定一个系统在时间 t 的状态由 d 个元素所确定，那么这些参数可以组成一个 d 维的向量：

$$\vec{x}(t) = (x_1(t), x_2(t), \cdots, x_d(t))^T \qquad (14\text{-}44)$$

一般来说，系统随时间演变的规律是指能从系统所有过去的状态确定其在任何时间 t 的状态的规律，也就是说，系统的演变规律是时变而且具有无穷的过去的状态。但是实际操作中，通常采用的运动规律都是给定任意时刻的系统状态便可以给出系统未来任意时刻的状态，对于连续系统来说，系统运动规律通常由一组微分方程给出：

$$\dot{x}(t) = \frac{\mathrm{d}x}{\mathrm{d}t} = F(x(t)), F:R^d \to R^d \tag{14-45}$$

式中：$x(t)$ 为相空间的轨迹。但在实验环境中，并非系统所有相关的元素能够被测量或者已知，往往可能只有一个变量的离散时间测量，此时相空间重构技术应运而生。相空间重构一般采用延时时间的方法：

$$x_i = \sum_{j=1}^{m} \mu_{i+(j-1)\tau} e_j \tag{14-46}$$

式中：为嵌入空间；τ 为延时时间；e_j 为单位向量，$e_j \cdot e_j = \delta$，假定 D_2 是系统吸引子的关联维数，那么如果 $m \geqslant 2D_2 + 1$，Takens 定理可以保证原始系统吸引子和重建吸引子是微分同胚的。在时间序列分析中，嵌入参数和 τ 需要进行恰当的选择。

递归图是采用图形方式描述信号中存在的结构（如确定性）的技术，它体现了待研究系统产生的时间序列的所有可能时间尺度上的自相关，因此可以认为它是一个系统全局相关结构的展现。基于系统中 N 个离散记录点的系统响应的回归图由如下矩阵决定：

$$R_{i,j}(\varepsilon) = \Theta(\varepsilon - \| x_i - x_j \|), i, j = 1, 2, \cdots, N \tag{14-47}$$

式中：ε 为距离尺度的阈值参数；$\| x_i - x_j \|$ 取 m 维距离矢量的范数；Θ 是 Heaviside 函数（$\Theta(x) = 0, x > 0$ 否则 $\Theta(x) = 1$），其作用是使 $R_{i,j}$ 的值为 1 或者 0，这完全取决于点 i 和 j 之间的距离是否大于或小于 ε 这个阈值参数。本项目研究中使用的三个特征为确定度（DET），平均斜对角线长度（l）和 RP 熵（$ENTR$）。这三个特征与斜对角线结构相关的度量均基于递归图斜对角线长度的直方图形式：

$$P(\varepsilon, l) = \sum_{i,j=1}^{N} (1 - R_{i-1,j-1}(\varepsilon))(1 - R_{i+l,j+l}(\varepsilon)) \prod_{k=0}^{l-1} R_{i+k,j+k}(\varepsilon) \tag{14-48}$$

以 $P(l)$ 代表 $P(\varepsilon, l)$，确定性度量计算：

$$\mathrm{DET} = \frac{\sum_{l=l_{\min}}^{N} lP(l)}{\sum_{l=1}^{N} lP(l)} \tag{14-49}$$

式（14-49）中的 $l_{\min}$ 是代表斜对角线的最小长度，由于随机数据中连续点很少，通常使用的 $l_{\min} = 2$。给定足够长的时间，确定性系统总是会访问相空间中的相同区域。确定性系统因为遵循一定的动力学定律，因此相邻轨迹至少在一段较短的时间内将会以类似的方式演化。对于 CRP 来说，确定性度量反映了两个连续系统演化方式的相似度。结构变化将会降低两个系统（完好和压紧力变松）沿着相同的动力学轨道前进的概率，因此这个度量将会减小。

斜对角线与相空间轨迹的分散度相关，平均线长度表示两段轨迹互相靠近的平均时间。同样，结构变化会导致平均线长度减小。其计算公式如下：

$$L_{\mathrm{aver}} = \frac{\sum_{l=l_{\min}}^{N} lP(l)}{\sum_{l=l_{\min}}^{N} P(l)} \tag{14-50}$$

RP 熵，如式（14-51）所示，反映了一个给定变量即线长度的信息。如果所有的线长度都是 2，则熵为零，动力学特性不复杂，而多种线长度则表示具有较高的熵值，其递归图较为复杂。但是线长度这个度量只是递归图的熵，并非实际系统的熵。

$$\text{ENTR} = \sum_{l=l_{\min}}^{N} l \ln P(l) \tag{14-51}$$

由于递归图的三个特征参数均反映了振动信号的平稳性特征，在最终分析结果中选择用 DET 来表示。

3. 能量相似度分析

能量相似度分析用于衡量不同负载条件下测点振动之间的相似性。从上述的变压器振动原理可知，变压器油箱表面的振动主要来自绕组和铁芯。对于一个状态良好的变压器，其绕组振动主要集中在 100Hz，高频振动主要来自铁芯。在绕组机械结构不变，电流、电压、油温等相同的条件下，绕组上各个部位的振动分布基本不变，从而油箱壁振动分布也基本不变。当绕组发生变形等故障时，故障位置的振动必定发生变化，经传递到达油箱壁后，引起油箱壁振动的变化。由于绕组振动在传递过程中会衰减，导致油箱壁上有些区域的振动变化大，而有些区域的振动变化较小，从而使得变压器油箱壁振动的分布特性发生改变。因此油箱壁振动能量分布特性的改变能够反映变压器内部机械结构的变化。

对于采集到的振动信号，先对时域信号进行傅里叶变换。然后把得到的频域振动分成不同的能量带。变压器的振动主要分布在 $0\sim2000\,\text{Hz}$。在以下的分析中，只取 $400\sim2000\,\text{Hz}$ 的振动分量，并将这些能量分成 4 组，每组频带的宽度为 $400\,\text{Hz}$。于是，第 n 个能量带的能量定义为：

$$x(n) = \sum_{f_{\text{width}}n}^{f_{\text{width}}(n+1)} A_f^2 \tag{14-52}$$

式中：A_f 是频率 f 所对应的振动幅值。

在得到每组的能量后，还要对其进行归一化处理。归一化过程如下所示，目标是把绝对的能量大小转化成相对的百分比值。

$$v(n) = x(n) / \sum_{n=1}^{N} x(n) \tag{14-53}$$

为了衡量能量的相似度，提出了利用平均能量来表示目标值，并用测量值与目标值之间的距离来表示相似度。目标值是从大批历史数据中提取的，假设有 N 个特征向量样本 $v_i (i=1,2,\cdots,N)$，平均能量可以定义为：

$$\mu = \frac{1}{N} \sum_{i=1}^{N} v_i \tag{14-54}$$

定义一个参数，能量差异率（EDR）表示多个测量值与目标值之间的平均距离。

$$EDR = \frac{1}{N} \sum_{i=1}^{N} \| v_i - \mu \| \tag{14-55}$$

能量相似度分析通过对比测量信号的能量分布与目标能量分布来判断变压器振动是否异常。当某个测点的 EDR 值突然变大，这意味着该测点附近的机械结构可能出现异常。

4. 振动相关性分析

根据上述的变压器振动原理可知，绕组和铁芯的振动都是以 100Hz 为基频。基频振动与电参数有着密切的关系，绕组基频振动与电流平方成正比，铁芯基频振动与电压平方成正比。因此，相关性分析提出的诊断模型只考虑振动的 100Hz 分量。

对于同频振动信号，可以用一个张矢量图来表示绕组振动、铁芯振动、总振动三者之间关系。总的振动可以理解为油箱表面振动 $100\mathrm{Hz}$ 分量。总的振动不仅和电参数电压、电流有关，而且和功率因素角有关。功率因素角是电压和电流之间的相位差，如图 14-10 所示。

从总的振动中分离出绕组振动分量是诊断模型中最关键的一步。当变压器正常运行时，绕组端电压和功率因素角的波动很小，特别是在短时间内基本保持不变。在实际应用中，当功率因素角小于 0.02（弧度），电流变化是导致总振动变化的唯一因素。在这种情况下，绕组振动变化量可以从两次测量的振动中计算得到。如图 14-11 所示为计算绕组振动变化量的示意图。

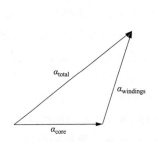
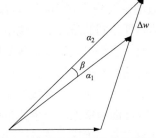

图 14-10　基频振动向量之间的关系图　　图 14-11　两次样本间的振动变化量示意图

α_1 和 α_2 是在不同负载下的两次总的振动数值。β 是两次振动的相位差，该相位差是在激励电流相位一致的情况下得到的。绕组的振动变化量计算如下：

$$\Delta w = \sqrt{\alpha_1^2 + \alpha_2^2 - 2\alpha_1\alpha_2\cos\beta} \tag{14-56}$$

对于来自每个传感器的振动信号，单独计算来自两次连续样本的振动变化量。Δw_{ij} 就是来自第 j 个振动传感器，并从第 i 和 $i+1$ 次测量中获取振动变化量。正如前文提到的绕组振动原理，绕组振动的变化量应该与电流的变化量成正比

$$\Delta w_{ij} \propto (I_{i+1}^2 - I_i^2) \tag{14-57}$$

为了分析各个测点之间绕组振动的相关性，在这里引入了主成分分析法（PCA）。根据资料，PCA 主要用于数据降维，对于由一系列元素组成的多维向量，PCA 的目的是找那些变化大的元素，即方差大的那些维，而去除掉那些变化不大的维，从而留下特征维，而且计算量也变小。首先利用以上计算得到的来自不同测点和不同样本的 Δw_{ij} 组成一个特征矩阵 X_{origin}，其中 n 和 m 分别表示样本个数和传感器个数。在采集数据过程中，有两种采集方式，一种是连续采集，另一种是间隔采集。无论采集方式如何，最终都能提取出一个特征矩阵 X_{origin}。

$$X_{\mathrm{origin}} = \begin{bmatrix} \Delta w_{11} & \cdots & \Delta w_{1m} \\ \vdots & & \vdots \\ \Delta w_{n1} & \cdots & \Delta w_{nm} \end{bmatrix} \tag{14-58}$$

矩阵 X_{origin} 不能直接用在 PCA 模型中，需要经过零均值化归一化。归一化的矩阵称之为 X。x_i 表示一个来自 m 个传感器的归一化后的向量。

$$X = \begin{bmatrix} x_1^T \\ \vdots \\ x_n^T \end{bmatrix} \in R^{n \times m}, x_i = \begin{bmatrix} x_{i1} \\ \vdots \\ x_{im} \end{bmatrix} \tag{14-59}$$

然后计算对应的协方差矩阵，再通过 EVD 或者 SVD 对矩阵进行分接。

$$C_{xx} = \frac{1}{m-1} X^T X = U \Lambda U^T \tag{14-60}$$

其中，矩阵 U 中的每一列代表特征向量，也称为 PCs，$\Lambda = \mathrm{diag}\{\lambda_1, \lambda_2, \cdots, \lambda_m\}$ 包含

了所有的特征值，并以降序方式排列（$\lambda_1 \geqslant \lambda_2 \geqslant \cdots \geqslant \lambda_m$）。

根据矩阵 X_{origin} 的每一列之间都成正比。因此，在理想情况下，进行 PCA 变换后只有一个主成分分量。本方法提出了一个特征参数 MPC，该参数用于表示主成分能量占总能量的比例。

$$\text{MPC} = \lambda_1 / \sum_{i=1}^{m} \lambda_i \qquad (14\text{-}61)$$

振动相关性分析用一个参数 MPC 来表示各个传感器之间振动的相关程度。当 MPC 值接近 1 时，表示各测点之间的振动以相同的方式在变化。当变压器内部机械结构发生变化时，例如绕组发生变形时，变压器产生的振动则不再符合先前提到的数学模型。在这种情况下，各个测点之间的相关性会变差，MPC 值会趋向于 0。

5. 各特征参数判断阈值

在针对变压器进行振动测试分析时，可以根据振动信号的频率复杂度、振动平稳性、能量相似度和振动相关性这四个特征参量对变压器的整体状态进行一个综合分析判断。对于一套实际运行的变压器，可根据变压器振动测试结果对其状态进行基于概率估计的变压器机械稳定性评估模型，并将变压器分为正常、注意、异常三种情况，判断依据见表 14-1。

表 14-1 　　　　　　　各诊断方法阈值与变压器机械结构状态的关系

	正常	注意	异常
频率复杂度（FCA）	FCA≤1.7	1.7<FCA<2.1	FCA≥2.1
振动平稳性（DET）	DET≥0.5	0.3<DET<0.5	DET≤0.3
能量相似度（EDR）	EDR≤4%	4%<EDR<7%	EDR≥7%
振动相关性（MPC）	MPC≥0.8	0.7<MPC<0.8	MPC≤0.7

第四节　典型案例分析

某 220kV 主变压器绕组变形测试案例分析：

1. 案例概况

2012 年 3 月 6 日，某 220kV 主变压器遭受低压侧近区短路，短路电流 17.6kA，超过该主变压器可承受短路电流值（14kA），短路后的油色谱分析显示存在微量乙炔。为判断该主变压器运行状态是否良好，明确绕组等部件是否在短路过程中发生变形，对该主变压器进行了基于振动原理的变压器绕组变形带电检测。该主变压器型号为 OSFPS7-150000/220，于 1993 年 8 月生产。

2. 振动测试

（1）测点布置：2012 年 3 月 8 日对该主变压器进行了基于振动原理的绕组变形测试。此次实验采用两台仪器对变压器进行测量。其中 1-X 表示的是编号为 1 的仪器的第 X 个测试通道，2-Y 表示的是编号为 2 的仪器的第 Y 个测试通道，圆圈表示的是对应传感器的位置。因为现场试验的特殊性，未按照经典测点选择进行布置，相对位置如图 14-12 所示。

（2）测试结果：该主变压器的振动测试典型测点的测试结果如图 14-13 所示。从振动大小来看，该变压器的振动在正常范围之内。从振动频谱看，该变压器的振动虽然主要分布在 1000Hz 以下，高次谐波分量较少，但低频部分出现了一些非整次谐波分量，噪声现象较为明显。

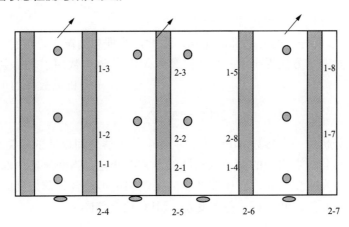

图 14-12 测点位置示意图

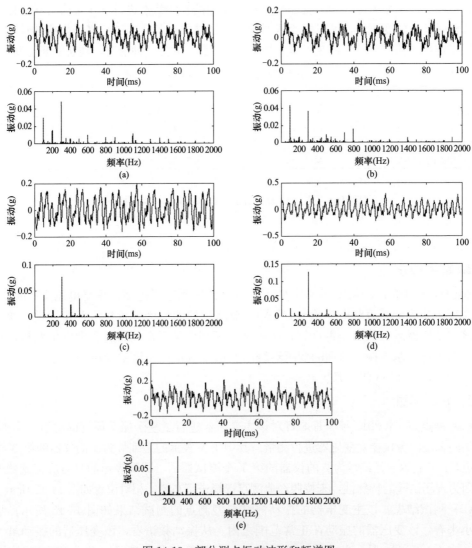

图 14-13 部分测点振动波形和频谱图

（a）测点 1；（b）测点 2；（c）测点 3；（d）测点 4；（e）测点 5

各个测点的振动特征值（列出前五个测点为例）见表 14-2。FCA 值结果表明，有四个测点处于可疑范围内。因此，该主变压器振动的频率成分集中度不高，频率组成较复杂，整体运行状态较差。另外，所有测点的 DET 值都在 0.1 以下，说明测点对应位置的机械机构确定性极差，系统确定性也很低，变压器整体出现机械故障的可能性很高。从 EDR 值结果来看，各测点的值均超出阈值很多。从变压器振动相关性 MPC 结果值来看，该主变压器的 MPC 值为 0.67，可以判断出该变压器机械稳定性异常，可能存在故障。

表 14-2 振 动 特 征 值 结 果

测点编号	注意值	1 号	2 号	3 号	4 号	5 号
FCA 值	≤1.7	2.27	2.31	2.12	1.89	2.31
DET 值	≥0.5	0.03	0.02	0.08	0.06	0.06
EDR 值（%）	≤7%	10.5	12.7	11.9	10.5	13.4
MPC 值	≥0.8	0.67				

根据频率复杂度分析、振动平稳性分析、能量相似度分析、振动相关性分析，该主变压器的各个指标参数均严重超过阈值，因此该变压器被诊断为异常变压器，其内部基友可能存在绕组变形、铁芯松动等缺陷，存在较大的安全运行隐患，应立即进行停电检修。

3. 常规项目检测

该主变压器于 2012 年 3 月 17 停电的短路阻抗数据见表 14-3，测试结果表明，该主变压器的绕组的短路阻抗误差指标大多超标。

表 14-3 短路故障后阻抗数据（2012 年 3 月）

加压端	连接方式		分接档位		阻抗电压 U_k（%）	U_k 初值（%）	U_k 误差（%）<±%2
	测量部位	短路部位	测量侧	短路侧			
ABC-O	高压	中压	第 1 档	第 1 档	8.97	8.3	8.07
ABC-O	高压	中压	第 3 档	第 1 档	8.25	8.3	−0.60
ABC-O	高压	中压	第 5 档	第 1 档	7.65	8.3	−7.83
ABC-O	高压	低压	第 1 档	第 1 档	31.38	30.4	3.22
ABC-O	高压	低压	第 3 档	第 1 档	30.61	30.4	0.69
ABC-O	高压	低压	第 5 档	第 1 档	30.01	30.4	−1.28
ABC-O	中压	低压	第 1 档	第 1 档	20.39	20.2	0.94

该主变压器的油色谱数据见表 14-4。从油色谱数据来看，短路故障后该主变压器油中出现微量乙炔，同时氢气和总烃存在一定程度的增长。

表 14-4 油 色 谱 历 史 数 据 μL/L

时间	H_2	CH_4	C_2H_6	C_2H_4	C_2H_2	CO	CO_2	总烃
2011 年 8 月	100.32	52.88	6.98	2.27	0	1726	2977	62.13
2012 年 7 月	122.62	63.03	9.75	3.18	0.38	1519	1798	76.33

结合该主变压器振动测试和常规电气测试结果，分析认为该主变压器在遭受近区短路后绕组发生变形、铁芯松动的可能性极大，存在较大的运行风险，应尽快开展吊罩检查。

4. 吊罩检查

2012 年 4 月 3 日，对该主变压器进行了吊罩解体，检查发现该主变压器低压侧 A 相绕组存在严重的扭曲变形，如图 14-14 所示，与振动法测试结果一致。

图 14-14 主变压器绕组吊罩检查结果图

这一案例表明，基于振动原理的绕组变形带电测试方法对于绕组变形具有良好的检测效果。

5. 结论

这是一起典型的通过振动在线检测法发现确诊变压器较为严重的绕组变形缺陷的案例。这一案例表明，基于振动原理的绕组变形带电测试方法对于绕组变形具有良好的检测效果。

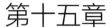

第十五章　噪声检测

第一节　噪声检测技术概述

噪声作为一种机械波由振动向传声介质辐射能量，跟振动和形变引起的信号分析方法相同，声信号蕴含着大量的振动信息，是分析设备运行状态的一项重要指标。设备在正常运行时，机身与固件、零件之间、零件本身的相互运动状态发生变化时，设备就会发出声音，运行状态发生变化时声音也随之变化。

国内外针对变压器的噪声的研究主要集中于以下几方面：①对变压器噪声产生机理进行分析研究；②分别对单台电力变压器噪声进行实验室和现场测量，分析其时频特性，然后提出降低噪声的改进措施，或者通过已有变压器噪声数据去预测变电站噪声；③变压器噪声测量方法的改变，声强法及振速法测量变压器声功率都在不断被广泛应用；④采用声学阵列成像技术对设备表面振动引起的噪声信号进行成像，进一步开展声学定位研究。

第二节　噪声检测技术原理

一、基本概念

（一）噪声

噪声是指音高和音强变化混乱、听起来不和谐的声音。从物理学的角度来看：噪声是发声体做无规则振动时发出的声音。从环境保护的角度看：凡是妨碍到人们正常休息、学习和工作的声音，以及对人们要听的声音产生干扰的声音，都属于噪声。噪声主要来源于交通运输、车辆鸣笛、工业噪声、建筑施工、社会噪声如音乐厅、高音喇叭、早市和人的大声说话等。

噪声在历史上曾经被称为"噪音"，20世纪90年代起被改称为"噪声"。"声"和"音"是有区别的。通常，成调之声才称为音，其波形呈规律性变化的声才称为音，音使听者心情舒畅；而变压器励磁以后所发出的这种连续性的声响，其波形是没有规律的非周期性曲线，是令听者厌烦的，故称其为"噪声"更为科学和严格。

（二）噪声的度量方式

噪声广泛存在于我们的日常生活和工作中，是一个非常常见的现象，对于一个声音的评价，我们通常采用声音"很响""很轻""很尖""刺耳"等词汇来表示。这些词汇均属于感性描述，在工程分析中需要对噪声进行客观和例行的分析。对于噪声的定量表述和度量，当前主要有以下几种方式：

1. 声压级

声压就是大气压受到声波扰动后产生的变化，即为大气压强的余压，它相当于在大气压强上的叠加一个声波扰动引起的压强变化。众所周知，噪声是以声波的形式从噪声源均匀地向四周发射的。声波具有的能量会引起空气质点的振动，使大气压强产生迅速的起伏，我们把大气压强的这种起伏称为声压。噪声越强，声压就越大；噪声越弱，声压就越小，于是便可以用声压的大小作为衡量噪声强弱的尺度，其单位为帕（Pa）。

声压级是对声压大小的分级描述。正常人耳刚刚能够听到的声压为 $20\mu Pa$（即 $20\times 10^{-6} Pa$），称为听阈声压（在标准中又称基准声压）；引起人耳疼痛甚至对人耳造成伤害的声压为 20Pa，称为痛阈声压。可见从听阈到痛阈，人耳能够听到的声压变化范围很大（$20\times 10^{-6} \sim 20Pa$），其数量级相差也很大，因此用声压的绝对值来表示噪声的大小是很不方便的。于是便引出了一个表示噪声大小的声压级，就好像风和地震都按级来划分一样，声压也按级来评定，它的单位就是分贝（dB）。声压级 L_P 可由式（15-1）求出

$$L_P = 20\lg\frac{P}{P_0} \tag{15-1}$$

式中：P 为声压的有效值，Pa；P_0 为基准声压，其值为：$P_0 = 20\mu P_a = 20\times 10^{-6}$。

这就是说，噪声的大小可由声压级来表示，dB 是声压级的单位，按照式（15-1）进行计算得知，听阈的声压级为 0，痛阈的声压级为 120dB，即从听阈到痛阈共划分为 120dB。可见变压器噪声的大小用声压级来表示，比用声压的绝对值来表示要简便多了。

2. 声功率级

声功率为单位时间内通过某一面积的声能，用 L_W 表示，单位为 W。同声压级一样，为了表示方便，声功率也用级表示，称为声功率级。声波的声功率级主要表征的是声源的能量属性，L_W 可由下式计算：

$$L_W = 10\lg\frac{P'}{P_0'} \tag{15-2}$$

式中：P' 为变压器噪声输出功率的有效值；P_0' 为基准声功率，其值为 $P_0' = 10^{-12}$，W。

声功率级的提出是为了表示声源输出声音功率的能力大小。因为声压级完全相同的两个声源，若其外形尺寸不同，则其对应的噪声输出的功率是完全不同的。外形尺寸越大，噪声输出的功率就越大。为了便于比较，便提出了声功率级这一专业术语。

变压器声压级与声功率级之间的关系可用下式表示：

$$L_W = L_P + 10\lg\frac{S}{S_0} \tag{15-3}$$

式中：S 为测量表面积，m^2；S_0 为基准表面积，其值为 $S_0 = 1$，m^2。

3. 声强级

声强是对声波在能量角度的一种表征方式，是指每秒钟通过垂直于声波传播方向的单位有效面积的声能，单位为 W/m^2。同声压级一样，为了表示方便，声强也用级表示，称为声强级，单位也为分贝（dB）。声强级的定义表达式为：

$$L_I = 10\lg\frac{|I|}{I_0} \tag{15-4}$$

式中：I 为噪声声强的有效值，W/m^2；I_0 为基准声强，其值为：$I_0 = 10^{-12}$，W/m^2。

4. 响度级

响度是正常人耳对噪声强弱的感知程度，噪声的振幅越大，其响度就越大。与声级

一样，响度也是按级来划分的，称为声响度级。声响度级的单位是方（phon）。正常人耳的听觉灵敏度，从听阈到痛阈的全部听觉范围也被划分为 120phon。0 相当于听阈，120phon 相当于痛阈。用 phon 表示的响度级，在数值上与频率 1000Hz 时用 dB 表示的声级相等，也就是说，phon 与 1000Hz 时的声压级或声功率级（dB）相等。这一结论可由等响度曲线得到证实（见图 15-1）。

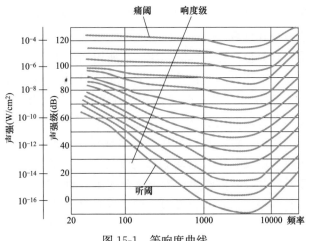

图 15-1　等响度曲线

正常人耳能够听到的声响不仅与声压有关，也与声波振动的频率有关。噪声的响度、声压、频率之间的关系如图 15-1 所示。图中的曲线称为等响度曲线，表示一个中等听力水平的人，其听觉灵敏度随声压及频率变化的情况，说明人耳听觉的灵敏度随频率的降低而下降。例如，30Hz 时 78dB、100Hz 时 61dB、200Hz 时 3dB 及 1000Hz 时 40dB 的噪声，其响度是相等的，均为 40phon。这表明，在 30Hz 时正常人耳的听觉灵敏度，要比 1000Hz 时低 38dB。

（三）声级和响度级的计权

为了模拟人耳对于不同频率的声音信号的感受的不同，需要对声级（包括声压级、声强级、声功率级）和响度级进行计权。噪声计中的频率计权网络有 A、B、C 三种标准计权网络。A 网络是模拟人耳对等响曲线中 40phon 纯音的响应，它的噪声计曲线形状与 40phon 的等响曲线相反，从而使电信号的中、低频段有较大的衰减。B 网络是模拟人耳对 70 方纯音的响应，它使电信号的低频段有一定的衰减。C 网络是模拟人耳对 100 方纯音的响应，在整个声频范围内有近乎平直的响应。声级计经过频率计权网络测得的声压级称为声级，根据所使用的计权网不同，分别称为 A 声级、B 声级和 C 声级，单位记作 dB（A）、dB（B）和 dB（C）。

正常人耳对不同频率噪声的听觉灵敏度是不一样的，即使两个噪声的声压相同，若其频率不同，听起来也是不一样响的（即其响度级是不同的）。通常，人耳对高频（频率高于 1000Hz）噪声比较敏感，而对低频（其频率低于 500Hz）噪声比较迟钝。前面得到的正常人耳在 30Hz 时的听觉灵敏度，比 1000Hz 时低 38dB 就是这个道理。在进行变压器的噪声测量时，有关标准规定所用的声级计 [《变压器和电抗器的声级测定》（GB 7328—1987）中规定用 I 型声级计] 的频率校正线路中，为了模拟耳对噪声听觉灵敏度的这种特性，把 500Hz 以下的测量灵敏度逐渐降低，这样读出来的数叫 A 计权声级，简称 A 声级，用 dB（A）来表示。同样，若用响度计对变压器噪声的响度进行测量时，A 计权的

响度级应该表示为 phon（A）。

由于 A 计权的声级和响度级比较接近人耳对噪声的主观感觉，所以在变压器噪声的测量和控制中，人们经常把 A 计权的声级或响度级作为噪声测量的单位和评价噪声的主要指标。

（四）变压器噪声计算的基本规则

在进行噪声计算时，测试点往往不仅仅存在单一的声源，而是由多个声源共同作用的结果。在进行具体问题分析时，也需要对合成声源和单独声源的特性进行分别分析，此时便涉及噪声的合成公式计算。

针对变压器的噪声计算也存在同样的问题。众所周知，变压器往往是几台一起运行，在进行噪声测量时，每台变压器之间的噪声会产生相互干扰，需要对整体噪声与各单独声源的噪声水平进行分别分析。主要存在以下几种情况，即：当几台变压器一起运行，若分别知道每台变压器单独运行的噪声，欲求它们的合成噪声；当分别知道变压器的本体噪声及其冷却装置的噪声，欲求这台变压器的合成噪声；或者反过来，当知道几台变压器一起运行的合成噪声以及其中几台单独运行的噪声，欲求另外几台的噪声；当知道变压器的合成噪声及其冷却装置的噪声，欲求这台变压器的本体噪声。

总之，当一起运行的变压器有两台及以上时，它们的合成噪声可用下面的公式进行计算：

$$L_{PA} = 10\lg\Big[\frac{1}{N}\sum_{i=1}^{N} 10^{0.1L_{PAi}}\Big] - K \tag{15-5}$$

式中：L_{PA} 为几台变压器一起运行时的合成声压，dB（A）；L_{PAi} 为第 i 台变压器单独运行时的声压，dB（A）；i 为一起运行的变压器的序号 $i = 1, 2, \cdots, N$；N 为一起运行的变压器的总台数。

二、噪声机理

从物理学的角度讲，噪声是由于弹性介质的非周期性振动而产生的。变压器的噪声是由于铁芯、绕组、油箱（包括磁屏蔽等）及冷却装置的振动而产生的，是一种连续性噪声。铁芯、绕组和油箱（包括磁屏蔽等）统称为变压器的本体，所以又可以说，变压器的噪声是由于变压器本体的振动及其冷却装置的振动而产生的一种连续性噪声。

变压器噪声的大小与变压器的额定容量、硅钢片的材质及铁芯中的磁通密度等诸因素有关。

1. 变压器本体噪声机理

国内外的研究结果表明，变压器（包括带有气隙的铁芯电抗器）本体振动的根源在于：

（1）硅钢片的磁致伸缩引起的铁芯振动。所谓磁致伸缩就是铁芯励磁时，沿磁力线方向硅钢片的尺寸要增加，而垂直于磁力线方向硅钢片的尺寸要缩小，这种尺寸的变化称为磁致伸缩。磁致伸缩使得铁芯随着励磁频率的变化而周期性地振动。

（2）硅钢片接缝处和叠片之间存在着因漏磁而产生的电磁吸引力，从而引起铁芯的振动。

（3）当绕组中有负载电流通过时，负载电流产生的漏磁引起绕组、油箱壁（包括磁屏蔽等）的振动。

（4）对于带有气隙的铁芯电抗器来说，还有芯柱气隙中非磁性材料垫片处的漏磁引起的铁芯振动等。

　　近年来，由于铁芯叠积方式的改进（如采用阶梯接缝等），再加上芯柱和铁轭都用环氧玻璃丝粘带绑扎，因此硅钢片接缝处和叠片之间的电磁吸引力引起的铁芯振动，比硅钢片磁致伸缩引起的铁芯振动要小得多，可以忽略。变压器（包括带有气隙的铁芯电抗器）的额定工作磁密通常取 $1.5 \sim 1.8$ T。国内外的研究和试验均证明，在这样的磁密范围内，负载电流产生的漏磁引起的绕组、油箱壁（包括磁屏蔽等）的振动，与硅钢片的磁致伸缩引起的铁芯振动相比要小得多，也可以忽略。

　　虽然在带有气隙的铁芯电抗器中，非磁性材料垫片处漏磁引起的铁芯振动比一般电力变压器要大，但只要气隙的结构设计合理，且选用弹性模数约为 2×10^5 MPa 的非磁性材料（如陶瓷）做垫片，再加上精心制造，带有气隙的铁芯电抗器的铁芯振动，可与一般电力变压器的铁芯振动相接近。因此，与硅钢片磁致伸缩引起的铁芯振动相比，气隙处漏磁引起的铁芯振动仍可忽略。

　　也就是说，变压器（包括带有气隙的铁芯电抗器）的本体振动完全取决于铁芯的振动，而铁芯的振动可以看作完全是由硅钢片的磁致伸缩造成的。铁芯的磁致伸缩振动通过铁芯垫脚和绝缘油这两条路径传递给油箱壁，使箱壁（包括磁屏蔽等）振动而产生本体噪声，并以声波的形式均匀地向四周发射。这就是变压器（包括带有气隙的铁芯电抗器）本体噪声的机理。

　　值得提及的是，当铁芯的固有频率与磁致伸缩振动的频率相接近时，或者当油箱及其附件的固有频率与来自铁芯的振动频率相接近时，铁芯或油箱将会产生谐振，使本体噪声骤增。

　　日本富士公司通过反复试验，得到了油箱箱壁的振动加速度 α 与变压器本体声压水平 SPL 的关系式，其解析表达式为

$$\mathrm{SPL} = 20\lg\alpha + 90 \tag{15-6}$$

式中：α 为箱壁的振动加速度 g。

　　由于磁致伸缩的变化周期恰恰是电源频率的半个周期，所以磁致伸缩引起的变压器本体的振动噪声，是以两倍的电源频率为其基频的。由于铁芯磁致伸缩特性的非线性、多级铁芯中心柱和铁轭相应级的截面不同，以及沿铁芯内框和外框的磁通路径长短不同等，均使得磁通明显地偏离了正弦波，即有高次谐波的磁通分量存在。这样就使得铁芯的振动频谱中除了有基频振动以外，还包含有频率为基频整数倍的高频附加振动。所以，变压器铁芯振动的噪声频谱中除了基频噪声之外，还包含有频率为基频整数倍的高频噪声。

　　研究结果表明，电力变压器铁芯噪声的频谱范围通常在 $100 \sim 500$ Hz 之间。进一步的研究还表明，变压器的额定容量越大，在铁芯的噪声中基频分量所占的比例越大，二次及以上的高频分量所占的比例越小；而变压器的额定容量越小，在铁芯的噪声中基频分量所占的比例越小，二次及以上的高频分量所占的比例越大。也就是说，对于不同容量的电力变压器，其铁芯噪声的频谱是不一样的。据报道，100kVA 变压器的噪声频谱中，四次谐波噪声分量最大；10MVA 变压器的噪声频谱中，二次谐波噪声分量最大；$20 \sim 30$MVA 变压器的噪声频谱中，基频和二次谐波的噪声，与三、四次谐波的噪声大致相仿；而 30MVA 以上变压器的噪声频谱中，基频和二次谐波的噪声，要比三、四次谐波的噪声明显增大。国内外的实践经验表明，在进行低噪声电力变压器的设计计算时，只考虑基频和四次及以下的高频噪声就可以了，五次及以上的高频噪声通常可以不予考虑。

　　对于 50Hz 电源而言，亦即只考虑 100Hz 的基频噪声和 200Hz、300Hz、400Hz 的高频噪声就可以了。试验研究结果表明，卷铁芯变压器的高频噪声要比叠片式铁芯变压器

低一些。带有气隙的铁芯电抗器的磁密通常比电力变压器低 $10\%\sim30\%$，因此电抗器的噪声频谱中主要是低频分量，高频分量要比变压器小。对于大容量的电抗器，主要是基频分量的噪声。由于变流变压器中的高次谐波要比电力变压器大得多，故变流变压器的高频噪声与相同规格的电力变压器相比，要明显升高。运行实践表明，接有晶闸管负载的变流变压器，其噪声水平要增大 $15\sim30\mathrm{dB}$（A）。电弧炉变压器因经常处于短路工作状态，故其噪声有时高达 $100\mathrm{dB}$（A）以上。

必须强调指出的是，国外的试验研究结果表明，当变压器的额定工作磁密降低到 $1.4\mathrm{T}$ 左右时，负载电流产生的漏磁所引起的绕组、油箱壁（包括磁屏蔽等）的振动，将与硅钢片磁致伸缩引起的铁芯振动相接近（有时甚至会超过铁芯的磁致伸缩振动）。这时变压器的本体噪声不再单纯由硅钢片的磁致伸缩决定，而必须考虑负载电流漏磁引起的绕组、油箱壁（包括磁屏蔽等）的振动噪声。

国外的试验研究结果还表明，当由叠片组成的磁屏蔽采用刚性结构固定在油箱壁上时，这些磁屏蔽和油箱壁的振动噪声与绕组的振动噪声相比是比较小的，故往往可以只用负载电流漏磁引起的绕组振动噪声，来评价负载电流引起的噪声水平的升高。

负荷电流的漏磁对变压器噪声的影响可用下式来评价：

$$\Delta L_{\mathrm{WI}} = 20\lg\left(\frac{I}{I_{\mathrm{N}}}\right)^2 \tag{15-7}$$

式中：ΔL_{WI} 为负荷电流引起的绕组噪声声功率级的变化量，dB（A）；I 为变压器的负荷电流，A；I_{N} 为变压器的额定电流，A。

上式也可以用图 15-2 来表示，由该图能够明显地看出负载电流对绕组噪声的影响，即绕组噪声的大小是随着负载电流的变化而改变的。

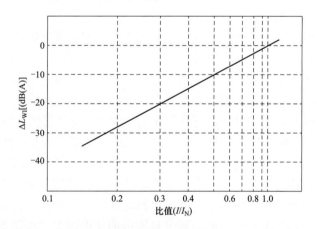

图 15-2　负载电流引起的绕组噪声声功率级的变化量

例如，在负载电流为 $0.7I_{\mathrm{N}}$ 时，绕组噪声比额定电流时约低 $6\mathrm{dB}$（A）。由于输电和配电变压器通常不带满负载运行，从而使具有低磁密的变压器的噪声升高问题能够得到某些补偿。对于发电机变压器而言，虽然它们一般都是在满负载的情况下运行，但由于它们通常都具有比较高的磁通密度，从而使变压器噪声升高问题也能够得到某些补偿。

2. 冷却装置噪声的机理

与变压器本体噪声的机理一样，冷却装置的噪声也是由于它们的振动而产生的。冷却装置振动的根源在于：

（1）冷却风扇和变压器油泵在运行时产生的振动（变压器油泵产生的噪声较小，可以忽略）。

（2）变压器本体的振动有时也可能通过绝缘油、管接头及其装配零件等，传递给冷却装置，使冷却装置的振动加剧，辐射的噪声加大。冷却装置振动产生的噪声，也是以声波的形式均匀地向四周发射的。这就是冷却装置噪声的机理。

国内外的运行实践表明，对于采用油浸自冷方式的变压器而言，直接安装在油箱上的自冷式散热器片产生的噪声，比变压器的本体噪声低得多，可以不予考虑。就采用强迫油循环吹风冷却方式的变压器而言，冷却风扇的噪声是很高的，能使变压器的合成噪声比变压器的本体噪声增加 4～6dB（A）以上。

另外，国内外的运行实践告诫我们，还有一个问题必须强调指出，即变压器运行时的噪声往往要高于出厂时的测量值，尤其是当额定工作磁密为 1.4T 及以下时，运行时噪声水平的升高更为明显。这是因为：

（1）运行过程中负载电流产生的漏磁会引起绕组、油箱壁（包括磁屏蔽等）的振动，从而产生附加的振动噪声。这种附加的振动噪声的大小是与负载电流的平方成正比的。在 1987 年的国际变压器学术讨论会上，有人根据试验研究结果提出，负载电流产生的附加噪声与额定工作磁密约为 1.4T 时铁芯的磁致伸缩振动噪声水平相当。沈阳变压器厂在温升试验时发现，当电流接近额定值时，具有磁屏蔽装置的变压器，如果磁屏蔽接近饱和，附加的振动噪声是相当高的。

（2）铁芯加热以后，由于谐振频率和机械应力的变化，其噪声会随温度的升高而增大。苏联的试验结果表明，当铁芯的温度由 20℃升高到 100℃时，其噪声增加了 4dB（A）。

（3）运行现场的环境（如周围的墙壁、建筑物及安装基础等）对噪声有影响。

（4）当负载电流中叠加有直流分量和谐波分量时，会使噪声升高。就变流变压器而言，由于直流分量和谐波分量的影响，运行时的噪声值要比出厂时的测量值高 20dB（A）左右。

三、噪声传播路径

由前述内容可知，变压器通过空气向四周发射的噪声是由两部分噪声合成的，一部分是由于箱壁（包括磁屏蔽等）振动而产生的本体噪声；另一部分是由于冷却风扇和变压器油泵振动而产生的冷却装置噪声。

变压器本体噪声完全取决于铁芯的磁致伸缩振动。铁芯的磁致伸缩振动是通过两条路径传递给油箱的，一条是固体传递路径——铁芯的振动通过其垫脚传至油箱；另一条是液体传递路径——铁芯的振动通过绝缘油传至油箱。由这两条路径传递过来的振动能量，使箱壁（包括磁屏蔽等）振动而产生本体噪声。通过空气，本体噪声以声波的形式均匀地向四周发射。

国内外的研究结果表明，固体路径和液体路径所传递的振动，其能量几乎是相等的。因此，即使将其中任何一条路径传递的振动完全吸收或衰减掉，变压器的本体噪声也只能降低大约 3dB（A）。

同样，冷却风扇和变压器油泵产生的振动噪声，也是通过空气以声波的形式均匀地向四周发射的。

从变压器本体油箱及冷却风扇和变压器油泵向外界发射的振动噪声，均随发射距离的增加而逐渐衰减。另外，噪声在均匀地向四周发射的过程中，往往会遇到障碍物，如果障碍物的尺寸小于噪声的波长时，噪声就会绕过障碍物；当障碍物的尺寸大于噪声的波长时，障碍物就会形成隔声壁。这时发射到隔声壁上的噪声，有一部分将被隔声壁吸收；还有一部分将被隔声壁反射回去；其余部分才穿过隔声壁发射出去。隔声壁的材料能够影响吸收和反射这两部分噪声，柔软而多孔的材料能够吸收绝大部分噪声，而只反射一小部分；坚硬而光滑的材料则能够把绝大部分噪声反射回去，而只吸收一小部分。

变压器若安装在户内，由于经过墙壁等的多次反射，其噪声会升高，这种现象叫作噪声的交混回响。从变压器停止运行到其噪声声强减小到运行时噪声声强的百万分之一所需的时间，称作交混回响时间。变压器噪声传播路径的示意图如图 15-3 所示。

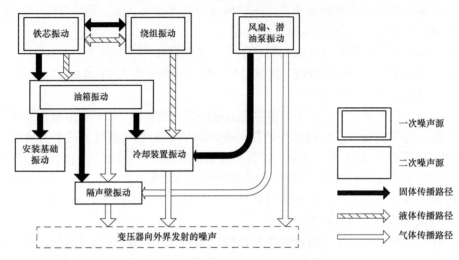

图 15-3　变压器噪声传播路径示意图

四、影响噪声的各种因素

（一）铁芯的磁致伸缩的影响

如前所述，铁芯励磁时硅钢片产生的磁致伸缩，是变压器本体噪声最主要的根源。各国的试验研究结果均证明，变压器本体噪声的大小直接取决于铁芯所用硅钢片磁致伸缩的大小。变压器若用磁致伸缩大的硅钢片叠积铁芯，其噪声水平肯定高。因此，研究与磁致伸缩有关的各种因素，从而采取有效的技术措施来控制和减小硅钢片的磁致伸缩，是降低变压器噪声最根本、最有效的方法。

磁致伸缩通常以 ε 表示，它等于励磁时硅钢片片长的增量 Δl 与片长 l 之比，即：

$$\varepsilon = \frac{\Delta l}{l} \tag{15-8}$$

国内外通过大量的试验研究得知，硅钢片的磁致伸缩 ε 主要与以下各种因素有关。

1. 磁密 B 的影响

通常磁密 B 的值越高，ε 值就越大。尤其是当硅钢片表面有绝缘涂层时，ε 随 B 增大的效果更为明显。

2. 硅钢片的材质的影响

磁致伸缩 ε 的大小主要取决于励磁时硅钢片中晶粒转动的情况。晶粒取向冷轧硅钢片能使 97％的晶粒有最佳方向，因此它们的 ε 值较小。Hi-B 硅钢片和激光照射控制磁畴的硅钢片，由于更加提高了结晶方位的完整度，故具有超取向的导磁性能，因此它们的ε值比普通的晶粒取向冷轧硅钢片还要小。

3. 硅钢片表面的绝缘涂层的影响

冷轧硅钢片表面通常都带有绝缘涂层，这种涂层在硅钢片表面形成一种张力，从而使ε减小。研究结果表明，硅钢片越薄，绝缘涂层越厚，涂层与硅钢片之间的反应层越深，涂层的张力就越大，硅钢片的ε就越小。日本的试验数据显示磷酸盐涂层的张力为2～5MPa。若在磷酸盐涂层上面喷涂一层玻璃质，然后再烧结，这时涂层的张力可达10MPa以上。涂层的这种张力与变压器铁芯成型过程中硅钢片产生的压缩应力互相抵消，从而有效地防止了外部应力造成的ε值的升高。

4. 硅钢片的含硅量的影响

通常使用的硅钢片其含硅量为2%～3%。国外的研究结果表明，当含硅量为6.5%时，硅钢片的ε几乎为零。但是由于含硅量一旦超过3.5%时，硅钢片将会变得很脆，加工十分困难，故迟迟没能得到实际应用。日本研制开发了一种特殊的制造工艺，生产出了含硅量为6.5%的硅钢片，并在1989年前后用这种硅钢片制造了多台高频变压器，在降低噪声方面取得了明显的效果。

5. 磁力线与硅钢片压延方向的夹角的影响

磁力线与硅钢片压处方向的夹角对ε影响很大。试验结果表明，当＝50%～60%时ε最小，因此冷轧硅钢片的铁芯采用斜接缝，对于减小ε是有好处的。

6. 硅钢片所受到的应力的影响

除了在生产硅钢片的过程中残留在硅钢片中的内应力之外，硅钢片在剪切、搬运、叠积铁芯等过程中，都不可避免地要受到外力的作用。这些外力在硅钢片中或产生压缩应力，或产生拉伸应力，或产生弯曲应力。研究结果表明，晶粒取向冷轧硅钢片的ε值随压缩应力的增加而增大，而在拉伸应力增大时，ε值的变化却很小。硅钢片在剪切过程中，剪切力使切口处的部分晶粒偏离了最佳取向，从而使得ε值增大。另外，用平整度不好的硅钢片叠积铁芯时，硅钢片将产生弹性弯曲。当硅钢片承受弹性极限范围以内的弯曲应力时，ε值将明显增大。

7. 硅钢片的退火温度及退火工艺的影响

试验研究结果表明，ε与硅钢片的退火温度有关。硅钢片的ε若为正值，退火以后其ε值将减小；硅钢片的ε若为负值，退火以后其ε的绝对值将增大；有时退火处理会使得ε由正值变为负值。由于硅钢片在加工和叠装过程中其ε值会逐渐增大，因此硅钢片一开始就具有较小的甚至负的ε值，对降低变压器的噪声是非常有利的。退火工艺不同，对ε值的影响程度也不相同。

8. 硅钢片的温度的影响

试验结果表明，ε值随着硅钢片温度的升高而增大。苏联的测试结果是，当硅钢片的温度由20℃升高到100℃时，硅钢片的磁致伸缩噪声将增大4dB（A）。

综上所述，为了降低变压器的噪声，必须选用ε小的硅钢片来叠积铁芯，而对ε小的硅钢片的具体要求就是，硅钢片具有极高的结晶方位的完整度，晶粒排列要好；充分利用硅钢片表面涂层的张力；沿硅钢片的压延方向施加拉伸力；硅钢片的平整度要好；

硅钢片的剪切及退火工艺要先进（如采用高精度的数控剪床及垂直悬吊退火工艺）；等等。

（二）直流偏磁的影响

不同的运行工况下变压器的噪声也不尽相同。在所有运行工况中，直流偏磁是对变压器噪声影响最大的因素。

由于铁磁材料的磁致伸缩率 ε 会随着工作磁通的增大而增大，与直流偏磁方向一致的半个周波内，硅钢片磁致伸缩率 ε 增大，进而导致铁芯振动及噪声的增大。国内外大量相关研究表明，很小的直流就能对变压器的振动噪声产生很大的影响。处于直流偏磁状态的变压器的铁芯磁通半波饱和，磁导率下降，导致漏磁通增大，同时还会伴随着励磁电流的增大及谐波含量的增多，最终影响变压器的振动噪声水平。

直流偏磁现象还会导致变压器的损耗增大，温度升高。直流偏磁条件下铁芯磁通半波饱和，磁导率大幅下降，大量的漏磁通经油箱壁、铁芯夹件、拉杆以及支撑板等结构件构成回路，导致变压器结构件涡流损耗的增大，进而引起结构件温度的升高。而铁芯和磁屏蔽磁致伸缩率 ε 会随着温度的升高而增大，并且温度过高还会引起绝缘老化和绕组局部过热变形，最终导致变压器振动加剧，噪声增大。

相关研究表明，直流偏磁条件下变压器的振动明显加剧，噪声水平大幅度提高，使紧固件更容易松动，不利于长期安全运行。有仿真研究表明，对于一台容量为 160kVA 的干式变压器，直流偏磁磁场将铁芯振动位移增加了 38.4%，振动应力增加了 21.2%。另外直流偏磁条件下的噪声的频谱也具有明显的特征，频谱中出现明显的奇次谐波，这也是变压器噪声受到直流偏磁影响的特征之一。

（三）铁芯的几何尺寸的影响

铁芯励磁时产生的噪声除了与硅钢片的 ε 值密切相关以外，还与铁芯的结构型式（如心式或壳式，叠片式或卷铁芯等）、几何尺寸及其重量有关，也与转角部位的接缝方式、接缝式的搭接面积及铁芯的制造工艺等因素有关。由于铁芯中磁密分布的不均匀性和冷轧硅钢片磁性能的各向异性，使得铁芯不同区段的磁致伸缩是不均匀的。研究结果表明，在磁通转向的区段内磁致伸缩将显著增加。铁芯磁致伸缩的这种不均匀性与铁芯的几何尺寸密切相关。

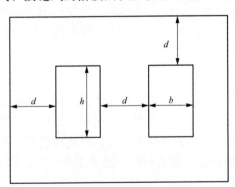

图 15-4　铁芯尺寸示意图

苏联的研究结果表明，铁芯的几何尺寸对电力变压器噪声的影响，可由铁芯尺寸关系的比例系数 $K_{P,C}$ 来评价。对于三芯柱叠片式铁芯（见图 15-4），其尺寸关系的比例关系 $K_{P,C}$ 可由下式求出：

$$K_{P,C} = 0.96 \times \frac{3d(5d + h + 2b)}{(h + b)(3h + 6d + 4b)} \tag{15-9}$$

式中：d 为芯柱和铁轭的直径，cm；h 为铁芯的窗口高度，cm；b 为铁芯的窗口宽度，cm。

相关生产实践表明，对于额定电压为 10、35、100、200、330kV 级，额定容量为

$400 \sim 200000 \mathrm{kVA}$ 的三相电力变压器而言，按式（15-9）计算出的 $K_{\mathrm{P,C}}$ 通常在 $0.20 \sim$ 0.45 范围内。当磁密不变时，铁芯的噪声水平（变压器的本体噪声水平）随着 $K_{\mathrm{P,C}}$ 的增大而升高。因此，我们根据式（15-9）不仅能够分析出铁芯几何尺寸对变压器本体噪声的影响，而且能够从噪声的观点来确定铁芯基本尺寸（d、h、b）之间的最佳关系。

如图 15-5 所示铁芯的接缝方式 2 对变压器噪声（L_{PA}）的影响。由图可知，在 $K_{\mathrm{P,C}}=$ $0.20 \sim 0.45$ 时，用斜接缝（搭接面积为 5%）代替直接接缝方式对噪声的影响缝时，变压器的噪声水平能够降低 $3 \sim 5 \mathrm{dB}$（A）。

需要关注的是，当评价采用斜接缝对降低变压器噪声的效果时，必须考虑接缝区搭接面积 S（%）对噪声的影响。虽然增大搭接面积可使片间的摩擦力增加，从而提高铁芯的机械强度，但却使磁通经过硅钢片非轧制方向的区域增大，从而使噪声升高。国内外的试验结果表明，搭接面积每增加 1%，45% 斜接缝的效果就减小 0.3%。因此，必须在满足铁芯机械强度要求的前提下，选择最小的搭接面积以降低铁芯的噪声。过去的实践经验表明，在 $K_{\mathrm{P,C}}=0.20 \sim 0.45$ 范围内，可用式（15-10）估算搭接面积对变压器噪声的影响。

$$\Delta L_{\mathrm{PA}} \approx 0.5 \sqrt{S}, \mathrm{dB(A)} \tag{15-10}$$

式中：ΔL_{PA} 为变压器噪声的变化量，dB（A）；S 为接缝区的搭接面积，%

式（15-10）的计算结果，也可以用如图 15-6 所示的曲线来表达。

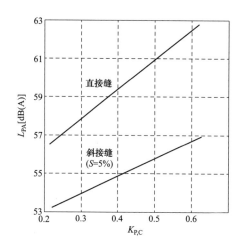 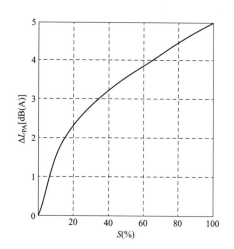

图 15-5　铁芯的接缝方式对变压器噪声的影响　　图 15-6　接缝区搭接面积 S 对噪声的影响

（四）铁芯的装配工艺的影响

试验研究结果表明，变压器的噪声与铁芯的夹紧力和铁芯的拉伸力密切相关，如图 15-7 所示。

大量的试验数据表明，铁芯的夹紧力有一个最佳值。铁芯在最佳夹紧力时变压器的噪声最低。当铁芯的夹紧力低于最佳值时，由于夹紧力不够大，硅钢片的自重将使铁芯产生弯曲变形，致使磁致伸缩增大，从而使变压器的噪声水平增高；当铁芯的夹紧力高于最佳值时，由于夹紧过大，致使磁致伸缩增大，也使得变压器的噪声水平增高。试验结果表明，改变铁芯的夹紧力能够使变压器的噪声变化 $5\mathrm{dB}$（A）左右。

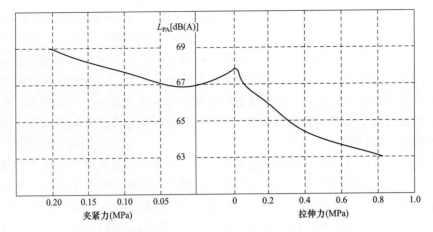

图 15-7　噪声水平与铁芯夹紧力、铁芯拉伸力的关系

($B=1.5T$，$f=50Hz$)

在铁芯夹紧力不变的情况下，变压器的噪声水平与铁芯中的磁通密度和铁芯所处的状态（是水平放置还是竖直放置）有关。铁芯的夹紧力 P、铁芯的磁通密度 B、铁芯的放置状态等与变压器噪声的变化量 ΔL_{PA} 之间的关系如图 15-8 所示。

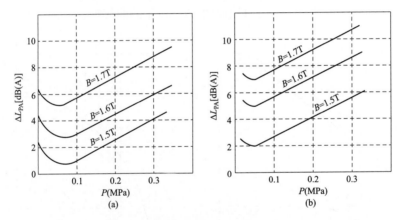

图 15-8　噪声变化量与夹紧力的关系

（a）铁芯水平放置；（b）铁芯竖直放置

铁芯在竖直状态下，变压器噪声的变化量 ΔL_{PA} 与铁芯夹紧力 P、芯柱（或铁轭）的弯曲挠度 δ、磁通密度 B 之间的关系，可用式（15-11）来表示：

$$\Delta L_{PA} = 15(P-0.08) + 180(\delta-0.20) + \sqrt{350(B-1.5)^2 + 55(B-1.5)}$$

（15-11）

式（15-11）在下述条件下成立：夹紧力 $P=0.08\sim0.40$MPa；相对挠度 $\delta=0.2\%\sim3\%$；磁通密度 $B=1.5\sim1.7$T。

相关生产实践表明，为了降低电力变压器的噪声，铁芯的夹紧力应在 $0.08\sim0.12$MPa，芯柱的相对挠度应乘以 0.2%。

（五）谐振对噪声的影响

变压器可视为一个由各种结构件组成的弹性振动系统。该系统有许多固有振动频率。

当铁芯、绕组、油箱及其他结构件的固有频率接近或等于磁致伸缩振动的基频及二、三、四次高频的频率（对于 50Hz 电源而言，系指 100Hz、200Hz、300Hz、400Hz）时，将会产生谐振，从而使噪声显著增大。

五、降低噪声的技术措施

由于运行中变压器的噪声通常是指变压器的本体噪声和冷却装置噪声的合成噪声，因此为了降低变压器的噪声，也应该分别从这几个方面来采取有效的技术措施。就目前的技术现状而言，所谓降低变压器噪声的技术措施，实质上就是通过一定的技术手段，使变压器的本体噪声和冷却装置的噪声减小，或者在噪声发射的途径中采取有效的隔声或消声措施，将噪声屏蔽起来或抵消掉，以阻止噪声向四周或某一方向发射。

1. 变压器本体噪声的降低

本体噪声的降低主要通过减弱铁芯噪声实现。由变压器铁芯产生的噪声可通过改进材料和设计得到降低，具体的措施为：

（1）选用具有极高结晶方位完整度、磁致伸缩小的优质硅钢片来叠积铁芯。

（2）硅钢片材料晶平整度好、无缺陷毛刺。

（3）充分利用硅钢片的表面涂层的张力。

（4）沿硅钢片的压延方向施加拉伸力。

（5）硅钢片的剪切和退火采用高精度数控剪床及垂直悬吊退火工艺。

（6）设计合理的铁芯结构形式、尺寸和铁芯固有频率。

（7）进行绕组线圈与铁芯间的间隙处理，在间隙中插入纸板或环氧腻子撑紧，减小铁芯与线圈间可能的相互位移，以降低噪声。

通过对铁芯的适当控制，可降低变压器本体噪声 5～10dB（A）。

2. 冷却设备噪声的降低

冷却设备噪声的降低通过降低设备本身的噪声、有效地隔绝传播路径来实现。

（1）尽可能采用自冷式散热器替代风冷散热器或强迫油循环风冷却器。冷却器的选择在满足设计要求时应充分考虑噪声指标。若配有风机时尽量选用低噪声冷却风机，且风机与支架之间需安装隔振装置，风机的进、出口处需安装消声器。

（2）油箱与散热片间的结构加强。将散热器的各散热片与油箱焊接连成一体，减小散热片的振动以降低噪声。

3. 改善运行工况

直流偏磁等运行工况下变压器的噪声会急剧增加，因此在受直流偏磁影响较大的区域内运行的主变压器应具备防止直流偏磁的措施。可采用将中性点通过电容隔直或电阻限流装置接地的方式来减小变压器运行过程中的中性点直流偏磁电流，从而避免因偏磁电流过大而引起的铁芯异常振动。

4. 传播途径的控制

变压器本体噪声可通过铁芯垫脚等途径传递给油箱壁，引起油箱壁的振动向外辐射噪声，因此在油箱上采取有效的措施是比较经济的方法。相应的消声措施为：抑制油箱振动，采用减振、隔声和吸声等措施降低自油箱向外辐射噪声。

（1）合理布置加强筋，增强油箱强度，减小油箱振幅。

（2）在油箱内壁设置阻尼层，增加油箱阻尼，抑制油箱的振动。

（3）油箱和散热器的连接采用波纹管。

（4）在油箱中安装隔声围屏。

（5）在油箱底部与基础间安装减振装置。

（6）安装隔声油箱，在油箱外面安装一层外壳，形成双层油箱，在外壳与箱壁间填充吸声材料，提高隔声量。

（7）采用隔声板将油箱半封闭或全封闭。

（8）在居民住宅区中可将变压器置于住宅楼半地下室夹层内，夹层与底层住宅间采用隔振措施。

控制油箱的振动，并采取隔声、吸声等措施可降低噪声 10～20dB（A）。

5. 变压器噪声的主动控制

变压器的噪声以低频噪声为主，同时具有明显的纯音成分，因此可有效地采用有源消声进行控制。目前文献已提出多种变压器噪声的主动控制电子系统。变压器噪声主动控制系统对基频的降噪量可达 15～20dB。

第三节　噪 声 检 测 方 法

一、噪声测试方法

（一）噪声测试要求

针对变压器噪声的检测，《电力变压器　第 10 部分：声级的测定》（GB 1094.10—2003）等中都规定了可采用声压法和声强法进行检测。至于选择哪种方法，则应在订货时由制造单位与用户协商确定。

1. 检测仪器和校准

进行声压测量时，应使用符合《电声学》（GB/T 3785—2010）的 1 型声级计，并按《声学声压法测定噪声源声功率级反射面上方采用包络测量表面的简易方法》（GB/T 3768—1996）进行校准。

进行声强测量时，应使用符合标准的声强仪，按《声学声强法测定噪声源的声功率级》（GB/T 16404—1996）进行校准。

测量设备的频率范围应与试品的频谱相适应，即应选择合适的传声器间距系统，以使系统的误差最小。应在测量即将开始前和测量刚结束后对测量设备进行校准。如果校准变化超过 0.3dB，则本次测量结果无效，应重新进行测量。

2. 负荷条件

变压器的噪声大小与其负荷条件相关，需要换算到同一条件下进行判断比较。负荷条件应由制造单位和用户在订货时协商确定。若一台变压器的空载声级很低，则运行时负荷电流所产生的噪声可能影响变压器的总声级。对于在额定电压和额定电流下运行的

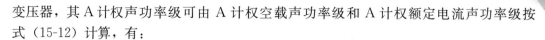

变压器，其 A 计权声功率级可由 A 计权空载声功率级和 A 计权额定电流声功率级按式（15-12）计算，有：

$$L_{WA,SN} = 10\lg(10^{0.1L_{WA,UN}} + 10^{0.1L_{WA,IN}}) \tag{15-12}$$

式中：$L_{WA,SN}$ 为变压器在正弦波额定电压、正弦波额定电流及额定频率下的 A 计权声功率级（负载声级）；$L_{WA,UN}$ 为变压器在正弦波额定电压、额定频率及空载电流下的 A 计权声功率级（空载声级）；$L_{WA,IN}$ 为变压器在额定电流下的 A 计权声功率级。

如果需要，应考虑将冷却设备的噪声也包括在 $L_{WA,UN}$ 或 $L_{WA,IN}$ 内。严格地说，式（15-12）只适用于各个独立的声源。由于空载噪声和负荷电流噪声之间的相互影响，运行中的实际声功率级 $L_{WA,SN}$ 要比用上式计算出的值小。但是，这种差异是在测量的不确定性范围内。

由于电抗器所吸取的电流取决于所施加的电压，故电抗器不能在空载状态下进行试验。如果工厂的电源容量足以供电抗器进行全电压励磁，则对于电抗器，可以采用与变压器相同的测试方法。此外，若条件合适，这些测试方法也可用于现场测量。除另有规定外，试验应在分接开关（如果有）处于主分接时进行。然而，在主分接下运行时，也有可能不会产生最大的声级。此外，变压器在运行时，由于空载磁通和漏磁通的叠加，能使铁芯中某些部分的磁通密度发生变化。因此，对于特殊使用条件（特别是变磁通调压）下的变压器，经协商，可以在非主分接下，或者对于不带分接的绕组在电压不等于额定电压下进行声级测量。这一点应在试验报告中明确地表示出。

（1）额定电流下的 A 计权声功率级：为了判断负荷电流下的声级测量是否必要，可先通过式（15-13）粗略地估算负荷电流声功率级有：

$$L_{WA,IN} \approx 39 + 18\lg\frac{S_r}{S_P} \tag{15-13}$$

式中：$L_{WA,IN}$ 为额定电流下的 A 计权声功率级；S_r 为额定容量，MVA；S_P 为基准容量，1MVA。

对于自耦变压器和三绕组变压器，用一对绕组的额定容量 S_t 代替 S_r。

若 $L_{WA,IN}$ 值比保证的声功率级低 8dB 或低得更多时，则负荷电流声级测量不必进行。

当需要进行负荷电流声级测量时，应将一个绕组短路，而对另一个绕组施加的额定频率的正弦波电压。所加电压应均匀上升，直到短路绕组中所通过的电流达到额定值为止。

（2）非额定电流下的 A 计权声功率级：如果只能在降低的电流下进行声级测量时，也可在 70% 额定电流下按照式（15-14）所示进行额定电流下的声功率级换算有

$$L_{WA,IN} \approx L_{WA,IT} + 40\lg\frac{I_N}{I_T} \tag{15-14}$$

式中：$L_{WA,IN}$ 为额定电流下的 A 计权声功率级；$L_{WA,IT}$ 为降低电流下的 A 计权声功率级；I_N 为额定电流；I_T 为实际测量电流。

3. 测量位置

不同的测量位置对噪声的测试结果不同，《电力变压器　第 10 部分：声级的测定》（GB 1094.10—2003）等对测量位置进行了明确要求，并根据变压器和冷却装置的配置情况进行了分类，具体分类及要求见表 15-1。

表 15-1　　　　　　　　　　　　　　　隔声壁的结构型式及其隔声效果

变压器及冷却装置配置情况		带或不带冷却设备的变压器、带保护外壳的干式变压器及保护外壳内装有冷却设备的干式变压器		距变压器基准发射面距离为 3m 及以上处分体式安装的冷却设备	无保护外壳的干式变压器
		冷却设备运行	冷却设备不运行		
基准发射面		基准发射面是指由一条围绕变压器的弦线轮廓线，从箱盖顶部（不包括高于箱盖的套管、升高座及其他附件）垂直移动到箱底所形成的表面。基准发射面应将距变压器油箱距离小于 3m 的冷却设备、箱壁加强铁及诸如电缆盒和分接开关等辅助设备包括在内。而距变压器油箱的距离为 3m 及以上的冷却设备，则不包括在内。其他部件：如套管、油管路和储油柜、油箱或冷却设备的底座、阀门、控制柜及其他次要附件也不包括在内		基准发射面是指由一条围绕设备的弦线轮廓线，从冷却设备顶部垂直移动到其有效部分底面所形成的表面，但基准发射面不包括储油柜、框架、管路、阀门及其他次要附件	基准发射面是指由一条围绕干式变压器的弦线轮廓线，从变压器顶部垂直移动到其有效部分底面所形成的表面，但基准发射面不包括框架、外部连线和接线装置以及不影响声发射的附件
规定轮廓线	水平方向	距基准发射面 2m	距基准发射面 0.3m	距基准发射面 2m	距基准发射面 1m
	高度方向	对于油箱高度小于 2.5m 的变压器，规定轮廓线应位于油箱高度 1/2 处的水平面上。对于油箱高度为 2.5m 及以上的变压器，应有两个轮廓线，分别位于油箱高度 1/3 处和 2/3 处的水平面上，但若出于安全的原因，则应选择位于油箱高度更低处的轮廓线		在仅有冷却设备工作条件下进行声级测量时，若冷却设备总高度（不包括储油柜、管路等）小于 4m，则规定轮廓线应位于冷却设备总高度 1/2 处的水平面上。若冷却设备总高度（不包括储油柜、管路等）为 4m 及以上，应有两个轮廓线，分别位于冷却设备总高度 1/3 处和 2/3 处的水平面上，但若出于安全的原因，则应选择位于冷却设备总高度更低处的轮廓线	对于油箱高度小于 2.5m 的变压器，规定轮廓线应位于油箱高度 1/2 处的水平面上。对于油箱高度为 2.5m 及以上的变压器，应有两个轮廓线，分别位于油箱高度 1/3 处和 2/3 处的水平面上，但若出于安全的原因，则应选择位于油箱高度更低处的轮廓线
测点分布		传声器应位于规定轮廓线上，彼此间距大致相等，且间隔不得大于 1m，至少应设有 6 个测点			
测量表面面积计算		$S=(h+2)l_\mathrm{m}$	$S=1.25hl_\mathrm{m}$	$S=(h+2)l_\mathrm{m}$	$S=(h+l)l_\mathrm{m}$

考虑安全距离而要求整个轮廓线或其中一部分距基准发射面的测量距离超过表 15-1 规定的试品上的测量范围时，应在安全测量距离外进行测量，测量表面积 S 按下式进行计算有：

$$S=\frac{3}{4\pi}l_\mathrm{m}{}^2 \tag{15-15}$$

式中：l_m 为按安全距离考虑的规定轮廓线的周长，m。

（二）声压测试法

1. 测试环境要求

测试环境对噪声测试结果具有较大的影响。理想的测试环境应是除了反射地面外无任何其他反射物体的场所，已使被测设备所发射的声波进入一个在发射面之上的自由场。无论是室内场所还是室内场所，被试品周围反射物体（支撑面除外）应尽可能远离试品，且作为反射面的地板或地坪的平均吸声系数 α 在整个频率范围内最好小于 0.1，且反射表面不能因振动而发出显著的声能。当在混凝土、树脂、钢或硬砖地面上进行测量时，该要求通常能得到满足，常规材料的吸声系数见表 15-2。变压器油箱内或保护外壳内不允许进行声级测量。

同时应避免在恶劣的气象条件下进行声级测量，温度、风速的剧烈变化，以及凝露或高湿度等气象条件均会对噪声的测试产生明显影响。

2. 环境修正值 K 的计算

当现场测试环境无法满足要求时应进行环境因素的修正，周围环境因素的影响采用环境修正值 K 表示，其计算方法有两种。

（1）计算方法 1：环境修正值 K 考虑了不希望出现的试验室边界或邻近试品的反射物体所产生的声反射的影响。K 主要取决于试验室吸声面积 A 对测量表面积 S 的比值。K 的计算值与试品在试验室的位置无明显关系。

K 可用式（15-16）计算有：

$$K = 10\lg\left(1 + \frac{4}{A/S}\right) \tag{15-16}$$

式中：S 可由相应的表 15-1 中的公式或式（15-15）算出。以平方米（m^2）表示的 A 值可由式（15-17）求出有：

$$A = \alpha S_V \tag{15-17}$$

式中：α 为平均吸声系数（见表 15-2）；S_V 为试验室（墙壁、天棚和地面）的总表面积，m^2。

表 15-2 　　　　　　　　　　　　平均吸声系数近似值

房间状况	平均吸声系数 α
具有由混凝土、砖、灰泥或瓷砖构成的平滑硬墙且近似于全空的房间	0.05
具有平滑墙壁的局部空着的房间	0.1
有家具的房间、矩形机器房、矩形工业厂房	0.15
形状不规则的有家具的房间、形状不规则的机器房或工业厂房	0.2
具有软式家具的房间、天棚或墙壁上铺设少量吸声材料（如部分吸声的天棚）的机器房或工业厂房	0.25
天棚和墙壁铺设吸声材料的房间	0.35
天棚和墙壁铺设大量吸声材料的房间	0.5

如果需要吸声面积 A 的测量值，可通过测量试验室的混响时间来求得。测量时，可用宽频带声或脉冲声来激发，用具有 A 计权的接收系统来接收。以平方米（m^2）表示的 A 值由式（15-18）求得有：

$$A = 0.16(V/T) \tag{15-18}$$

式中：V 为试验室体积，m^3；T 为试验室的混响时间，s。

若 $A/S>1$，则试验室符合要求。此时，将给出环境修正值 K 为 7dB。若试验室很大或作业空间未完全被封闭，则 K 值接近于 0。

（2）计算方法 2：K 值可通过标准声源的确定视在声功率级来计算。此标准声源在位于反射面上的自由场中的声功率级事先已进行了校正。此时有：

$$K = L_{Wm} - L_{Wr} \tag{15-19}$$

式中：L_{Wm} 为标准声源的声功率级，它是按《声学　声压法测定噪声源声功率级和声能量级　采用反射面上方包络测量面的简易法》（GB/T 3768—2017）规定测定的，不做环境校正，即最初假定 $K=0$；L_{Wr} 为标准声源的视在声功率级。

3. 被试变压器的运行状态

被试变压器的运行状态应由制造单位与用户进行商定，所允许的供电组合如下：

（a）变压器供电，冷却设备及油泵不运行；

（b）变压器供电，冷却设备及油泵投入运行；

（c）变压器供电，冷却设备不运行，油泵投入运行；

（d）变压器不供电，冷却设备及油泵投入运行。

4. 平均声压级的测定

测量应在背景噪声值近似恒定时进行。在即将对试品进行声级测量前，应先测出背景噪声的 A 计权声压级。测量背景噪声时，传声器所处的高度应与测量试品噪声时其所处的高度相同；背景噪声的测量点应在规定的轮廓线上。当测量点总数超过 10 个时，允许只在试品周围呈均匀分布的 10 个测量点上测量背景噪声。

如果背景噪声的声级明显低于试品和背景噪声的合成声级（即差值大于 10dB），则可仅在一个测量点上进行背景噪声测量，且无须对所测出的试品的声级进行修正。

未修正的平均 A 计权声压级 $\bar{L}_{pA0}$，应由在试品供电时于各测点上测得的 A 计权声压级 L_{pAi} 按式（15-20）计算有：

$$\bar{L}_{pA0} = 10\lg\left(\frac{1}{N}\sum_{i=1}^{N} 10^{0.1L_{pAi}}\right) \tag{15-20}$$

式中：N 为测点总数。

当各 L_{pAi} 值间的差别不大于 5dB 时，可用简单的算术平均值来计算。此平均值与按式（15-20）计算出的值之差不大于 0.7dB。

背景噪声的平均 A 计权声压级 $\bar{L}_{bgA}$，应根据试验前、后的各测量值分别按式（15-21）计算有：

$$\bar{L}_{bgA} = 10\lg\left[\frac{1}{M}\sum_{i=1}^{M} 10^{0.1L_{bgAi}}\right] \tag{15-21}$$

式中：M 为测点总数；L_{bgAi} 为各测点上测得的背景噪声 A 计权声压级。

在设备噪声测量前后均应进行背景噪声的测量，并记录声级计读数，噪声测量结果的有效性判断见表 15-3。

表 15-3　　　　　　　　　　　噪声测量结果的有效性判断标准

$\bar{L}_{pA0}$ 与较高的 $\bar{L}_{bgA}$ 之差	试验前的 $\bar{L}_{bgA}$ 与试验后的 $\bar{L}_{bgA}$ 之差	结论
≥8dB	—	接受
<8dB	<3dB	接受
<8dB	>3dB	重新试验
<3dB	—	重新试验

注　如果 $\bar{L}_{pA0}$ 小于保证值，则应认为试品符合声级保证值的要求。这种情况应在试验报告中予以记录。

(三) 声强测量法

1. 测试环境要求

声强法测试的原理是：根据两个邻近放置的压敏微音器之间中点处的声压梯度的变化，用有限差分法近似求得该处声波质点的振动速度。瞬时声压和其相对应的瞬时质点速度之积的时间平均值即为该处的声强，将空间平均声强乘以相应的面积，便可求得变压器的噪声输出功率。

在进行声强法测试时的试验环境应是一个在一反射面之上的近似的自由场。理想的试验环境应是使测量表面位于一个基本不受邻近物体或该环境边界反射干扰的声场内。因此，反射物体（支撑面除外）应尽可能远离试品。但是，使用声强法测量时允许在距试品规定轮廓线至少为 1.2m 处有两面反射墙壁，此时仍能进行准确测量。如果有三面反射墙壁，它们距试品规定轮廓线的距离至少应为 1.8m。不允许在变压器油箱内或保护外壳内进行测量。

声强测量法的突出特点是：它只测量和记录来自变压器本身的噪声，而不受测量环境内其他声源的干扰和影响。声强法能够对真实负载条件下实际运行的变压器进行噪声测量。制造厂用声强法测量变压器的噪声，不必在专门的测试室中进行，在生产车间内便可进行测量，从而降低了附加的试验成本，缩短了试验周期。另外，用户在验收变压器时便可对额定负载下的噪声值进行验证，从而可避免用标准法在现场测量的噪声值与出厂时测量值的不一致，使用户能够辨别出是正常的运行噪声还是非正常的故障噪声。可见声强法对制造厂和用户都是可行的。

2. 被试变压器的运行状态

采用声强法进行噪声测试时变压器的运行状态要求与采用声压级进行测试时一致。

3. 平均声强级的计算

平均 A 计权声强级 $\bar{L}_{IA}$ 应由在试品供电时于各测点上测得的 A 计权法向声强级 $\bar{L}_{IAi}$ 按式（15-22）计算有：

$$\bar{L}_{IA} = 10\lg\left[\frac{1}{N}\sum_{i=1}^{N}\text{sign}(L_{IAi})^{0.1|L_{IAi}|}\right] \tag{15-22}$$

判定试验环境和背景噪声是否可以接受的准则 ΔL 按式（15-23）计算有：

$$\Delta L = \bar{L}_{pA0} - \bar{L}_{IA} \tag{15-23}$$

为了保持标准偏差不超过 3dB，ΔL 的最大允许值应为 8dB（A）。

(四) 声功率级的计算

试品的 A 计权声功率级 L_{WA}，应由修正的平均 A 计权声压级 $\bar{L}_{pA}$ 或由平均 A 计权声强级 $\bar{L}_{IA}$，分别按式（15-24）或式（15-25）计算有：

$$L_{WA} = \bar{L}_{pA} + 10\lg\frac{S}{S_0} \tag{15-24}$$

$$L_{WA} = \bar{L}_{IA} + 10\lg\frac{S}{S_0} \tag{15-25}$$

式中：S 为由表 15-1 中的公式或式（15-15）求得；S_0 为基准参考面积（1m²）。

对于冷却设备直接安装在油箱上的变压器，其冷却设备的声功率级 L_{WA0} 按式（15-26）计算有

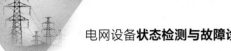

$$L_{\mathrm{WA0}} = 10\lg(10^{0.1L_{\mathrm{WA1}}} - 10^{0.1L_{\mathrm{WA2}}}) \tag{15-26}$$

式中：L_{WA1} 为变压器和冷却设备的声功率级；L_{WA2} 为变压器的声功率级。

如果已知冷却设备中各风扇和油泵的声功率级，则冷却设备的总声功率级可根据能量关系，通过将各声功率级相加的办法求得。采用这种确定冷却设备声功率级的方法，需经制造单位和用户协商同意。

对于冷却设备为独立安装的变压器，变压器和冷却设备的声功率级 L_{WA1} 可按式（15-27）计算有：

$$L_{\mathrm{WA1}} = 10\lg(10^{0.1L_{\mathrm{WA0}}} + 10^{0.1L_{\mathrm{WA2}}}) \tag{15-27}$$

式中：L_{WA2} 为变压器的声功率级；L_{WA0} 为冷却设备的声功率级。

（五）测试结果无效时的处理方法

在采用上述方法对变压器进行声级测定时，如果由于试验环境的背景噪声声级过大，致使测量条件不满足测试要求（背景声级与合成声级之差小于 3dB 且合成声级不小于保证值时；未修正的平均 A 计权声压级 $\bar{L}_{\mathrm{pA0}}$ 与平均 A 计权声强级 $\bar{L}_{\mathrm{IA}}$ 之差超过 8dB）测量结果无效时，可采用窄频带或时间同步法进行声级测量，以便能滤掉所不需要的信号。但这些测量方法并不能消除由环境修正值 K 所描述的反射影响。

变压器噪声的音调特征是其频率为电源频率的 2 倍或其他偶数倍。因此，可以只在相关的频率下，用时间同步平均或窄频带法减小不相关的噪声。

窄频带和时间同步测量法仅在试验期间，当冷却设备和油泵不运行时才有效。至于选择其中哪一种方法，应根据制造单位和用户间的协议来确定。上述这些方法均适用于声压级和声强级测量，同时也可用来计算声功率级。

1. 窄频带测量

分析器带宽 Δf 应按下述选择：1/10 倍频程或更窄些，所选频率的 10% 或 5Hz 或 10Hz。在选择窄频带测量方法，则当电源频率一直是在允许范围内变化时，实际产生的谐波可能已经落在测量仪器的带宽外。如果由测得的电源频率所产生的谐波频率不在所选择的带宽（Δf）范围内时，则欲接受所得到的测量结果，应经制造厂和用户协商同意，或者选择更宽的带宽。

应按第十一章或第十二章的规定进行测量，但原为测量单个 A 计权值，现改为在中心频率等于 2 倍额定频率及其倍数值频率的整个带宽上进行声级测量。每一测点上的 A 计权声压级或声强级可分别用式（15-28）或式（15-29）来计算有：

$$L_{\mathrm{pA}i} = 10\lg\left(\sum_{\nu=1}^{\nu_{\max}} 10^{0.1L_{\mathrm{pA}\nu}}\right) \tag{15-28}$$

式中：$L_{\mathrm{pA}i}$ 为额定电压及额定频率下的 A 计权声压级；$L_{\mathrm{pA}\nu}$ 为额定电压及额定频率下，在中心频率为 $2f\nu$，且所选带宽为 Δf 时测得的 A 计权声压级；f 为额定频率；ν 为额定频率的偶次谐波倍数的顺序号（1，2，3 等），且 ν 的最大值（$\nu_{\max}$）为 10，有：

$$L_{\mathrm{IA}i} = 10\lg\left(\sum_{\nu=1}^{\nu_{\max}} 10^{0.1L_{\mathrm{IA}\nu}}\right) \tag{15-29}$$

式中：$L_{\mathrm{IA}i}$ 为额定电压及额定频率下的 A 计权声强级；$L_{\mathrm{IA}\nu}$ 为额定电压及额定频率下，在中心频率为 $2f\nu$，且所选带宽为 Δf 时测得的 A 计权声强级；f 为额定频率；ν 为额定频率的偶次谐波倍数的顺序号（1，2，3 等），且 ν 的最大值（$\nu_{\max}$）为 10。

2. 时间同步测量

时间同步平均是指噪声信号数字化时间记录的平均，其起点是通过一个重复的触发讯号来确定。通过使用一个与变压器噪声同步的触发信号，如网络电压，可消除所有的非同步噪声。需要注意的事，很多工业噪声源可能是同步的，此时，不宜用本方法。

环境噪声衰减 N 与平均次数 n（包括在测量内）有关。信噪比改善的分贝值 S/N 等于：

$$S/N = \lg n \tag{15-30}$$

此原理可用于声压测量和声强测量。对于声强测量，用时间同步平均所得到的结果，对于 ΔL 值一直到 $S/N+8\mathrm{dB}$（A）时止都是有效的。

当使用时间同步测量时，必须使传声器相对于变压器的位置保持固定不变。此时，沿规定轮廓线不断移动传声器是不可能的。

（六）声学定位技术介绍

1. 简介

噪声源识别技术（NSI）目前已被广泛用于优化各种产品的声学性能，包括：车辆、家庭用品、风力涡轮机等；NSI 技术目标是识别被测对象不同位置，在各个频率成分的声功率辐射能量的情况。主要应用有两点：

（1）准确识别设备的主要噪声源是进一步制定有效降噪方案的前提，定位的声源分布特性被用来确定哪些设计改变将最有效地改善整体的噪声辐射。

（2）异响定位，异常声音信号往往能够反应被测设备运行状态的变化，定位异常声源位置常被用于设备的故障诊断和消除。

常用的噪声源识别技术有两类，早期的主要是用一个或几个传感器（声压或生强探头），通过空间扫描的方式获取被测设备声源分布图像。

另一种就是近期快速发展的麦克风阵列技术，麦克风阵列是由一组传声器（一般会使用几十个甚至是几百个）按一定顺序排列组成的测试设备，20 世纪 90 年代以来，基于传声器阵列测量的噪声源识别技术广泛应用于各个领域，空间声场转换法（STSF）和波束形成法是最主要的两种阵列传声器信号处理算法。

STSF 将传声器阵列置于靠近发动机表面的近场接收声压信号，并基于近场声全息（NAH）理论和赫姆霍兹积分方程（HIE）理论对阵列传声器接收的声压信号进行处理，从而重构三维声场中平行于传声器阵列平面的任意平面上的声压数据，进一步通过欧拉公式确定三维声场中的质点速度、声强量，计算各声源的辐射声功率。该方法简便易行，能够提供三维声场中声压、质点速度、声强、声功率信息的完整描述和发动机表面的声压、质点速度及声强成像云图，互谱的运用有效抑制了不相关背景噪声的干扰，其不足之处在于测量分辨率依赖于传声器间距，高频时为达到一定的分辨率要求致使传声器测点数目过多。

波束形成算法将传声器阵列置于距离被测物体中长距离的位置测量空间声压信号，基于阵列的指向性原理成像物体表面的声源分布，找到主要噪声源的位置，得出辐射声场的主要特征。波束形成法测量速度快，计算效率高，中高频分辨率好，适宜中长距离测量，对稳态、瞬态及运动声源的定位精度高是航空、高速列车、旋转机械、车辆、发动机等领域不可缺少的噪声源识别技术，最近在工业界被广泛应用，算法本身也有较快发展如移动声源波束成形技术、3D 球面波束成形技术基于波束成形的反卷积优化。

不同的方法选择主要考虑到需要识别声源的频率范围、测试距离、分辨率、被测对象面积等。

2. 典型设备

当前市场上已有多款基于麦克风阵列技术的声学定位成像仪器，典型的麦克风阵列系统组成如图15-9所示，主要包括如下几个部分。

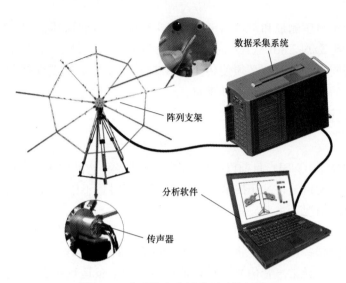

图15-9 典型的麦克风阵列系统组成

传声器：拾取声音信号，将测点的声压信号转换成电信号，输出给数据采集系统。阵列定位中用到了采集到声压的相位信号，要求传声器之间有良好的相位一致性。

阵列支架：阵列定位中需要精确输入每个传声器的位置坐标，通过定型的阵列支架可精准安装每个传声器，并内置线缆等接插件端子方便使用；另外阵列支架配备摄像头，实现声源的可视化。

数据采集系统：同步采集多通道传声器的电信号，除了针对单独的声音采集中需要关注的动态范围、位数、抗混叠滤波器、内置 IEPE 激励（信号调理及程序信号调理电流激励）等要求外，针对麦克风阵列应用还要求通道间相位一致性好，一般会选择每通道独立 ADC 的采集设备。

软件：根据采集到的多通道声音信号和阵列参数，通过定位算法获得声源分布情况，叠加光学照片实现声源的可视化。

3. 变电设备应用

针对变压器等电力设备，噪声源识别技术并未得到广泛应用。声学振动用于变压器等设备的故障诊断主要在于通过超声波信号对设备内部局放信号进行定位的研究，但是在可听声音波段，因该波段信号对于绕组、铁芯、油箱的穿透性较弱，很难对设备内部缺陷故障进行有效的检测。但是对于设备外部件的一些由松动等缺陷引起的噪声异常现象则具有良好的检测和诊断效果。噪声源识别技术在这一研究领域具有非常大的应用前景。

二、噪声诊断方法

《6～500kV 级电力变压器声级》（JB/T 10088—2004）中对油浸式变压器的噪声声级

进行了规定，见表 15-4～表 15-9。表中所示均为变压器空载声功率级和负荷电流声功率级相加的声级限值。

表 15-4　　　30～63000kVA、6～66kV 级油浸式电力变压器声功率级限值

等值容量（kVA）/ 电压等级（kV）	声功率级 $L_{WA,SN}$dB（A）	
	油浸自冷	油浸风冷
30～63/6～35	50	—
80～100/6～35	52	—
125～160/6～35	54	—
200～250/6～35	56	—
35～400/6～35	58	—
500～630/6～35	60	—
800～1000/6～35	62	—
1250～2000/6～66	65	—
2500/6～66	67	—
3150/6～66	70	—
4000/6～66	72	—
5000/6～66	73	—
6300/10～66	74	—
8000/35～66	75	80
10000/35～66	76	81
12500/35～66	77	82
16000/35～66	78	83
20000/35～66	80	84
25000/35～66	81	85
31500/35～66	83	88
40000/35～66	84	89
50000/35～66	85	90
63000/35～66	—	92

表 15-5　　　6300～120000kVA、110kV 级油浸式电力变压器声功率级限值

等值容量（kVA）	声功率级 $L_{WA,SN}$dB（A）	
	油浸自冷（ONAN）或 强油水冷（OFWF）	油浸风冷（ONAF）或 强油风冷（OFAF）
6300	75	—
8000	76	81
10000	77	82
12500	78	83
16000	79	84
20000	81	85
25000	82	87
31500	84	89
40000	85	90
50000	86	91
63000	88	93
90000	90	94
120000	92	95

表 15-6 　　　　31500～360000kVA、220kV 级油浸式电力变压器声功率级限值

等值容量（kVA）	声功率级 $L_{WA,SN}$dB（A）	
	油浸自冷（ONAN）或 强油水冷（OFWF）	油浸风冷（ONAF）或 强油风冷（OFAF）
31500	87	91
40000	88	92
50000	90	93
63000	92	94
90000	94	95
120000	95	96
150000	97	98
180000	97	98
240000	98	99
300000	98	99
360000	98	99

表 15-7 　　　　9000～720000kVA、330～500kV 级油浸式电力变压器声功率级限值

等值容量（kVA）	声功率级 $L_{WA,SN}$dB（A）
	强油风冷（OFAF）
90000～333000	101
360000～720000	104

表 15-8 　　　　30～6300kVA、6～10kV 级干式电力变压器声功率级限值

等值容量（kVA）	声功率级 $L_{WA,SN}$dB（A）
	自冷（AN）或密封自冷（GNAN）
30～63	63
80～100	65
125～160	66
200～250	67
315～400	69
500	70
630	71
800～1000	72
1250	74
1600	75
2000	77
2500	78
3150	78
4000	84
5000	84
6300	84

表 15-9　　　　　　**50～20000kVA、35kV 级干式电力变压器声功率级限值**

等值容量（kVA）	声功率级 $L_{WA,SN}$ dB（A）
	自冷（AN）或密封自冷（GNAN）
50～80	64
100	65
125～160	66
200～250	68
315～500	70
630～1000	72
1250～1600	76
2000～3150	78
4000～6300	85
8000～1250	88
16000～20000	93

表 15-4～表 15-9 中所列等值容量相当于双绕组变压器额定容量的等值容量。对于多绕组变压器及自耦变压器需要进行折算。其中三绕组变压器的等值容量等于各绕组额定容量算术和的一半；自耦变压器的等值容量等于两个自耦侧绕组的额定容量之和乘以效益系数（自耦绕组上两个绕组的变比）后，再加上第三绕组的容量之和的一半。

当变压器的电压等级和等值容量与表中所列数值不对应时，应按最靠近的电压等级或较大一级的容量来确定其声功率级限值。对于因冷却方式不同而具有多种容量的变压器，应按最大容量及其相应的冷却方式确定其声功率级限值。

第四节　典型案例分析

一、主变压器噪声异常及分析

1. 案例概况

某省电力公司某 220kV 变电站于 2015 年 2 月 1 日投入运行，其中包含 2 号和 3 号两台主变压器，2 月 2 日运行人员在进行投运后例行巡视时发现 2 号主变压器噪声明显高于 3 号主变压器（投运后运行方式 3 号主变压器中性点直接接地，3 号主变压器中性点不接地）。3 月 12 日晚 2 号主变压器退出运行，3 号主变压器中性点经隔离开关直接接地，发现 3 号主变压器噪声变大，与 3 号主变压器噪声声级一致。

2. 设备信息

两台主变基本参数相同，型号均为 SFSZ10-180000/220；额定电压为 230±8×1.25％/121/11kV；额定容量为 180/180/90MVA；联结组别是 Ynyn0d11；主分接阻抗为 14％/48％/33％。2016 年 6 月出厂，2016 年 7 月投运。投运后各项测试数据未见明显异常。

3. 相关测试

对 2 号主变压器、3 号主变压器的油色谱分析和铁芯夹件接地电流进行检测，结果均无异常。测量两台变压器平均噪声，2 号主变压器为 81dB（室内测量未修正，后同），

3号主变压器为69dB。测量2号主变压器退出运行后3号主变压器高压中性点的直流电流，检测到直流电流1.16A（DC），测量3号主变压器噪声声级变为85.1dB。

4. 噪声声级修正

两台变压器出厂试验噪声声级分别为59.2dB和59.4dB，该变电站变压器室为混凝土室，其吸声系数 α 为0.05。宽12m，长15m，高16m，声反射表面积 A_U 为1044m^2。主变压器外形尺寸为宽3m，长11.6m，高3.47m，发声表面积 A_T 为136.2m^2。

计算可得主变压器在变压器室内运行，可测噪声声级增加了10.4dB。3号主变压器中性点未直接接地运行时的噪声修正为58.6dB，与出厂试验数值基本一致。

5. 噪声声级增大的原因分析

从现场检测数据看，3号主变压器未直接接地运行时的噪声声级为69dB，中性点经隔离刀直接接地后主变噪声声级变为81.5dB。变压器的噪声主要来自变压器铁芯的磁滞伸缩，磁滞伸缩率越大，噪声越大。该变电站在进行相关检测时3号主变压器近乎空载，噪声明显是由铁芯的磁滞伸缩所引起的电磁噪声。通过检测到的直流电流综合分析，推测电网系统中存在直流分量，直流电流经变压器绕组流入地壳，铁芯中产生直流磁通分量，与交流磁通叠加导致磁通发生半波饱和，半波磁滞伸缩峰值增大，加剧了铁芯振动噪声，是造成变压器噪声声级增大的原因。

6. 结论

这是一起典型的因直流偏磁引起的噪声异常缺陷案例。在这起案例中，通过对主变压器噪声声级、油色谱及其他电气试验项目的检测、跟踪测试，及时发现了变压器的直流偏磁缺陷，并进行了及时处理。这一案例表明通过对变压器噪声的检测能及时有效的发现部分变压器的噪声异常缺陷，是一种行之有效的检测方法。

二、高压电抗器噪声异常及分析

1. 案例概况

2017年2月下旬，某特高压交流站线路A相高压电抗器出现异常声响，经运行人员巡检判断A相振动及噪声声级情况均较其他相严重，初步判断该高压电抗器存在异常缺陷。

2. 设备信息

异常高压电抗器型号为BKD240000/1100，额定电压110kV，额定容量240MVAR，2016年6月出厂，于2016年7月投运。投运后各项测试数据未见明显异常。

3. 噪声测试

发现异常后，对该高压电抗器进行了噪声声级检测，测试结果所示A相高压电抗器的A计权声功率级为78.5dB（A），而同组别的B、C两相高压电抗器仅为70.7dB（A）、71.8dB（A），表明A相高压电抗器确实存在噪声过大的现象。

4. 声学定位

在发现该高压电抗器存在噪声异常增大的情况后，相关人员立即组织采用声学阵列定位设备对其进行了噪声定位测试，测试现场如图15-10所示。

从远处使用麦克风阵列进行噪声源定位结果如图15-11所示。

图 15-10 现场测量方式安装方式　　　　图 15-11 远处定位 A 相变压器异响

从远处来看，异响主要集中在变压器的东面偏部位，移动麦克风阵列精确定位结果如图 15-12 所示。

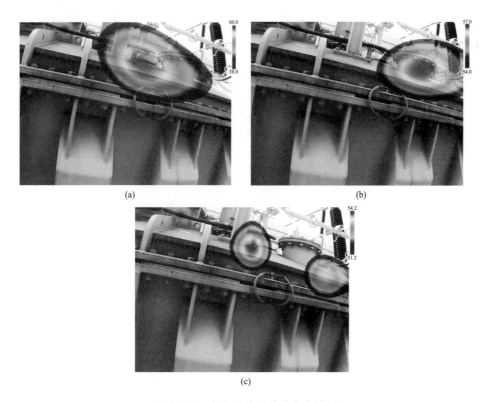

图 15-12 麦克风阵列精确定位结果

（a）异响定位频段 2000～3000Hz；（b）异响定位频段 300～4000Hz；（c）异响定位频段 4000～5000Hz

声学定位测量在不同的频率下指向的噪声源位置略有偏移，这可能是由于真实噪声源的振动在其附近部位造成其他频率分量的谐振，故而产生定位位置的偏移。综合总体定位情况，高压电抗器东侧上部两个分油管法兰面是噪声集中区域，该区域应是真实噪声源所在区域。

声学定位测试结果表明该特高压高压电抗器存在噪声过大情况，噪声源位于高压电抗器东侧主油箱上方两处法兰附近，噪声源位于油箱表面，高压电抗器内部并无明显缺陷。

5. 后续处理

该高压电抗器于 2017 年 3 月 18 日停电检修，检查发现该高压电抗器油箱上部东侧上部的一个分油管法兰面上的固定螺栓松动，随即对该螺栓进行了紧固，投运后噪声测试结果明显降低，未见明显异常。

6. 结论

这是一起典型的变压器表面部件松动案例。在这起案例中，通过对主变压器噪声升级的检测、定位测试，及时发现了变压器油箱上表面法兰面上的螺栓松动缺陷，排除了高压电抗器内部缺陷的可能性，并进行了及时处理。这一案例表明通过对变压器噪声的检测、定位能及时有效的发现变压器的表面部件松动等异常缺陷，是一种行之有效的检测方法。

第六篇
故障诊断及分析

第十六章　故障诊断

第一节　故障诊断概述

一、诊断技术的发展

所谓故障诊断就是寻找故障原因的过程，狭义地讲主要包括状态检测、状态识别、故障定位等，广义地讲还包括故障原因分析、维修处理对策及趋势预测等内容。设备的故障诊断可以说自有工业生产以来就已经存在，但故障诊断作为一门学科是 20 世纪 60 年代以后发展起来的，它是适应工程世纪需要而形成和发展起来的一门综合学科。纵观其发展过程，故障诊断可依据其技术特点分为以下三个阶段。

1. 原始诊断阶段

原始诊断始于 19 世纪末至 20 世纪中期，这个时期由于机器设备比较简单，故障诊断主要依靠装备使用专家或维修人员通过感官、经验和简单仪表，对故障进行诊断，并排除故障。

2. 传统诊断阶段

基于传感器与计算机技术的故障诊断始于 20 世纪 60 年代的美国。在这一阶段，由于传感技术和动态测试技术的发展，使得对各种诊断信号和数据的测量变得容易和快捷；计算机和信号处理技术的快速发展，弥补了人类在数据处理和图像显示上的低效率和不足，从而出现了各种状态检测和故障诊断方法，涌现了状态空间分析诊断、时域诊断、频域诊断、时频诊断、动态过程诊断和自动化诊断等方法。机械信号检测、数据处理与信号分析的各种手段和方法，构成了这一阶段装备故障诊断技术的主要发展内容。

3. 智能化诊断阶段

智能化诊断技术始于 20 世纪 90 年代初期，这一阶段，由于设备日趋复杂化、智能化及光机电一体化，传统的诊断技术已经难以满足工程发展的需要。随着微型计算机技术和智能信息处理技术的发展，将智能信息处理技术的研究成果应用到故障诊断领域中，以常规信号处理和诊断方法为基础，以智能信息处理技术为核心，构建智能化故障诊断模型和系统。故障诊断技术进入新的发展阶段，传统的以信号检测和处理为核心的诊断过程，被以知识处理为核心的诊断过程所取代。虽然目前智能诊断技术还远远没有达到成熟阶段，但智能诊断的开展大大提高了诊断的效率和可靠性。

进入 21 世纪以来，故障诊断的思想和内涵有了进一步发展，出现了故障预测和健康管理技术，受到英美等国的高度重视。当前，故障诊断领域中的几大研究课题主要为故障机理研究、现代信号处理和诊断方法研究、智能综合诊断系统与方法研究以及现代故障预测方法研究等方面。

二、基本概念

1. 故障

故障通常是指设备在规定的条件下不能完成其规定功能的一种状态，这种状态往往是由不正确的技术条件、运算逻辑错误、零部件损坏、环境变化、错误操作等引起的。这种不正常状态可分为以下几种情况。

（1）设备丧失规定的功能。

（2）设备在某些性能参数达不到设计要求，超出了允许范围。

（3）设备的某些零部件发生磨损、断裂、损坏等，致使设备不能正常工作。

（4）设备工作失灵，或发生结构性损坏，导致严重事故甚至灾难性事故。

设备故障通常按不同的角度可以给出以下几种分类方法。

（1）按故障发生的时间历程分，有突发性故障和渐进性故障。突发性故障是发生故障前，不能提前测试与预测，这种故障表现出随机性；渐进性故障是由设备参数的逐步劣化产生的，这种故障能够在一定程度上早期预测，一般正常试用下在其有效寿命的后期才能表现出来。

（2）按故障存在的时间历程分，有间歇性故障和永久性故障。间歇故障是设备功能输出或附加输出在短时间内超过规定界限的现象，如电力变压器中性点通过直流电流时噪声和振动异常；永久性故障是设备功能输出或附加输出持续超过界限的现象，如电力变压器铁芯松动引起的噪声和振动异常。

（3）按故障的显现状况来分，有潜在故障和功能故障。潜在故障是设备功能输出并未超过允许范围，但其附加输出已有明显的表现；功能故障则是设备的功能输出超过规定范围，一般是功能降低，严重的情况是零部件的损坏。

（4）按故障原因分，有内在故障和环境故障。内在故障是设备内部各部分结构关系不协调或结构劣化引起，环境故障是设备的输入异常引起。如由于设计、制造和装配以及零件变形或部件异常等引起的故障是内在故障，而设备的环境故障是指其从环境中获得的能量、物质和信息异常，例如，设备遭受过电压冲击，设备所在区域腐蚀现象严重等。

设备故障一般具有以下特性。

（1）层次性。故障一般可分为系统级、设备级、部件级、元件级等多个层次。高层次的故障可以由低层次故障引起，而低层次故障必定引起高层次故障。故障诊断时可以采用层次模型和层次诊断策略。

（2）相关性。故障一般不会孤立存在，它们之间通常相互依存和相互影响。一种故障可能对应多种征兆，而一种征兆可能对应多种故障。这种故障与征兆之间的复杂关系，给故障诊断带来了一定的困难。

（3）随机性。突发故障的出现通常都没有规律性，再加上某些信息的模糊性和不确定性，就构成了故障的不确定性。

（4）可预测性。设备大部分故障在出现之前通常有一定的征兆，只要及时捕捉这些症状信息，就可以对故障进行预测和防范。

2. 诊断

诊断一词源于希腊文，意指鉴别、确定。最早的诊断莫过于医疗诊断。诊断在医学上是指医生通过对患者的病症（包括医生的感观、病人的主动陈述等）、病史（包括家庭病史）、病历或医疗测试结果等资料的分析，判断患者的病因、病情及其发展趋势，确定针对患者病情的治疗措施与方案的过程。随着人类文明的进步和科技的发展，人们在越来越多的领域里开展了诊断活动，比如企业诊断和环境诊断等。在工程技术领域中，自从机器问世以来，人们就非常关心它的健康——能否正常工作。对设备的运行状态进行诊断的技术至今已有很长的历史，可以说几乎是与机器的发明同时产生的。随后伴随着设备的复杂化而不断的成长壮大。

3. 故障诊断

故障诊断是指设备在一定工作环境中查明导致系统某功能失调的原因或性质，判断劣化状态发生的部位或部件，以及预测状态劣化的发展趋势等。犹如医疗诊断，是指医生借助各种手段对人体进行检查、化验，然后根据医学理论确定诊断对象是否患病和患有何种疾病的过程。诊断就是由现象判断本质，由当前预测未来，由局部推测整体的过程。在工程技术领域，也需要根据设备各种可测量的物理现象和技术参数的检测来推断设备是否正常运转，判断发生故障的原因和部件，预测潜在故障的发生等。由上可知，工程设备的故障诊断是指工程技术人员掌握设备各种表征运行状态的技术参数，依据标准、工程经验，判定设备发生故障的性质、部位，预测故障发展趋势的一种技术。电气设备的故障诊断就是通过对电气设备运行中或停运后的状态量测量，分析推理产生故障的原因，判断故障的严重程度，找出异常或缺陷的部位。故障诊断的核心是掌握设备状态量的变化、建立合理的数学模型和提出科学的判断边界条件。

故障诊断的基本思想一般可以这样表述：设被检测对象全部可能发生的状态（包括正常和故障状态）组成状态空间 S，它的可观测特征的取值范围全体构成特征空间 Y，当系统处于某一状态 s 时，系统具有确定的特征 y，即存在映射 g：

$$g:S \to Y \tag{16-1}$$

反之，一定的特征也对应确定的状态，即存在映射 f：

$$f:Y \to S \tag{16-2}$$

状态空间与特征空间的关系可用如图 16-1 所示。

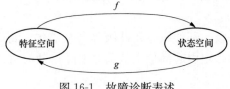

图 16-1　故障诊断表述

如果 f 和 g 是双射函数，即特征空间和状态空间存在一对一的单满射，则由特征向量可唯一确定系统的状态，反之亦然。故障诊断的目的在于根据可测量的特征向量来判断系统处于何种状态，也就是找出映射 f。

若系统可能发生的状态是有限的，例如可能发生 n 种故障，这时把正常系统所处的状态称为 S_0，把存在不同故障的系统所处的不同状态称为 s_1，s_2，$\cdots$，s_n。当系统处于状态 s_i 时，对应的可测量特征向量为 $Y_i = (y_{i1}, \cdots, y_{im})$。故障诊断是由特征向量 $y = (y_1, \cdots, y_m)$，求出它所对应的状态 s 的过程。因为一般故障状态并非绝对清晰的，有一定模糊性。因此，它所对应的特征值也在一定范围内变动，在这种情况下，故障诊断就成为按特征向量对被测系统进行分类的问题获取对特征向量进行状态的模式识别问题。因此，故障诊断实质上是一类模式分类问题。

三、诊断步骤

1. 故障诊断的一般步骤

故障诊断的过程有三个主要步骤：第一步是检测设备状态的特征信号；第二步是从

所检测到的特征信号中提取征兆；第三步是根据征兆和其他诊断信息来识别设备的状态，从而完成故障诊断。故障诊断的过程如图 16-2 所示。

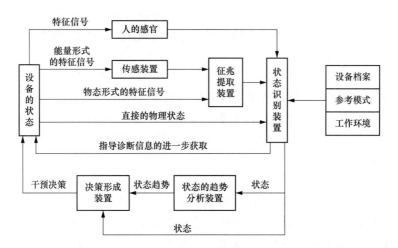

图 16-2　故障诊断过程

　　检测设备状态的特征信号，一般来说，它具有两种表现形式，一种是以能量方式表现出来的特征信号，如振动、噪声、温度、电压、电流、磁场、射线、弹性波等；另一种是以物态形式表现出来的特征信号，如设备产生或排出的烟雾、油液等以及可直观测到的锈蚀、裂纹、变形、油位等。检测能量方式所表现出的特征信号，如果不使用人感官，则必须使用传感装置，因为检测这类信号是通过能量交换来完成的；而提取物态形式的特征信号一般不采用传感装置，只采用特定的收集装置或直接观测。

　　从所检测的特征信号中提取征兆。如输入征兆提取装置的特征信号是能量形式的，则可在时域中提取征兆，也可以在频域、幅值域或相位域中提取征兆。对于物态形式的特征信号，如油液、烟雾等，其征兆提取方法一般是通过特定的物理或化学方法，得到诸如化学成分、浓度、黏度、纯度以及材料光谱等征兆。对于直接观测到的锈蚀、裂纹、变形、油位等信息，可以直接作为征兆来使用。

　　从征兆提取装置输出的征兆即可馈入状态识别装置或人脑来识别设备的状态，这是整个诊断过程的核心。一般来说，这一步是将实际上已存在的参考模式（标准模式）与现有的由征兆按不同方式组成的相应的待检模式应划为哪一类参考模式，即对系统的当前状态进行模式识别。在智能技术进入诊断领域之前，状态识别实际上是由领域专家来完成的。随着人工智能技术特别是专家系统技术在诊断领域中的应用，产生了基于知识的诊断推理这一发展方向，它模拟领域专家来完成状态识别任务，这也是智能诊断技术同传统诊断技术之间最主要的差别。状态识别过程是一个由粗到精，由高层到低层直至找到满意的诊断解为止的逐层诊断过程。当然，对于整个诊断过程，自然还应形成最后的干预决策，并付诸实施。

　　综上所述，诊断过程包括三个主要步骤，即信号测取、征兆提取和状态识别。由以上诊断步骤，决定了设备诊断技术的主要内容为：

　　（1）采用准确、有效的特征信号及相应的观测方式（包含合适的传感装置、人的感官），在设备合适的部位，测取设备有关状态的化学、电气和机械特征信号。

　　（2）采用合适的征兆提取方法与装置，从化学、电气和机械特征信号中提取设备有关状态的征兆。化学特征信息可以定性故障的性质与类型，电气和机械特征信息可以准确地判断发生故障的部位。

（3）采用合适的状态识别方法与装置，依据征兆进行推理而识别出设备的有关状态。显然，有关状态包括正常的与不正常的有关状态，不正常状态时，即为故障诊断，同时分析判断故障的性质和部位。

（4）采用合适的状态趋势分析方法与装置，依据征兆与状态进行推理而识别出有关状态的发展趋势，这里包括故障的早期诊断与预测。

（5）采用合适的决策形成方法与装置，从有关状态及其趋势形成正确的干预决策；或者深入系统的下一层次，继续诊断；或者已达指定的系统层次，做出调整、控制、自诊治、维修等某类决策。

在设备诊断中，毫无疑问，应要求在每一步骤，花费尽可能少，有关状态的信息获取尽可能多，结果尽可能好。然而，各诊断步骤是彼此相互联系与相互影响的，各局部最优并不能保证全局最优，因此，还必须从全局出发，全面考虑整个诊断过程，从宏观上制定尽可能好的诊断策略。同时，本书一～五章已对信号测取装置及征兆提取方法按照检测手段分类进行详细介绍，因此本部分内容就不具体展开。

2. 典型电力设备故障诊断步骤

电力设备一般故障表征为绝缘类故障、机械类故障和热故障，不同的设备类型、不同的设备结构及不同的故障现象，诊断流程不完全相同。其中变压器绝缘故障和机械故障的典型诊断分析流程如下。

（1）绝缘故障诊断流程：

不同类型的故障具有不同的产生机理及征兆，单独采用一种诊断方法时故障识别能力并不是很高，容易出现错判、误判。变压器油中特征气体分析能较有效地发现潜伏性故障，巡视及常规试验信息也是故障诊断的重要依据，将各种信息有机结合，建立科学合理的故障诊断模型，可以帮助分析较具体的故障性质和部位。

故障诊断流程基于故障树的思路，用分层诊断、逐层深入及细化的方法，达到故障分析的目的，并采用可回溯的诊断策略，提高故障诊断正确率。诊断流程如图 16-3 所示。首先使用三比值、人工神经网络和援例推理法对变压器油中溶解气体数据进行综合分析，初步判断故障的大致类型（过热、放电）；若故障初判为过热类型，则进一步区分故障是位于导磁回路或导电回路；若故障初判为放电类型，则区分故障已涉及固体绝缘或不涉及固体绝缘；在分类的基础上，结合电气试验数据、外观检查等多种信息，利用粗糙集方法，采用可回溯的诊断策略，找出最有可能的故障性质和部位，并给出相似案例。

（2）机械故障诊断流程。承受过短路冲击的变压器，绕组是否变形主要受以下两个因素的影响，一是变压器本身的抗短路能力，主要取决于变压器的结构、采用的材料及设计时的应力均匀性；二是变压器短路时实际产生的电动力及电动力的作用时间，作用时间主要取决于短路电流值及保护动作情况。

变压器变形的综合判断分为三步：

1）基于频响分析的变压器绕组变形判断；

2）基于短路阻抗的变压器绕组变形判断；

3）相关试验结果的变压器绕组变形判断。

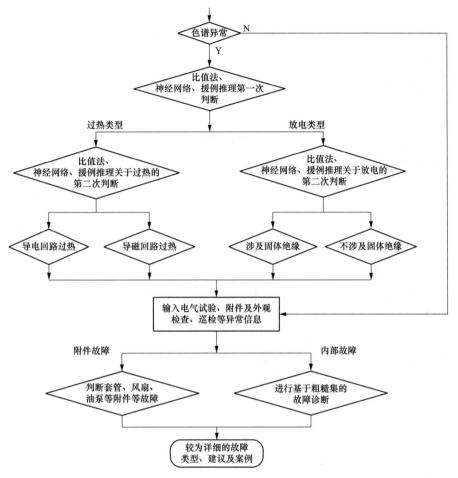

图 16-3　变压器故障诊断流程

第二节　传统故障诊断

传统的故障诊断方法如故障树分析、故障字典以及专家诊断等对于简单的诊断对象较容易实现，对于复杂的诊断对象则实现难度大而且效果不好。但随着人工智能和计算机技术的引入，故障树分析及故障字典随之也起新的变化，适应了复杂诊断对象的变化。

一、故障树分析

故障树分析（FTA）是公认的对复杂装备系统进行安全性、可靠性分析和进行故障诊断的一种重要方法，在工程上有着广泛的应用。基于故障树分析的思想，可以将设备的工作原理、组成结构、故障现象、试验数据、运行环境和人为因素等相关知识有机组织起来，建立起故障树状模型，实现故障知识科学组织和有效表示。利用故障树模型可以对设备状态进行定性和定量分析，实现故障的快速排查、高效隔离和准确诊断。故障树分析就是通过对可能造成设备故障的各种因素（包括硬件、软件、环境、人为等）进行分析，画出逻辑框图（即故障树），从而确定故障原因的各种可能组合及其发生概率，以便采取相应的纠正措施，实现故障诊断的一种方法。

FTA 的步骤因评价对象、分析目的、精细程度等而不同，电气设备的故障树分析可按如下步骤进行。

(1) 故障树建立；

(2) 建立故障树的数学模型；

(3) 定性分析；

(4) 定量计算。

(一) 故障树建立

故障树建立是 FTA 的关键，故障树的完善程度直接影响定性分析和定量计算结果的准确性。有的电气设备（如变压器、GIS 等）结构非常复杂，建树工作十分庞大繁杂，机理交错多变，建树时必须广泛地运用设计、使用维护等各方面的经验和知识。

故障树建立步骤为：

(1) 广泛收集、分析技术资料，包括产品设计、原理图、结构图、运行及维护规程等；辨识设备可能采取的各种状态模式及和各单元状态的对应关系，识别模式之间的相互转换。

(2) 选择顶事件。顶事件是指不希望发生的显著影响设备技术性能、经济性、可靠性和安全性的故障。在充分熟悉设备及其资料的基础上，做到既不遗漏又分清主次地将全部重大故障一一列举，必要时可应用 FMEA，然后再根据分析的目的和故障判据确定分析的顶事件。

(3) 建树。建树方法可分为两大类：演绎法和计算机辅助建树的合成法或决策表法。演绎法的建树方法为：已确定的顶事件写在顶部矩形框内，引起顶事件的全部必要而又充分的直接原因事件（包括硬件故障、软件故障、环境因素、人为因素等）置于相应原因事件的第 2 排符号中，根据实际设备的逻辑关系，用适当的逻辑门连接事件和直接原因事件。遵循建树规则逐级向下发展，直到所有原因事件都是底事件为止，形成一棵以顶事件为"根"，中间事件为"节"，底事件为"叶"的倒置的 n 级故障树。

(4) 故障树简化。建树前根据分析目的，明确定义分析的设备和其他系统（包括人和环境）的接口，给定一些必要的合理假设（如对设备故障做出偏安全的保守假设，暂不考虑人为故障等），从而得到与主要逻辑关系等效的简化图。

(二) 建立故障树的数学模型

假设元件、部件和设备只有正常或故障两种状态，且各元件、部件的故障相互独立；故障树由 n 个相互独立的底事件构成。

设 x_i 表示底事件 i 的状态变量，仅取 0 或 1 两种状态；ϕ 表示顶事件的状态变量，也仅取 0 或 1 两种状态，则有如下定义：

$$x_i = \begin{cases} 1 & \text{底事件 } i \text{ 发生（即元部件故障）}(i=1,2,\cdots,n) \\ 0 & \text{底事件 } i \text{ 不发生（即元部件正常）}(i=1,2,\cdots,n) \end{cases} \tag{16-3}$$

$$\phi = \begin{cases} 1 & \text{顶事件发生（即设备故障）} \\ 0 & \text{顶事件不发生（即设备正常）} \end{cases} \tag{16-4}$$

根据故障树，顶事件状态 ϕ 完全由底事件状态向量 x 决定，即：

$$\Phi = \Phi(X)$$

$X = (x_1, x_2, \cdots, x_n)$ 为底事件状态向量，$\Phi(X)$ 称为 FTA 的结构函数。结构函数是表示设备状态的布尔函数，自变量为设备组成单元的状态。

（1）与门的结构函数

$$\Phi(X) = \bigcap_{i=1}^{n} x_i = \prod_{i=1}^{n} x_i \tag{16-5}$$

（2）或门的结构函数

$$\Phi(X) = \bigcup_{i=1}^{n} x_i = 1 - \prod_{i=1}^{n} (1 - x_i) \tag{16-6}$$

（3）设备的结构函数。某设备的故障树如图 16-4 所示，逐个分析各门，可建立结构函数为

$$\Phi(X) = \{x_4 \cap [x_3 \cup (x_2 \cap x_5)]\} \cup \{x_1 \cap [x_5 \cup (x_3 \cap x_2)]\} \tag{16-7}$$

（三）故障树的定性分析

故障树定性分析的目的是寻找导致顶事件发生的原因和原因组合，识别导致顶事件发生的所有故障模式，帮助判明潜在的故障，指导故障诊断，以便改进设计、运行和维修方案。

画出 FTA 后，可以直接写出结构函数。复杂设备的结构函数相当冗长繁杂，既不便于定性分析，也不易于定量计算，可采用最小割（路）集将一般结构函数改写为特殊的结构函数。

割集是指故障树中一些底事件的集合，当这些底事件同时发生时，顶事件必然发生。若某割集中所含的底事件任意去掉一个就不再成为割集，这个割集就是最小割集。如图 16-4 所示。为 3 个部件组成的故障树，共有 3 个底事件：x_1, x_2, x_3，5 个割集为：$\{x_1\}\{x_2, x_3\}$，$\{x_1, x_2, x_3\}$，$\{x_1, x_2\}$，$\{x_1, x_3\}$

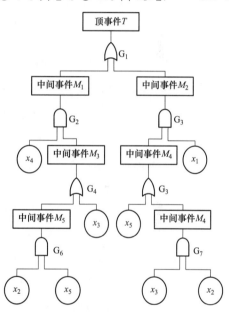

图 16-4 某设备的故障树

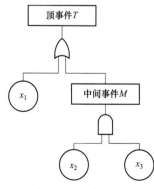

图 16-5 故障树示例

各割集中底事件同时发生时，顶事件必然发生。两个最小割集是：$\{x_1\}$，$\{x_2, x_3\}$，因为在两个割集中任意去掉一个底事件就不再成为割集。

故障树的结构函数为：

$$\Phi(X) = x_1 \cup (x_2 \cap x_3) \tag{16-8}$$

也可以写成：

$$\Phi(X) = 1 - (1 - x_1)(1 - x_2 x_3) \tag{16-9}$$

故障树定性分析的任务就是寻找故障树的全部最小割集。

求得全部最小割集后，如果有足够的数据，能够对故障树中各个底事件发生概率做出推断，则可进一步作定量分析。数据不足时，可按以下原则进行定性比较：

（1）阶数越小的最小割集越重要；

（2）在低阶最小割集中出现的底事件比高阶最小割集中的底事件重要；

（3）在同一最小割集阶数的情况下，在不同最小割集中重复出现的次数越多的底事件越重要。

为了节省分析工作量，工程上可以略去阶数大于指定值的所有最小割集进行近似分析。

（四）故障树的定量计算

故障树定量计算的任务就是计算或估计事件发生的概率。故障树定量计算时，通过底事件发生的概率直接求顶事件发生的概率。

故障树分析中常用布尔变量表示底事件的状态，如底事件 i 的布尔变量为：

$$x_i(t) = \begin{cases} 1 & \text{在 } t \text{ 时刻 } i \text{ 事件发生} \\ 0 & \text{在 } t \text{ 时刻 } i \text{ 事件不发生} \end{cases} \tag{16-10}$$

如果 i 事件发生表示第 i 个部件故障，则 $x_i(t)=1$，表示第 i 个部件在 t 时刻故障。计算事件 i 发生的概率就是计算随机变量 $x_i(t)$ 的期望值：

$$E[x_i(t)] = \sum x_i(t) Pi[x_i(t)] = 0 \times P[x_i(t) = 0] +$$
$$1 \times P[x_i(t) = 1] = P[x_i(t) = 1] = Fi(t) \tag{16-11}$$

$F_i(t)$ 的物理意义是：在 $[0, t]$ 时间内事件 i 发生的概率（即第 i 个部件的不可靠度）。

由 n 个底事件组成的故障树，结构函数为：

$$\Phi(X) = \Phi(x_1, x_2, \cdots, x_n) \tag{16-12}$$

顶事件发生的概率，就是设备的不可靠度 $F_S(t)$，数学表达式为：

$$P(\text{顶事件}) = F_S(t) = E[\Phi(X)] = \Phi[F(t)] \tag{16-13}$$

式中：$F(t) = [F_1(t), F_2(t), \cdots, F_n(t)]$。

（五）变压器故障树模型

建立变压器故障树时，分以下几个阶段：

（1）不希望发生的事件（失效状态）作为故障树的顶事件，确定分析边界、定义范围和成功与失败的准则。

（2）用规定的逻辑符号找出导致不希望事件所有可能发生的直接因素和原因，即处于过渡状态的中间事件。

（3）逐步深入分析，直到找出事故的基本原因，即故障树的底事件为止。

最不希望发生的事件即"变压器故障"作为顶事件（S 表示）；所有导致顶事件发生的直接因素和原因作为中间事件，如"器身故障""绕组故障"等第二层事件（T_i 表示，$i=1,2,\cdots,11$），"温度计故障""油位计故障"等第三层事件（E_j 表示，$j=1,2,\cdots,14$）；事故的基本原因作为底事件（X_k 表示，k 为底事件的标号），如"绝缘下降""渗漏油"等，构成的变压器故障树如图 16-6 所示。

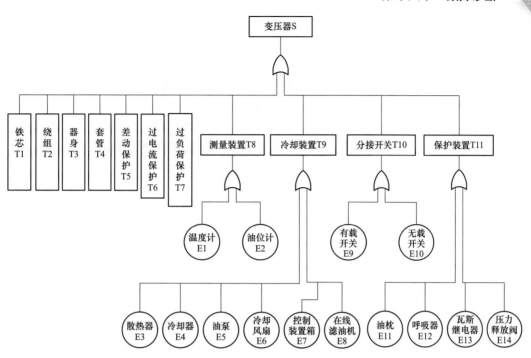

图 16-6　变压器故障树模型

（六）断路器故障树模型

以 3AP1 型断路器为例，考虑断路器内部各个机构的相关性，应用故障树分析方法建立的故障树模型如图 16-7 所示。

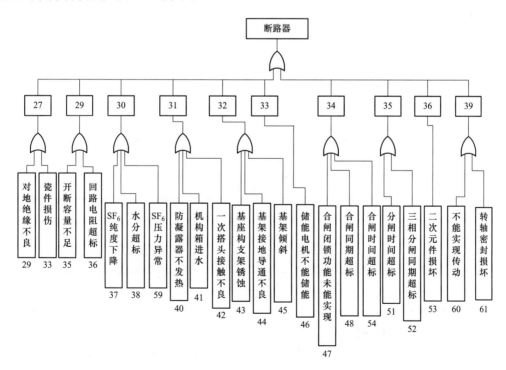

图 16-7　断路器故障树模型

二、故障字典

故障字典是指将设备的所有故障模式及其特征信息像字典一样全部罗列出来，获得故障诊断经验做出的条理化总结，以表格的形式反映出来。它可以只是故障模式与故障特征之间的简单描述关系，也可以是设备故障模式与其特征向量之间复杂非线性关系，还可以是设备故障模式与其特征向量之间的模糊关系。由于故障字典的诊断技术具有计算简单、关系明确、适用于线性与非线性系统的优点，非常适合于设备故障诊断的组织与管理。

（一）故障字典模型

若设备可能发生 n 种故障，即有 n 种故障模式或原因 $S_1, S_2, \cdots, S_n$。第 i 个故障有 m 个故障特征 $X_1, X_2, \cdots, X_m$，其特征值分别为 $V_{i1}, V_{i2}, \cdots, V_{im}$，记为 V_{ij}。一般地，其特征值可定义为

$$V_{ij} = \begin{cases} 1, & X_j \text{ 故障特征出现} \quad i = 1, 2, \cdots, n \\ 0, & X_j \text{ 故障特征未现} \quad j = 1, 2, \cdots, n \end{cases} \tag{16-14}$$

根据特征向量的不同，可以得到故障原因，表示为特征向量的函数

$$S_i = f_i(V_{i1}, V_{i2}, \cdots, V_{in}) = f_i(V_i) \in \{0, 1\} \tag{16-15}$$

即

$$S_i = \begin{cases} 1, & \text{第 } i \text{ 故障特征出现} \\ 0, & \text{第 } i \text{ 故障特征未现} \end{cases} \tag{16-16}$$

由此可见，故障原因 S_i 的值由特征向量 V_{ij} 的值所决定。

实际应用中，根据实际故障检测与诊断的需要，其特征值可以取多种形式。

如果是故障检测或简单的诊断问题，特征值可以直接取参数值，如电压、电流、位移等物理量，其故障字典就简化为故障模式及其特征参数的列表，也可以在列表中加上故障部位及排除方法等信息。

如果故障特征信息模糊性比较强，其特征值可以直接采用隶属度值，故障原因的求解可以采用模糊数学计算方法。

如果故障特征向量与故障原因之间存在复杂的非线性映射关系，则可以采用神经网络、支持向量机等的连接权值，用智能识别理论和方法进行求解。一个典型的故障字典见表 16-1。

表 16-1		典 型 的 故 障 字 典			
故障原因	故障特征	X_1	X_2	...	X_m
S_1		V_{11}	V_{12}	...	V_{1m}
S_2		V_{21}	V_{22}	...	V_{2m}
...		...	...	...	...
S_n		V_{n1}	V_{n2}	...	V_{nm}

（二）故障字典构建原则

故障字典的构建主要应保证有足够的故障特征，以鉴别不同的故障模式。但考虑到设置过多的故障特征或检测内容，将造成字典过于庞大，检测内容过多，因此，需要一

个平衡和完备的构建原则，原则如下：

（1）故障特征向量均为非零向量，否则无法鉴别。

（2）任意两个故障特征向量不允许相等，否则认为是同一故障模式。

（3）任意列向量的各分量不能完全相等，否则该单项特征失去鉴别的意义。

（4）任意两个列向量不能完全相等，否则只需要保留一个列向量。

（5）m 维的特征向量，如果其特征值为二值逻辑，即为 0 或 1，那么，最多能分辨 2^m-1 个故障模式。

实际诊断中，为了准确和快速地诊断出复杂设备的故障，一套复杂设备可以分为多个分系统或故障关联度较大的模块，构建多套不同形式的相互独立的故障字典，实现故障的分组检测和诊断。

三、专家诊断

借助设备领域专家对设备进行故障判断时，其实借助了专家大脑中对该故障的智力活动模型而进行判断。其主要过程如下，专家用视觉、听觉、嗅觉或触觉得到的一些难以由数据描述的事实以及专家对设备发生故障历史和设备结构认识，把感受到的信息传递给大脑，对这些信息进行存储、变换、处理、分析，去除各种干扰，提取有用的信息，结合以及以往设备结构分析、试验数据分析、丰富的故障处理经验和知识等做出判断，获得相应的知识，并形成决策信息，发出指令，作用于外部世界，同时获取外部世界的反馈信息，并进一步做出补充决策，修正行动策略，这一连串周而复始的活动，不断的循环、修正，直到人与外部世界之间达成了某种相互协调的条件为止（见图 16-8）。

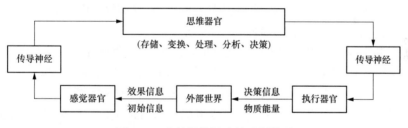

图 16-8　人的智能活动的过程模型

第三节　智 能 故 障 诊 断

智能故障诊断是模仿人类专家在进行故障诊断室，首先观察设备的症状，然后依据观察到的症状，利用自己所具有的知识来推断故障的原因，做到既能充分发挥领域专家在诊断中根据各种感觉得到的事实及专家经验进行快速推理，又能很方便地推广应用于各种不同的诊断对象。诊断系统的智能可以定义为能有效地获取、传递、处理、学习和利用诊断信息与知识，从而具有对给定环境下的诊断对象进行正确的状态识别、诊断和预测的能力。

显然，智能的关键是获取、传递、处理、学习和利用信息和知识的能力。但是诊断系统的智能并不意味着完全替代人的智力活动，将人排斥于诊断系统之外。实践证明，任何人工智能系统的研究，都不能完全摆脱人脑对系统的参与，只能是"人帮机"和

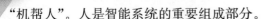

"机帮人"。人是智能系统的重要组成部分。

由此，智能诊断系统可以按以下模式定义：它是由人（尤其是领域专家）、当代模拟脑功能的硬件及其必要的外部设备、物理器件以及支撑这些硬件的软件所组成的系统。该系统以对诊断对象进行状态识别为目的，具有以下特点：

（1）认为智能诊断系统是一个开放的系统，其智能水平处于一个动态变化之中，且具备自我提高的潜能。

（2）一方面承认智能诊断系统是一个人工智能系统，离不开模拟人脑功能的硬件装备及相应的软件；另外一个方面又不排斥人的作用，并且将人作为其重要的组成部分。

事实上，由于智能计算科学的发展和进步，我们还可以将人的智能抛开，定义智能诊断方法或算法。即能够根据诊断对象被测信息的变化，自主采取正确的计算策略并获得正确的结果的方法为智能诊断方法。

目前，智能故障诊断方法经过几十年的发展，已逐渐形成了一些具有代表性的方法。

一、基于案例的推理方法

援例推理（CBR）是人工智能领域中新兴的一种问题求解方法，以其独特的推理方式和成功的应用，引起了国际人工智能界的广泛重视。

CBR方法同人类的日常推理活动十分接近，来自于人类的认知心理活动。推理者求解一个新问题时，往往习惯于借鉴以前对类似问题的处理经验。新出现的问题是以前处理过的问题的简单重复时，可以把处理旧问题的成功经验直接用于求解新问题。新问题是从来没有遇见过的问题时，可以回忆起一个（或多个）类似的旧问题，通过类比得到重要的指导或提示，加之一些规律性知识作为指导，完成对新问题的解决。处理过的新问题又会被当作经验记忆，用以处理以后的问题。

与传统的基于因果规则链的推理方式不同，CBR是一种基于过去实际经验或经历的推理。采用CBR方法求解问题，不是通过链式推理进行，而是通过查找范例库中与当前问题相似的范例，根据当前问题的需要对范例做适当修改实现问题的解决。

在援例推理过程中，当前面临的问题或情况称为目标范例，已记忆的问题或情况称为源范例。援例推理就是从目标范例的提示获得记忆中的相似源范例，由相似源范例指导目标范例的求解过程。

1. 工作流程

CBR故障诊断工作流程如图16-9所示。第一步，将电气设备状态量信息输入用户界面，包括传感器自动获取的状态量信息和人工识别的状态量信息。对输入的信息进行信号分析和特征提取，将分析结果与标准信息库中的正常信号数据进行比较，判断是否发生故障。与正常信号一致则排除故障，不一致则表示存在故障，进一步对故障信息进行处理，生成故障特征向量。第二步，依据故障特征向量的关键指标，在源范例库中进行搜索，得到相似度满足一定阈值的源范例。如果搜索结果不为空集，则根据得到的源范例特征向量在知识库中查找可能的故障部位、故障原因和维修方法，并返回给用户。第三步，如果没有找到相似的源范例，则将故障特征提交推理机，运用推理机制，根据知识和规则进行推理。如果得出的结论正确，则添加进范例库，否则，需要求助于人类专家解决。

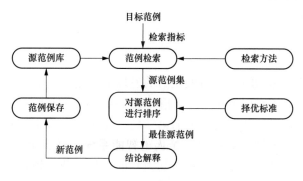

图 16-9 援例推理流程

2. 范例表示

CBR 系统的核心是范例库。CBR 系统的性能和效率在很大程度上依赖于范例的组织和表示方法，直接影响范例的检取、应用、修改和存储。设计和选择范例表示方案时需要考虑下列因素：

（1）范例库存储内容。

（2）范例索引方法。

（3）范例匹配操作方式。

（4）范例中表达的特殊知识和其他一般知识的集成。

范例可广泛采用各种表示法，例如规则、一阶谓词、语义网络、框架、面向对象及关系型数据库等。电气设备故障范例应根据具体问题的特点和要求选择合适的表示法。

当范例库急剧增大时，CBR 需存储海量的范例，为提高索引、检索、存储等操作的效率，理想的方法是利用大型数据库，利用关系数据库存储、管理规则和数据库自身的关系模型实现推理过程。

3. 范例索引

范例索引是一组重要的、抽象的描述符号，是能够使本范例区别于其他范例的显著特征。范例检索就是采用有效的检索策略，利用索引从范例库中检索出满足推理需求的范例。每一个范例必须分配索引以保证能够被检索，一个新范例入库时，也要相应地建立索引。索引是基于范例的推理系统的一个要点，确保可以实时的检索出与问题案例相关的范例。范例索引可以固定不变，也可以动态变化，与范例检索的其他技术相关。单纯采用最相邻近法作为检索策略，范例索引可以是固定的；采用知识引导法进行检索，范例索引是不断变化的。

二、基于模型的方法

在过去的十多年，基于模型的方法作为智能诊断方法得到了很大发展，成为一个重要的研究方向。

模型一般是实际被诊断设备的近视描述。基于模型的诊断方法是利用从实际设备或部件中得到的观察结果和信息，建立相应的结构和功能的数学模型，然后通过模型，对设备的故障进行诊断。基于模型的诊断方法一般采用多级诊断方式。首先用高级模型对系统整体进行初级诊断，再用详细模型对局部进行诊断，如此逐渐循环诊断，最终找到或诊断出设备的故障。

三、基于专家系统的方法

故障诊断专家系统是诊断领域引人注目的发展方向之一，也是研究最多、应用最广的一类智能诊断技术，主要用于那些没有精确数学模型或很难建立数学模型的复杂系统。大致经历了两个发展阶段：基于浅知识的第一代故障诊断专家系统和基于深知识的第二代故障诊断专家系统。近期出现的混合结构的专家系统，是将上述两种方法结合使用，互补不足。基于浅知识（人类专家的经验知识）的故障诊断系统是以领域专家和操作者的启发性经验知识为核心，通过演绎推理或产生式推理来获取诊断结果，目的是寻找一个故障集合使之能对一个给定的征兆（包括存在的和缺席的）集合产生的原因做出最佳解释。基于深知识（诊断对象的模型知识）的故障诊断系统要求诊断对象的每一个环节具有明确的输入输出表达关系，诊断时首先通过诊断对象的实际输出与期望输出之间的不一致，生成引起这种不一致的原因集合，然后根据诊断对象领域中的第一定律知识（具有明确科学依据知识）及其内部特定的约束关系，采用一定的算法，找出可能的故障源。

四、基于模糊推理的方法

在经典的集合论中，关系要么是真，要么是假，没有处于真假之间的概念。在模糊集中，允许部分真的存在，关系的程度可以用 0～1 的隶属度值表示。在模糊集合论中，对模糊集定义了一系列的操作，这与传统集合的操作时相似的，是对传统集合论的扩充。模糊逻辑的引入主要是为了克服由于过程本身的不确定性、不精确性以及噪声等所带来的困难，因而在处理复杂系统的大时滞、时变及非线性方面，显示出它的优越性。目前主要有三种基本诊断思路，一是基于模糊关系及合成算法的诊断，先建立征兆与故障类型之间的因果关系矩阵，再建立故障与征兆的模糊关系方程，最后进行模糊诊断；二是基于模糊知识处理技术的诊断，先建立故障与征兆的模糊规则库，再进行模糊逻辑推理的诊断过程；三是基于模糊聚类算法的诊断，先对原始采样数据进行模糊 C 均值聚类处理，再通过模糊传递闭包法和绝对值指数法得到模糊 C 均值法的初始迭代矩阵，最后用划分系数、划分熵和分离系数等来评价聚类的结果是否最佳。具体应用方式有：①残差的模糊逻辑评价。残差评价是一个从定量知识到定量表述的逻辑决策，相当于对残差进行聚类分析，它首先需要将残差用模糊集合来表述，然后用模糊规则来推理，最后通过反模糊化得到诊断结果。②采用模糊逻辑自适应调节阈值。残差的阈值受建模不确定性、扰动及噪声的影响，阈值过小则会引起误报，过大则会漏报，所以最好能根据工作条件，用模糊规则描述自适应阈值。③基于模糊小波分析技术进行故障诊断。用模糊化小波变换分析宽带故障特性，采用模糊数据的局部时频分析来进行故障检测和分离。④基于模糊逻辑进行专家系统规则库的设计与更新。

五、基于神经网络的方法

人工神经网络（ANN）是在现代神经生理学和心理学的研究基础上，模仿人的大脑神经元结构特性而建立的一种非线性动力学系统，由大量简单的非线性处理单元高度并联、互联而成，具有对人脑某些基本特性简单的数学模拟能力。应用神经网络处理信息，不需要开发算法和规则，能极大地减少软件工作量，具有并行分布、非程序的、适应性的、大脑风格的信息处理本质和能力。神经网络已在语音识别、计算机视觉、图像处理、智能控制等方面显示出极大的应用价值。作为一种新的模式识别技术或知识处理方法，人工神经网络在故障诊断领域中拥有广阔的应用前景。

单个神经元的信息处理能力有限，但将多个神经元连接成网络结构，功能即可大大加强。神经元有多种类型，神经元间的连接有多种形式，连接成的神经网络也有多种结构。神经网络的拓扑结构有以下几种。

（1）全互连型结构。网络中每个神经元与其他神经元都有连接。

（2）层次型结构。网络中的神经元有层次之分，各层神经元之间依次相连，并有层间反馈。

（3）网孔型结构。网络中的神经元构成一个有序阵列，每一个神经元只与近邻神经元相连。

（4）区间组互连结构。网络中的神经元分成几组，以确定的组内、组间连接原则构成网络。

不同类型的神经网络可以实现不同的功能要求，完成特定的信息处理功能。应用于故障诊断领域的神经网络应具有推理功能、联想功能、学习功能和模式识别功能。

例如：变压器油中溶解气体的含量与故障类别之间没有明确的函数关系，故障诊断时广泛采用具有非线性映射能力的人工神经网络技术。ANN 具有强大的并行处理能力（系统结构并行、处理运行过程同时进行）、分布式存储能力（信息分布存储在整个系统中）和自适应学习能力（学习、自组织和推广），为变压器的故障诊断分析提供一种强大的手段。

单隐含层的逆传播（BP）神经网络结构如图 16-10 所示。

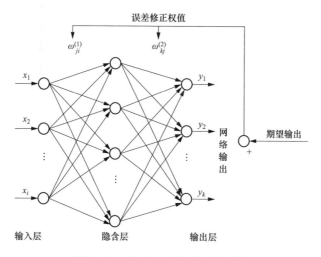

图 16-10　BP 神经网络结构示意图

单隐含层 BP 神经网络的性能直接决定 ANN 的性能，为提高 BP 网络性能应注意以下几点：

（1）若想使 BP 网络能够达到对故障模式的正确识别，首先必须对网络进行训练，即网络的学习。采用具有自适应调整能力的网络学习算法，可以改善网络的收敛性能。

（2）训练样本的数量以及输入层数值的完备性直接影响诊断结果的正确率。

六、基于粗糙集的方法

粗糙集（RS）理论是一种用于处理不完整不精确知识的数学方法，不需要数据的任何初始或附加信息，直接对不完整、不精确数据进行分析处理，发现数据之间的关系，提取有用特征，得到简明扼要的知识表达形式。粗糙集理论法已经在模式识别、机器学习、故障诊断、知识获取与发现、决策分析与支持等领域得到了广泛应用。

1. 粗糙集理论的特点

（1）RS 不需要经验知识。模糊集和概率统计是处理不确定信息的常用方法，但需要数据的附加信息或经验知识，如模糊隶属函数和概率分布等，有时并不容易得到。RS 分析方法仅利用数据本身提供的信息，无须任何经验知识。

（2）RS 是强大的数据分析工具，能表达和处理不完备信息，以不可分辨关系为基础，侧重分类；能在保留关键信息的前提下对数据进行约简并求得知识的最小表达；能识别并评估数据之间的依赖关系；能从经验数据中获取易于证实的规则知识。

（3）RS 与模糊集分别刻画不完备信息的两个方面：RS 以不可分辨关系为基础，侧重分类；模糊集基于元素对集合隶属程度的不同，强调集合本身的含混性。从 RS 的观点看，粗糙集合不能清晰定义的原因是缺乏足够的领域知识，但可以用一对清晰集合逼近。

（4）知识的粒度性。粗糙集理论认为知识的粒度性是造成使用已有知识不能精确地表示某些概念的原因。通过引入不可分辨关系作为粗糙集理论的基础，并在此基础上定义上下近似等概念，揭示知识的颗粒状结构。

2. 粗糙集理论的知识推理过程

知识推理是根据获得的信息通过数据分析、推理，产生合理的决策规则，形成有用知识的过程，是故障诊断的核心。知识表达就是用基本特征和特征值描述对象的知识，以便通过一定的方法从大量浩如烟海的数据中发现有用的知识或决策规则。根据粗糙集理论的方法，知识推理就是给定知识表达的条件属性和决策属性，求出所有符合该知识的最小决策算法，具体过程为：

（1）整理记录数据：记录每个样本的所有属性值；数据变换处理；属性值量化。

（2）组织决策表。

（3）决策表约简。

（4）最小子集算法实现。

（5）根据得到的决策规则进行系统的分析、决策控制等。

利用粗糙集理论进行电气设备故障细分时，先基于电气设备大量故障征兆及故障类型的分析统计，以故障征兆为条件属性、故障为决策属性，在粗分的故障类型基础上分别制作决策表，利用粗糙集进行约简，获取细分诊断规则形成相应规则集，然后在规则集中进行查询得到细分诊断结果。电气设备征兆中缺少约简中的某些关键信息时，可以利用欧氏距离进行约简及规则集的匹配，也能实现故障诊断。

粗糙集故障诊断的流程如图 16-11 所示。

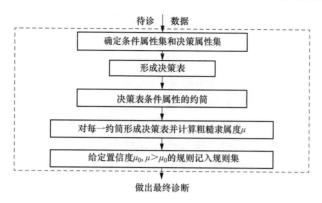

图 16-11　粗糙集故障诊断流程

七、基于模式识别的方法

模式识别概念可以用特征空间来表示，或者用从特征空间到决策空间的匹配来表示。若某系统共有 M 个测量模式组成，用于判别其模式的是包含 N 个特征的向量 X，称为特征向量。识别问题就是将特征空间上的向量划分到合适的模式类别里。这相当于将特征空间分成几个彼此相互联系的独立的区域或类别。

故障诊断的本质就是模式识别。一般情况下，模式识别系统可分为两个步骤：第一步为特征提取；第二步为分类。特征提取就是从众多的故障征兆中选择能明确反映故障状态变化的特征，作为分类器的输入特征向量。分类的任务就是将输入的特征与分类状态相匹配。也就是说，在给定输入特征的情况下，分类器必须决定哪一种故障模式与输入模式最佳匹配。

典型的分类方法是根据向量间距离的大小和概率理论来进行分类的。一旦特征获取方法确定下来，就可得到特征向量 X。下一步就是如何设计最优化准则，以便分类器能够做出关于特征向量 X 属于哪个范畴的正确决策。一般通过分析很难得到最优化规则。因此，分类器要能够根据训练样本集进行学习，从而可给出合适的决策。训练集是由已知类别的特征向量组成。训练过程中，逐一向系统输入特征向量，并告知相应向量的所属类别。学习算法使用这些信息，让识别系统学会了所需要的决策规则。这一过程和神经网络学习算法有着异曲同工之妙。

八、基于智能计算的方法

智能计算是以自然界，特别是其中典型的生物系统和物理系统的相关功能、特点和作用机理为参照基础，研究其中所蕴含的丰富的智能信息处理机制，在所需求解问题特征的相关目标导引下，提取响应的计算模型，设计响应的智能算法，通过相关的信息感知积累、知识方法提升、任务调度实施、定点信息交换等模块的协同工作，得到智能化的信息处理效果，并在各相关领域加以应用。基于智能计算的诊断方法主要包括神经计算、进化计算、群智能计算及免疫计算等，它们已经逐步成为智能诊断理论中新的、重要的研究内容。

进化计算就是其中的典型代表，该算法基于达尔文的进化论，在计算机上模拟生命进化机制而发展起来的一类智能算法。进化计算采用简单的编码技术来表示各种复杂的结构，通过对编码的遗传操作和优胜劣汰的自然选择，指导学习和确定搜索方向，进化计算可以同时搜索解空间的多个区域，隐含着并行处理的计算机制，具有自组织、自适应和自学习等特征，而且不受搜索空间限制条件的约束，不需要其他辅助信息。在进化计算中，遗传算法在工程中的应用最为普通。

遗传算法是基于自然选择思想和生物遗传理论的自适应随机迭代搜索方法。该算法以随机产生的一群候选解为初始群体，对群体中的每一个体进行编码，以字符串形式表示，然后根据对个体的适应度随机选择双亲，并对个体的编码进行繁殖、杂交和变异等操作，产生新的个体，组成新的种群，按照该方法不断重复进行，使问题的解逐步向最优方向进化，直到得出在全局范围内具有较好适应值的解。

遗传算法具有很强的全局优化搜索能力，并具有简单通用、鲁棒性强、隐含并行处理结构等显著优点。遗传算法在故障诊断专家系统推理和自学习中的应用，克服了专家系统存在的推理速度慢和先验知识很少的情况下知识获取困难的障碍，具有广阔的应用前景。另外，基于智能计算的故障诊断近年来在实际中也得到了应用，如变压器的故障诊断、轴承和齿轮等旋转机械的故障诊断、发动机齿轮箱故障监测和诊断等。但是，事物都是一分为二的，许多智能计算方法提出都很晚，也不是完美无缺的，存在着这样那样的问题，要成功应用于故障诊断还需做进一步研究。

九、混合方法

混合方法是结合上述各种方法的优点而形成的智能混合技术，进而可以提高诊断能力的一种方法。具体有基于模型的推理（MBR）和基于案例的推理（CRB）结合的方法；基于模型的推理、模糊逻辑和遗传算法相结合的方法；基于案例的推理、人工神经网络和模糊逻辑相结合的方法，以及基于模糊理论、神经网络及专家系统相结合的方法等多种形式。

这些智能系统的最显著优点便是它的学习能力，这也是保证了系统对变化环境的自适应性。由于知识库的建立过程实际上编程了网络的训练学习过程，建造系统时不再需要显式的规则信息，这样就大大降低了知识获取的困难。在避免知识获取瓶颈的同时，这类系统也存在一个缺陷，即缺乏结论解释能力。

针对知识是模糊的，不是确定性的诊断问题，则可建立基于模糊神经网络故障诊断系统。这种故障诊断方法即具有学习、联想、自适应性，又能进行模糊推理，同时又具有专家系统的特点。

复杂大型电力设备的故障诊断是一个大家普遍关注的研究课题，面对各种智能诊断模型和方法存在的不足与不断变化的诊断需求，结合目前人工智能、智能计算、信息处理、计算机等相关技术领域的发展，智能故障诊断技术的发展需要着重关注以下四个方面的内容

1. 分布式人工智能

随着电力系统复杂化、系统化、自动化和网络化程度的不断提高，电力设备的主要设备已呈现智能化、开放性的规模系统，它对诊断系统的实时性、自动性、开放性和网络化提出了越来越高的要求。分布式人工智能技术的发展为大规模诊断的设计和实现提供了一条极具潜力的途径。该技术是为解决大规模复杂问题的智能求解而发展起来的，通过对问题的描述、分解和分配，构成分散的面相特定问题相对简单的子系统，并协调

各子系统并行地、相互协作地进行问题求解，其思想十分适合大规模诊断问题的智能求解。也就是将智能尽可能融入每一个问题的解决上。

2. 多种故障诊断方法的结合

将多种故障诊断方法相结合能够充分地获取知识、利用知识，进而提高故障诊断的性能，主要的研究方向有以下几种。

（1）专家系统与神经网络的结合。神经网络实现的是右半脑自觉形象思维的特性，而专家系统理论与方法实现左半脑逻辑思维的特性，二者有着很强的互补作用。因此，可以利用神经网络的自学习、并行运算灯优点来弥补专家系统的知识获取困难和知识推理的无穷递归等不足。但神经网络模型和算法的不成熟与缺乏推理解释能力成为神经网络应用的最大不足。

（2）模糊方法与神经网络相结合可以在神经网络框架下引入定性知识，用语言描述的规则构造网络，使网络中的权值有明显的意义，同时，保留了神经网络学习机制。

3. 新的数学工具和智能算法

新的数学工具为传统故障诊断方法的研究开辟了崭新的途径，是智能诊断技术发展的新鲜血液，主要的研究方向有以下几种。

（1）针对高维数据会给神经网络带来结构复杂、训练速度和收敛过慢等问题，将粗糙集引入神经网络方法引起了广大学者的注意。粗糙集通过决策表简化去掉冗余属性，可以大大简化知识表达空间维数，其决策表的简化又可以利用并行算法处理，因此，将粗糙集理论与神经网络相结合是很有意义的。

（2）为了克服专家系统存在的知识获取、自学习等问题，将具有并行计算、自学习能力的遗传算法等进化计算引入专家系统以弥补其不足，成为专家系统研究的一个新的方向。进化计算算法是模拟生物和自然界进化与物理过程的人工算法，具有很强的全局优化搜索能力，并具有简单通用、鲁棒性强、隐并行处理结构等显著优点。如遗传算法在故障诊断专家系统推理和自学习中的应用，克服了专家系统存在的推理速度慢和先验知识很少的情况下知识获取困难的障碍，具有广阔的应用前景。

（3）灰色理论、经验模式分解、混沌与分形、支持向量机、蚁群、粒子群等新的数学工具在故障诊断中的应用崭露头角，但还有相当多的工作需要进行研究和探索，这也是今后故障诊断方法研究的新方向。

4. 混合式智能诊断

纵观现有的混合诊断模型，远没有达到专家思维"互相融合"与灵活运用的程度；而且，现有的绝大多数混合模型只能在某些事先设计好的组合关系下进行多领域知识模型的静态"集成"，没有体现出"动态融合"优势，也不能适应求解环境和问题特征的动态变化。如何针对不同诊断模型和预测方法的特点，基于不同知识表示形式，研究能够更好模拟专家思维的混合预测策略，研究混合诊断的进化和组合机制，是今后研究工作中需要重点解决的内容。

第十七章　　大数据分析

大数据也称巨量资料，指的是所涉及的资料量规模巨大到无法通过目前主流软件工具，在合理时间内达到撷取、管理、处理、并整理成为帮助企业经营决策更积极目的的资讯。换句话说，大数据让我们以一种前所未有的方式，通过对海量数据进行分析，获得有巨大价值的产品和服务，或深刻的洞见，最终形成变革之力。

大数据的核心在于数学模型，它需要从某个专业的需求出发，搜集相应的海量数据源，利用各类数学算法探索其中的潜在规律。设备的大数据分析目前正处于起步阶段，下面以设备画像、装置实用性分析两大典型场景为例，介绍变压器大数据分析的应用成效。

第一节　设　备　画　像

变压器画像主要实现设备招标、制造、安装调试以及运维阶段各类状态信息的搜集与展示，并开展变压器关键性能的画像分析，为后续开展大数据分析提供数据支撑。

一、数据分析

在开展画像分析前，首先应开展变压器现有数据调研，以浙江公司为例，截至 2016 年 7 月初，浙江电网 3400 余台 110kV 及以上主变压器的油中溶解气体带电检测数据约 9 万份已进 PMS2.0 系统。全省 2000 余台主变压器 2010 年至今的油中溶解气体在线数据已进入在线监测系统。如图 17-1 和图 17-2 所示。

图 17-1　带电数据统计	图 17-2　在线监测数据统计

浙江电网主变压器运行三侧电流、三侧电压、顶层油温、气象环境（含温度、湿度、雷电流幅值、雷电流分布）等数据于 2016 年 3 月均已经进入大数据平台，采样频率为 5min，部分环境和运行数据如图 17-3 和图 17-4 所示。

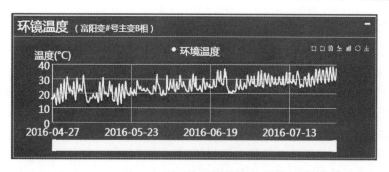

图 17-3　环境温度

图 17-4　顶层油温

另外全省约有 432 个 110～220kV 主变压器谐波分量测点，可以实现变压器电压、电流基波和各次谐波的测量，谐波测试结果直接进入电能质量系统。如图 17-5 所示是某主变压器三侧电压谐波分量。

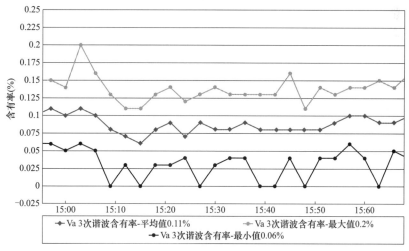

图 17-5　三次谐波分量

二、数据搜集

设备画像数据来源包含图档类（含图纸、说明书、出厂前试验报告、形式试验报告、其他信息）、台账类、在线监测、环境信息、故障信息、缺陷信息、运行信息、评价信息、带电检测信息、停电试验信息等，下面以变压器 5 大部件为例，介绍画像所需数据。

1. 本体数据搜集

主变压器本体信息录入包括图纸类（含总装配图、铭牌、基础图）、说明书（安装使用说明书）、试验报告（含型式试验报告、出厂报告、交接试验报告、例行试验报告）、基础台账（增加直流偏磁承受能力、瓦斯继电器等阀门开启要求、事故放油阀尺寸、绝缘油油号与原产地、调压位置与挡位、油枕结构、铁芯扁铁尺寸、中性点接地方式、中性点接地扁铁尺寸）、运行数据［增加温度报警整定值（投信、投跳）、压力释放阀报警整定值（投信、投跳）、轻重瓦斯继电器报警整定值（投信、投跳）、本体油位报警整定值（投信、投跳）、各侧避雷器动作情况］、环境温度（增加污秽等级）、历史缺陷信息、故障检修信息（增加累计短路电流、累计短路次数、每次短路发生时刻、幅值）、带电检测、在线监测（增加中性点直流）、本体评价结果和其他信息（含可研初设及其审查报告、设备监造报告、厂内验收报告、抗短路能力校核报告、过载能力分析报告、招标合同、设计联络会资料、直流偏磁仿真计算结果）。

2. 套管数据搜集

套管信息录入包括图纸类（含套管外观图纸、末屏结构、末屏适配器图纸）、说明书（套管安装使用说明书、末屏适配器安装使用说明书）、试验报告（含型式试验报告、出厂报告、交接试验报告、例行试验报告）、基础台账（套管数量、各套管铭牌、生产厂家、出厂日期、投运日期、使用环境、爬电比距、绝缘介质）、运行数据（套管油位照片）、环境温度（污秽等级、湿度）、历史缺陷信息、故障检修信息（故障文档人工输入）、带电检测、在线监测、套管评价结果等。

3. 冷却系统数据搜集

主变冷却系统信息录入包括图纸类（铭牌）、说明书（安装使用说明书）、试验报告（含型式试验报告、出厂报告、交接试验报告、例行试验报告）、基础台账（冷却方式，阀门、油泵和电机的型号、生产厂家、出厂日期；散热器尺寸）、运行数据（阀门开启状态；风扇、油泵是否投入、投入几组；顶层油温；油泵、风扇运行逻辑）、环境数据（温度）、历史缺陷信息、故障检修信息（哪台风扇、油泵、散热器有问题）、带电检测、在线监测（增加中性点直流）和其他信息。

4. 有载分接开关资料搜集

有载分接开关信息录入包括图纸类（有载分接开关铭牌）、说明书（有载分解开关安装使用说明书）、试验报告（含型式试验报告、出厂报告、交接试验报告、例行试验报告）、基础台账（有载分接开关：调压位置、型号、出厂日期、投运日期、生产厂家）、运行数据［高压侧挡位、低压侧挡位、有载分接开关累积操作次数、最大操作次数、有载分接开关油位报警信号、报警整定值（投信、投跳）、有载分接开关瓦斯报警信号、报警整定值（投信、投跳）］、历史缺陷信息、故障检修信息、带电检测、历年评价结果。

5. 非电量保护和在线监测装置资料搜集

非电量保护装置和在线监测监测装置录入包括图纸类（二次端子标识图、在线监测装置总装配图）、说明书（瓦斯继电器、压力释放阀、呼吸器、温度计、油位计、压力突变继电器、直流偏磁抑制装置、在线监测装置）、试验报告［含型式试验报告、出厂报告、交接试验报告、例行试验报告（含校验报告）］、基础台账［在线监测装置型号、出厂日期、投运日期、生产厂家，安装阀门；直流偏磁抑制装置型号、出厂日期、投运日期、生产厂家；温度报警整定值（投信、投跳）、压力释放阀报警整定值（投信、投跳）、轻重瓦斯继电器报警整定值（投信、投跳）、本体油位报警整定值（投信、投跳）]、运行数据（非电量报警信号、在线监测数据、直流偏磁抑制装置工作状态、中性点直流）、历史缺陷信息、故障检修信息、带电检测、历年评价结果。

三、结果展示

展示界面包含状态量展示界面和性能展示界面。其中状态量展示界面已主变本体、套管、有载分接开关（无载分接开关）、冷却系统和非电量保护装置 5 大部件为对象，分别展示各个部件的关键状态量。图 17-6 所示是画像变压器的本体外观图和主要状态量展示界面。单击图 17-7 的 5 大部件图标，相应的部件展示界面也将随之弹出。图 17-7 和图 17-8 所示是单击本体和套管后弹出的状态量展示界面。

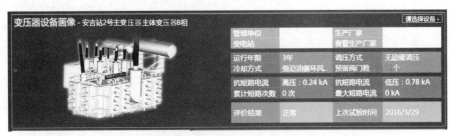

图 17-6　本体关键状态量展示

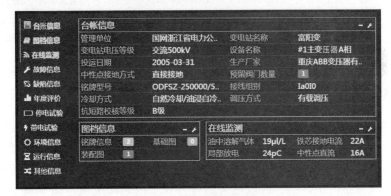

图 17-7　本体关键状态量展示

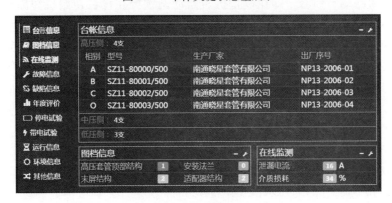

图 17-8　套管关键状态量展示

性能展示已蜘蛛图的形式展示抗短路、年度评价、缺陷信息、过载、直流偏磁 5 大指标参数，如图 17-9 所示，单击任意性能，相应的历史趋势将随之展示，如图 17-10 所示。

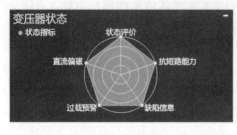

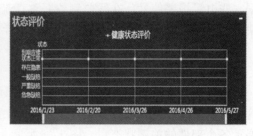

图 17-9　性能展示　　　　　　　　图 17-10　历史趋势展示

图 17-9 中，年度评价分为正常、注意、异常、严重 4 挡，具体算法参考相关评价导则；缺陷信息分为无缺陷、存在一般缺陷、存在重要缺陷和存在危急缺陷 4 挡，具体数据来源与 PMS2.0 缺陷模块；过载和抗短路分为正常、Ⅰ级预警、Ⅱ级预警和Ⅲ级预警 4 挡，具体算法见下两节。偏磁分为正常、Ⅰ级预警、Ⅱ级预警和Ⅲ级预警 4 挡，目前参考《高压直流接地极技术导则》（DL/T 437—2012）中要求，具体详见表 17-1。

表 17-1　　　　　　　　　　　偏磁工况下的设备动态预警

序号	预警等级	主变压器型号		
		单相变压器	3 相 5 柱式	5 相 5 柱式
1	正常	直流电流 I＜额定电流的 0.3%	直流电流 I＜额定电流的 0.5%	直流电流 I＜额定电流的 0.7%
2	Ⅰ级预警	0.3%≤直流电流 I＜0.5%	0.5%≤直流电流 I＜0.7%	0.7%≤直流电流 I＜1%
3	Ⅱ级预警	0.5%≤直流电流 I＜0.7%	0.7%≤直流电流 I＜1%	1%≤直流电流 I＜1.5%
4	Ⅲ级预警	直流电流 I＞0.7%	直流电流 I＞1%	直流电流 I＞1.5%

四、抗短路动态预警

国家电网公司《输变电设备不良工况分类分级及处理规范》对变压器短路电流不良工况进行了分类分级，但是在该标准的分类方法只针对短路电流大小，未考虑绕组变形试验的修正结果，也未考虑系统所在区域的最大运行方式的短路电流，因此有必要引入试验和不良工况修正因子，结合区域最大运行方式下的短路电流，建立基于试验和不良工况的设备抗短路动态预警，即在设备抗短路动态预警在设备初始抗短路核定基础上，叠加试验和不良工况影响因素，进而实现设备抗短路动态预警。

假设设备初始抗短路电流为 I_0，叠加试验和不良工况影响后的修正后抗短路电流为 I_S，系统最大运行方式下的短路电流 I_d，利用 I_d/I_S 的比值来确定设备预警等级，具体如下：

当 I_d/I_S＜1 时，抗短路预警等级结果为正常。

当 1≤I_d/I_S＜1.5 时，抗短路预警等级结果为Ⅰ级。

当 1.5≤I_d/I_S＜2 时，抗短路预警等级结果为Ⅱ级。

当 2≤I_d/I_S＜2.5 时，抗短路预警等级结果为Ⅲ级。

I_S 由试验和不良工况共同影响导致，满足：

$$I_S = K_T \times K_C \times I_0 \tag{17-1}$$

式中：K_T 为绕组变形测试结果修正因子，由短路抗阻测试结果（含扫频阻抗）、频响测试结果、振动特性测试结果和绕组电容测试结果共同修正，详见式（17-2）

$$K_T = (1/m) \times \sum K_i \tag{17-2}$$

式中：m 为已经进行的变形测试项目；K_i 为某一变形测试结果的修正因子，满足 $0 < K_i \leqslant 1$，任一试验得出修正因子 K_i 应根据实际情况不断完善，在开发的变压器大数据分析平台中允许人工调整，另外本文推荐的试验结果修正因子 K_i 和不良工况修正因子 K_c 算法如下：

短路阻抗修正系数满足：

$$K_1 = -0.089 \times \left(\frac{z_{k2} - z_{k1}}{z_{k1}} \right)^2 + 0.033 \times \frac{z_{k2} - z_{k1}}{z_{k1}} + 1 \tag{17-3}$$

式中：Z_{K2} 为当次短路阻抗测试结果；Z_{K1} 为上次短路阻抗测试结果。

频率响应修正系数满足：

$$K_2 = 0.9749 \times R_{mf}^{1.813} \tag{17-4}$$

式中：R_{mf} 为频谱测试中的相关系数。

机械振动修正系数满足：

$$K_3 = -1.89 \times \ln(FCA) + 2 \tag{17-5}$$

式中：FCA 为频率复杂度。

绕组电容振动修正系数满足：

$$K_4 = -0.04 \times \left(\frac{C_{t2} - C_{t1}}{C_{t1}} \right) + 1 \tag{17-6}$$

式中：C_{t2} 是当次电容量测试结果；C_{t1} 是上次电容量测试结果。

K_c 是不良工况修正因子，由初始抗短路电流和历次短路电流工作决定，不良工况修正因子 K_c 应根据实际情况不断完善，在开发的变压器大数据分析平台中允许人工调整，本文推荐的不良工况修正因子 K_c 满足：

$$K_c = 1 - \left(\frac{\sum I_i^2}{I_0^2} \right) \tag{17-7}$$

式中：I_0 为初始抗短路电流；I_i 为历次外部短路电流峰值。

五、过载能力动态预警

假设设备实际运行负荷为 I_2，设备额定负荷为 I_1，设备剩余运行时间为 t。则利用 I_2/I_1 以及设备剩余运行时间 t 来实现设备过载动态预警，具体如下：

当过负荷倍数 $I_2/I_1 \leqslant 1$ 时，抗短路预警等级结果为正常。

当过负荷倍数 $I_2/I_1 > 1$ 且剩余运行时间 $t > 30\min$ 时，设备抗短路预警等级结果为 Ⅰ 级。

当过负荷倍数 $I_2/I_1 > 1$ 且剩余运行时间 $10 < t \leqslant 30\min$ 时，设备抗短路预警等级结果为 Ⅱ 级。

当过负荷倍数 $I_2/I_1 > 1$ 且剩余运行时间 $1 < t \leqslant 10\min$ 时，设备抗短路预警等级结果为 Ⅲ 级。其中剩余时间的核算也变压器给出的具体参数为准。

第二节　装置实用性分析

截至 2016 年 9 月，浙江电网目前已经实现 220kV 及以上电压等级变压器油中溶解气体在线监测装置全覆盖，累计包含装置2668套。目前，浙江电网不管油中溶解气体在线监测数据或是带电检测数据，数量都非常大，涉及不同的生产厂家和电压等级，而现阶段的标准判断依据仍采用专家经验公式。但是对于在线监测装置而言，其数据自身的准确性将对后续运维策略的调整产生直接影响，因此有必要结合大数据技术，开展全省油中溶解气体在线监测装置数据实用性分析。为进一步的数据分析工作奠定基础。

一、总体方案

如图17-11所示，根据在线监测装置的实际情况，可以将数据分为系统趋势、随机波动和巨大误差。这三部分的误差我们可以定义为系统误差、随机波动误差和巨大误差。其中系统误差表征某种特征气体浓度变化趋势的不一致性，低的系统误差表明在线数据与带电数据变动的时间点、变动的趋势与幅度较一致，尽管某时间点上特征气体浓度值可能不一致。随机波动是在线数据围绕趋势发生的高频"波动"，较高的随机误差说明在线装置的稳定性较差，无法进行精度较高的监测。巨大误差指带电数据基本稳定时在线数据发生突然的跳变。

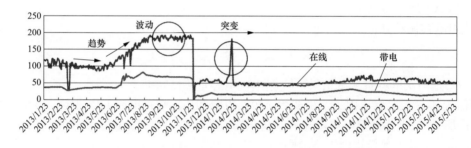

图17-11 "趋势""波动"和"突变"示意图

基于此，装置实用性分析主要包括信号分解，可用性评估和性能综合三部分。如图17-12所示。

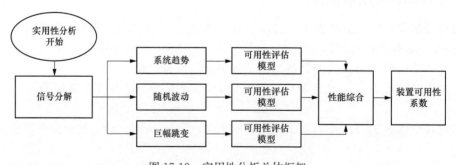

图17-12 实用性分析总体框架

二、信号分解

对图17-11在线监测数据进行集合经验模式分解，可以得到系统趋势、随机波动及巨幅跳变三部分，如图17-13所示。

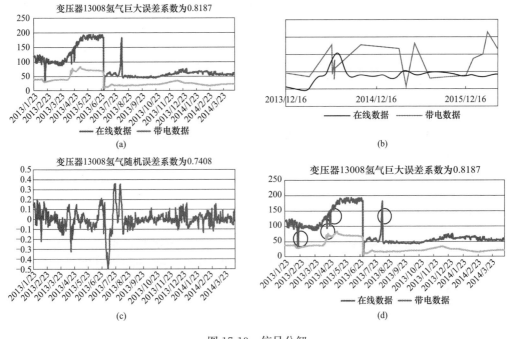

图 17-13　信号分解

（a）原始数据；（b）系统数据；（c）随机波动；（d）巨幅跳变

三、可用性评估

1. 系统误差评估

对于系统数据，系统误差的变动趋势应与带电检测数据保持一致，绝对值容许偏离，但是变化趋势不允许背离。假设将在线数据分为两部分，一部分是对应时间点有带电数据的部分组成的集合，记作 O_1，另一部分是对应时间点没有带电数据的部分组成的集合，记作 O_2。由于 O_2 部分的相关性通过插值、拟合的方式间接得到，则系统误差的可用系数满足：

$$\rho = 0.6\rho_1 + 0.4\rho_2 \tag{17-8}$$

式中：ρ_1 为 O_1 集合的可用性评估系数；ρ_2 为 O_2 集合的可用性评估系数。

记 ρ_{kij} 是 ρ_k 的第 j 个点到第 i 个点的分量，表示在线数据和带电数据的第 j 个点到第 i 个点的相关性，记 l_{kij} 为 ρ_{kij} 综合的权重，因此有：

$$\rho_k = \sum_{i,j=1,i>j}^{|O_k|} l_{kij}\rho_{kij}, \quad k=1,2 \tag{17-9}$$

对每一个 ρ_{kij}，可以从其连线的变化方向和变化幅度两个层面来确定其取值，若同向变化，则取正值，变化幅度越相似 ρ_{kij} 的绝对值越大；反向取负值，变化幅度越大 ρ_{kij} 的绝对值越大。

2. 随机误差评估

设在线监测数据的随机误差部分为 $n(t)$，人工噪声序列为 $n'(t)$，在线监测数据的系统误差部分为 $s(t)$，人工噪声序列是根据实际运行波动范围设定的，在这里设置的限值为系统误差的 10%，定义在线监测数据随机误差的信噪比与人工噪声序列的信噪比如下

$$d_n = 10\lg \frac{\sum_{t=1}^{T} \left[s(t)\right]^2}{\sum_{t=1}^{T} \left[n(t)\right]^2} \tag{17-10}$$

$$d'_n = 10\lg \frac{\sum_{t=1}^{T} \left[s(t)\right]^2}{\sum_{t=1}^{T} \left[n'(t)\right]^2} \tag{17-11}$$

当 $d_n(t) > d'_n(t)$ 时，说明在线监测数据随机误差的噪声强度小于人工噪声序列的波动幅度，当 $d_n(t) < d'_n(t)$ 时，说明在线监测数据随机误差的噪声强度大于人工噪声序列的波动幅度，设 T 时间范围内 $d_n(t) > d'_n(t)$ 的时间点数目为 n_a，则动态数据随机误差评价指标满足：

$$\rho = n_a / T \tag{17-12}$$

3. 巨大误差评估

将经插值处理后的在线数据时间序列 l 进行一定的平滑处理，平滑估计可用中位数的方法产生。假设 Turkey 53H 法所识别出的巨大误差为 i 个，每个巨大误差与平滑值之间的距离为 d_i，满足：

$$d_i = o_i / o'_i \tag{17-13}$$

式中：o_i 为实际的在线监测数据；o'_i 为该在线数据的 Turkey 平滑值。则巨大误差的测量指标满足：

$$\rho = \sum d_i \tag{17-14}$$

对结果做归一化处理，映射函数为：

$$f(x) = e^{-0.2 * \sum d_i} \tag{17-15}$$

映射后取值范围在（0，1］之间，巨大误差的数目越多，与平滑值之间的相对距离越长，测度指标的值越低。

四、指标综合

指标综合包括两部分，一是各种误差的综合，二是每台装置不同气体误差的综合。假设在线数据的系统误差为 x，随机误差为 y，巨大误差为 z，则每种特征气体综合三种误差后的可用性系数 w 为：

$$w = 0.9x^{2/3}y^{1/3} + 0.1z \tag{17-16}$$

对于多种特征气体的在线监测误差的综合。根据 2014 年版的变压器故障行业标准，变压器故障主要分为过热和放电两种情况，过热和放电故障下主要的特征气体见表 17-2。

表 17-2　　　　　　　　　　　　不同故障的主要特征气体

故障类型	主要特征气体	次要特征气体
油过热	CH_4，C_2H_4	H_2，C_2H_6
油和纸过热	CH_4，C_2H_4，CO	H_2，C_2H_6，CO_2
油纸绝缘中局部放电	H_2，CH_4，CO	C_2H_4，C_2H_6，C_2H_2
油中火花放电	H_2，C_2H_2	
油中电弧	H_2，C_2H_2，C_2H_4	CH_4，C_2H_6
油和纸中电弧	H_2，C_2H_2，C_2H_4，CO	CH_4，C_2H_6，CO_2

因此，我将分别针对过热、放电和日常监测三种情形，给出其对应特征气体在线监

测误差的综合评价。假设 w_1、w_2、$\cdots$、w_8 分表表示氢气、甲烷、乙烷、乙烯、乙炔、一氧化碳、二氧化碳和总烃气体的可用性系数；α_1、α_2、$\cdots$、α_8 分别表示氢气、甲烷、乙烷、乙烯、乙炔、一氧化碳、二氧化碳和总烃气体的权重。则综合八种气表的体权重后的特定故障下的在线数据可用性系数 ρ 为

$$\rho = \sum_{i=1}^{8} a_i w_i \tag{17-17}$$

过热、放电和日常监测三种情况下各特征气体的权重见表 17-3。

表 17-3　　过热、放电和日常监测三种情况下各特征气体的权重表

	氢气	甲烷	乙烷	乙烯	乙炔	一氧化碳	二氧化碳	总烃
过热	2/25	8/25	2/25	8/25	0	4/25	1/25	0
放电	4/15	7/60	3/40	19/120	9/40	2/15	1/40	0
日常	1/3	0	0	0	1/3	0	0	1/3

注　$\rho < 0.6$ 说明在线装置在该故障模式下不可用，$0.6 \leq \rho < 0.8$ 表示可用，$0.8 \leq \rho \leq 1$ 表示在线装置表现优秀。

五、结果展示

利用油中溶解气体在线监测装置实用性分析算法对浙江电网 2100 余台装置进行实用性分析计算，发约 1/3 装置在日常情况的实用性分析系数低于 0.6，大部分装置的实用性系数在 0.6～0.75 之间，如图 17-14 所示。

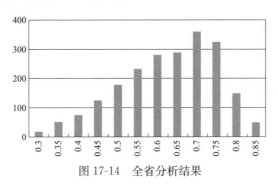

图 17-14　全省分析结果

如图 17-15 所示是装置 1 的 H_2 在线、系统趋势和带电检测数据，其中装置的日常实用性系数为 0.14，氢气的系统误差、随机误差和巨大误差分别为 0.2267、0 和 0.5310。

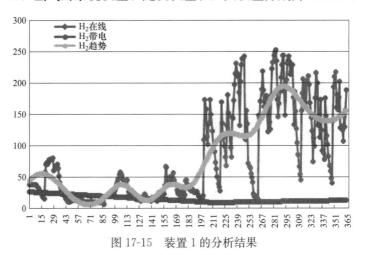

图 17-15　装置 1 的分析结果

如图 17-16 所示是装置 2 的 H_2 在线、系统趋势和带电检测数据，其中装置的日常实用性系数为 0.8，氢气的系统误差、随机误差和巨大误差分别为 0.6783、0.7101 和 0.5434。装置 2 的监测效果明显优于装置 1。

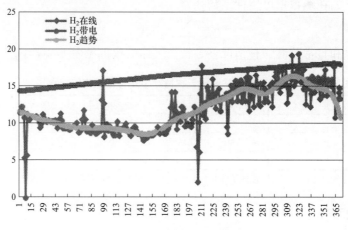

图 17-16　装置 2 的分析结果

六、总结

变压器油中溶解气体检测技术是发现变压器设备潜伏性故障的有效手段，自 2008 年起便作为国家电网公司的一种例行试验手段。随着电网规模的日渐扩大和供电可靠性的逐步提升，油中溶解气体在线监测技术也日益扩大，浙江电网目前已经安装在该类型线监测装置 2600 余台，基本实现 220kV 及以上电压等级变电站的全覆盖。

但是，油中溶解气体在线监测装置作为"新生"事物，其装置运行稳定性和数据可信性都有待时间检验。目前，变压器油中溶解气体在线监测装置的质量控制主要体现在装置安装前，对于已经运行的装置，却缺乏有效的监督手段，但是对着色谱柱运行年限的增长，其测量准确度必然发生偏移。另外检测规定的测量重复性和精度是在试验室的环境下得到的，未考虑现场的强磁场环境。基于此，有必要建立一种新的适用于现场运行变压器油中溶解气体在线监测装置的实用性评价技术。